山东巨龙建工集团

SHANDONG JULONG CONSTRUCTION GROUP

中国传统民间制作工具大全

第一卷

王学全　编著

中国建筑工业出版社

图书在版编目（CIP）数据

中国传统民间制作工具大全. 第一卷 / 王学全编著
. —北京：中国建筑工业出版社，2022.5
ISBN 978-7-112-27265-5

Ⅰ. ①中… Ⅱ. ①王… Ⅲ. ①民间工艺—工具—介绍
—中国 Ⅳ. ①TB4

中国版本图书馆CIP数据核字（2022）第059379号

责任编辑：仕　帅
责任校对：王　烨

中国传统民间制作工具大全　第一卷
王学全　编著
*
中国建筑工业出版社出版、发行（北京海淀三里河路9号）
各地新华书店、建筑书店经销
北京锋尚制版有限公司制版
北京富诚彩色印刷有限公司印刷
*
开本：880毫米×1230毫米　1/16　印张：21½　字数：400千字
2022年8月第一版　2022年8月第一次印刷
定价：**155.00**元
ISBN 978-7-112-27265-5
（39138）

作者简介

王学全，男，山东临朐人，1957年生，中共党员，高级工程师，现任山东巨龙建工集团公司董事长、总经理，从事建筑行业45载，始终奉行“爱好是认知与创造强大动力”的格言，对项目规划设计、建筑施工与配套、园林营造、装饰装修等方面有独到的认知感悟，主导开发、建设、施工的项目获得中国建设工程鲁班奖（国家优质工程）等多项国家级和省市级奖项。

他致力于企业文化在企业管理发展中的应用研究，形成了一系列根植于员工内心的原创性企业文化；钟情探寻研究黄河历史文化，多次实地考察黄河沿途自然风貌、乡土人情和人居变迁；关注民居村落保护与发展演进，亲手策划实施了一批古村落保护和美丽村居改造提升项目；热爱民间传统文化保护与传承，抢救性收集大量古建筑构件和上百类民间传统制作工具，并以此创建原融建筑文化馆。

前言

制造和使用工具是人区别于其他动物的标志，是人类劳动过程中独有的特征。人类劳动是从制造工具开始的。生产、生活工具在很大程度上体现着社会生产力。从刀耕火种的原始社会，到日新月异的现代社会，工具的变化发展，也是人类文明进步的一个重要象征。

中国传统民间制作工具，指的是原始社会末期，第二次社会大分工开始以后，手工业从原始农业中分离出来，用以制造生产、生活器具的传统手工工具。这一时期的工具虽然简陋粗笨，但却是后世各种工具的“祖先”。周代，官办的手工业发展已然十分繁荣，据目前所见年代最早的关于手工业技术的文献——《考工记》记载，西周时就有“百工”之说，百工虽为虚指，却说明当时匠作行业的种类之多。春秋战国时期，礼乐崩坏，诸侯割据，原先在王府宫苑中的工匠散落民间，这才有了中国传统民间匠作行当。此后，工匠师傅们代代相传，历经千年，如原上之草生生不息，传统民间制作工具也随之繁荣起来，这些工具所映照的正是传承千年的工法技艺、师徒关系、雇佣信条、工匠精神以及文化传承，这些曾是每一位匠作师傅安身立命的根本，是每一个匠造作坊赖以生存发展的伦理基础，是维护每一个匠作行业自律的法则准条，也是维系我们这个古老民族的文化基因。

所以，工具可能被淘汰，但蕴含其中的宝贵精神文化财富不应被抛弃。那些存留下来的工具，虽不金贵，却是过去老手艺人“吃饭的家什”，对他们来说，就如同一位“老朋友”不忍舍弃，却在飞速发展的当下，被他们的后代如弃敝屣，散落遗失。

作为一个较早从事建筑行业的人来说，我从业至今已历45载，从最初的门外汉，到后来的爱好、专注者，在历经若干项目的实践与观察中逐渐形成了自己的独到见解，并在项目规划设计、建筑施工与配套、园林营造、装饰装修等方面有所感悟与建树。我慢慢体会到：传统手作仍然在一线发挥着重要的作用，许多古旧的手工工具仍然是现代化机械无法取代的。出于对行业的热爱，我开始对工具产生了浓厚兴趣，抢救收集了许多古建构件并开始逐步收集一些传统手工制作工具，从最初的上百件瓦匠工具到后来的木匠、铁匠、石匠等上百个门类数千件工具，以此建立了“原融建筑文化馆”。这些工具虽不富有经济价值，却蕴藏着保护、传承、弘扬的价值。随着数量的增多和门类的拓展，我愈发感觉到中国传统民间制作的魅力。你看，一套木匠工具，就能打制桌椅板凳、梁檩椽枋，撑起了中国古建、家居的大部；一套锡匠工具，不过十几种，却打制出了过去姑娘出嫁时的十二件锡器，实用美观的同时又寓意美好。这些工具虽看似简单，却是先民们改造世界、改变生存现状的“利器”，它们打造出了这个民族巍巍五千年的灿烂历史文化，也镌刻着华夏儿女自强不息、勇于创造的民族精神。我们和我们的后代不应该忘却它们。几年前，我便萌生了编写整理一套《中国传统民间制作工具大全》的想法。

《中国传统民间制作工具大全》这套书的编写工作自开始以来，我和我的团队坚持边收集边整理，力求完整准确的原则，其过程是艰辛的，也是我们没有预料到的。有时为了一件工具，团队的工作人员经多方打听、四处搜寻，往往要驱车数百公里，星夜赶路。有时因为获得一件缺失的工具而兴奋不已，有时也因为错过了一件工具而痛心疾首。在编写整理过程中我发现，中国传统民间工具自有其地域性、自创性等特点，同样的匠作行业使用不同的工具，同样的工具因地域差异也略有不同。很多工具在延续存留方面已经出现断层，为了考证准确，团队人员找到了各个匠作行业内具有一定资历的头师傅，以他们的口述为基础，并结合相关史料文献和权威著作，对这些工具进行了重新编写整理。尽管如此，由于中国古代受“士、农、工、商”封建等级观念的影响，处于下位文化的民间匠作艺人和他们所使用的工具长期不受重视，也鲜有记载，这给我们的编写工作带来了不小的挑战。

这部《中国传统民间制作工具大全》是以能收集到的馆藏工具实物图片为基础，以各匠作行业资历较深的头师傅口述为参考，进行编写整理而成。本次出版的

《中国传统民间制作工具大全》共三卷，第一卷共计八篇，包括：工具溯源，瓦匠工具，砖瓦烧制工具，铜匠工具，木匠工具，木雕工具，锔匠工具，给水排水工和暖通工工具。第二卷共计八篇，包括：石匠工具，石雕工具，锡匠工具，电气安装工工具，陶器烧制工具，园林工工具，门笺制作工具，铝合金制作安装工具。第三卷共计八篇，包括：金银匠工具，铁匠工具，白铁匠工具，漆匠工具，钳工工具，桑皮纸制造工具，石灰烧制工具，消防安装工工具。该套丛书以中国传统民间手工工具为主，辅之以简短的工法技艺介绍，部分融入了近现代出现的一些机械、设备、机具等，目的是让读者对某一匠作行业的传承脉络与发展现状，有较为全面的认知与了解。中国传统民间“三百六十行”中的其他匠作工具，我们正在收集整理之中，将陆续出版发行，尽快与读者见面。这部书旨在记录、保护与传承，既是对填补这段空白的有益尝试，也是弘扬工匠精神，开启匠作文化寻根之旅的一个重要组成部分。该书出版以后，除正常发行外，山东巨龙建工集团将以公益形式捐赠给中小学书屋书架、文化馆、图书馆、手工匠作艺人及曾经帮助收集的朋友们。

该书在编写整理过程中王伯涛、王成军、张洪贵、张传金、王成波等同事在传统工具收集、照片遴选、文字整理等过程中做了大量工作，范胜东先生、叶红女士也提供了帮助支持，不少传统匠作老艺人和热心的朋友也积极参与到工具的释义与考证等工作中，在此一并表示感谢。尽管如此，该书可能仍存在一些不恰当之处，请读者谅解指正。

目录

第五篇　木匠工具

第六篇　木雕工具

第七篇　锔匠工具

第八篇　给水排水工和暖通工工具

第一篇

工具溯源

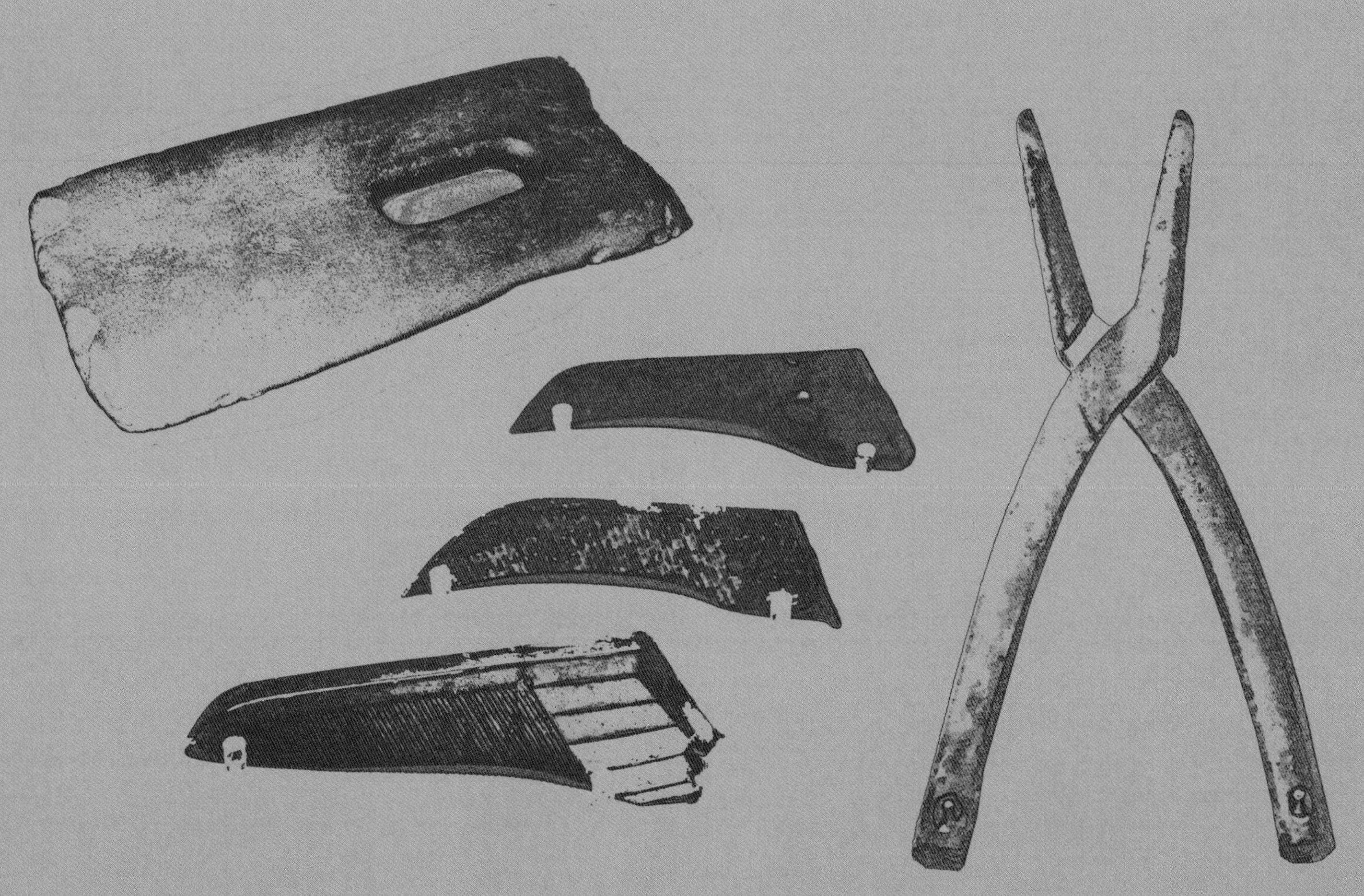

工具溯源

能否大量制造和使用打制石器，是区别古人类与古猿的重要参考标准之一。在距今约200万~240万年前的安徽繁昌人字洞遗迹中，考古专家就发现了大量的石制工具和骨制工具，这说明至少在200万年前，中国境内的人类祖先就已经开始制作和使用简单的工具。工具的出现改变了人类与自然相处的方式，有了工具，古人类不仅增加了防御力和生存能力，而且通过工具的制作和使用启迪了智慧，从而影响了人类的进化过程。工具作为生产力的一种代表，历史学界也常常以工具进行断代，如“旧石器时代”“新石器时代”“青铜时代”“铁器时代”等。这种断代方法，也说明工具在整个人类进程中的重要性。目前的考古发现，人类最初使用的“工具”是简单打制的石器、骨器等，这些石器、骨器虽然算不上是真正意义上的工具，却已具备工具的基本用途（如砍砸、刮削），是先民们借助外力改造自然、改变生存现状的开始。因此，它们是后世各种工具的祖先，是工具的雏形。

北京周口店山顶洞人遗址 原始人雕塑

工具历史演进

旧石器时代

距今约三百万年前

时期划分及典型代表：早期（元谋人、蓝田人），中期（山西丁村文化遗址），晚期（山顶洞人）。

工具形态：粗糙的原始石器。

青铜时代

距今约五千年前

存在朝代：夏、商、周、春秋、战国。

工具形态：青铜制品的斧、锯、锥、凿、铲、锄等。

新石器时代

距今约一万年前

时期划分及典型代表：早期（甘肃大地湾文化遗址），中期（半坡、河姆渡、大汶口、仰韶文化遗址等），晚期（山东历城龙山镇城子牙、河南洛阳王湾、浙江余杭良渚遗址等）。

工具形态：简单磨制的石器，种类众多的磨制石器工具，精致打磨的石器及早期的青铜工具。

铁器时代

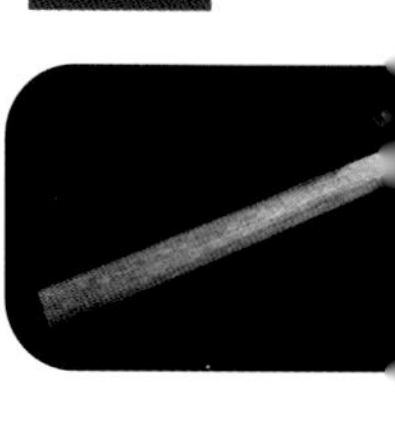

公元前5世纪（战国至清末洋务运动前）

时期划分及典型代表：春秋中晚期出现冶铁技术，战国时期铁农具广泛使用，西汉时期铁器取代青铜。

工具形态：各种类型铁制工具，如铁犁、铁斧、铁镢等。

信息时代

公元二十世纪五十年代至今

信息时代也被称为『第三次工业革命』与农业时代、工业时代相比，信息时代最大的特点是不再依靠体能或机械能，而是智能。目前信息时代与工业时代并行。

工具形态：计算机、移动通信设备、互联网。

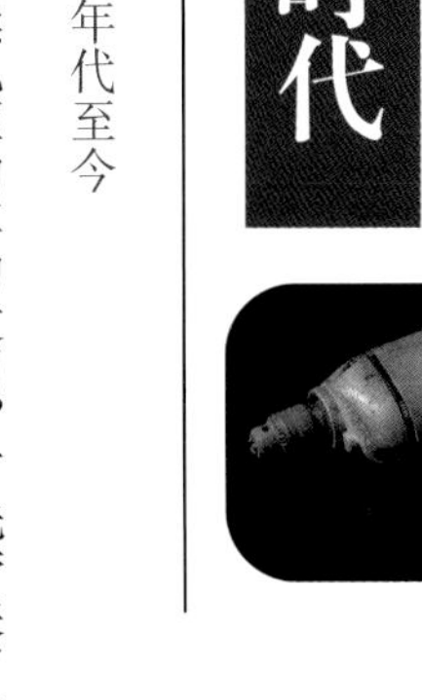

电气时代

公元十九世纪七十年代至今

十九世纪晚期，内燃机驱动车的发明，首先带来了交通运输工具领域的变革，随着人们对电力的认知及各种围绕电力发明创造的出现，人类社会从『蒸汽时代』进入了『电气时代』。所以人们往往把以内燃机、电力为主要驱动方式的时代统称为『电气时代』。

工具形态：以内燃机为驱动的汽车、飞机；以电力为能量的电灯、电话等各种电气设备。

蒸汽时代

公元十九世纪初至公元十九世纪七十年代

蒸汽时代是第一次工业革命开始后，以蒸汽为主要动力的时代。

蒸汽机的发明和广泛应用是这一时期的典型特点，蒸汽时代也开启了资本主义进程，拉开了近代史的序幕。中国进入蒸汽时代的时间要晚于西方资本主义国家，是鸦片战争以后，被迫打开国门，在求新、求变、图存的时代背景下开始的。

工具形态：以蒸汽为动力的火车、轮船、抽水机等。

第一章　原始社会时期

中国的原始社会从距今约三百万年前开始，到距今约一万年前结束。这一时期人类从远古时代走来，从茹毛饮血到刀耕火种，在漫长的历史发展中，生产工具也经历了简单石器、打磨石器、磨光石器、复合工具等发展历程，那些笨重粗糙的工具虽算不上真正意义上的生产劳动工具，但可以被看作是各类工具的雏形，是各种传统民间制作工具的“老祖宗”。

▶原始人生活场景复原图

旧石器时代

人类使用石头制作工具的时间跨度很大，从大约两百六十万年前到大约一万两千年前的最后一个冰河时代结束，部分石器文化一直延续到公元前。这一时期早期主要是随手捡到的石器和经过打制的石器，这些石器能看到经过打制的痕迹，但加工方式较为简陋，主要有砍砸器、刮削器及尖状器。经过打制的石器主要用来剥兽皮、切割兽肉或是作为投掷的武器使用。

◀ 经过打制的石器

▶ 半坡石铲

▲ 河姆渡木耜

新石器时代

大约距今一万年前，中国进入了新石器时代。与旧石器时代相比，新石器时代有几个显著的特点，首先从工具上来说，这一时期出现了形制准确、合用并有锋利刀刃的磨制石器；其次是陶土器开始出现并广泛使用；再次，从原始的狩猎、采集开始出现农业耕种，并且养畜业、手工业从农业中分离出来。新石器时代人类的社会关系也从原来的部落逐渐发展到部落联盟，出现氏族制度及原始村落。社会产业及社会关系的变化，也促进了工具的发展和多样化。

旧石器时代的砍砸器、刮削器、尖状器也细分为石斧、石锛、石凿、石刀、石铲、锥、钻等。

磨制石器的特点

新石器时代随着社会生产力的提升，石器工具呈现了三个特点：一是工具的种类增多，虽然一具多用的现象普遍存在，但根据功用出现了多种用途的工具；二是工具的材料走向多元，虽仍以石为主，但木制、竹制、陶制、骨制、蚌壳、兽角等材质的工具开始出现；三是复合工具与嵌套工艺开始出现，比如用麻绳捆扎安装木柄的石铲，带孔的石刀、石锛等。这一时期对石料的选择、切割、磨制、钻孔、雕刻等工序已有一定要求。石料选定后，先打制成石器的雏形，然后把刃部或整个表面放在砺石上加水和沙子磨光，这就成了磨制石器。这些磨制石器的出现促进了社会生产力的提升。首先，磨制石器可以将刃部磨得更锋利。这样的进步让人们在使用石器时变得更方便、更省力，使得人类定居生活进程加快，推进了农耕时代的进程。其次是帮助分工。磨制石器的出现让人类可以在农业劳作中的分工更加的精细，原始的生产分工和固定的劳动分工开始出现，而不再是依靠全族男性狩猎、女性采集的生存模式，这种分工大大提高了人类自身的生产能力。第三是促进原始手工业的出现。族群中有一批人可以使用较多的时间来从事石器制作，有助于新型石器工具的发明。因此，这一时期出现的磨制石器为以后的青铜器、铁器奠定了基础，许多青铜器的造型和功用都是从磨制石器中演化而来的。

▲ 原始石球

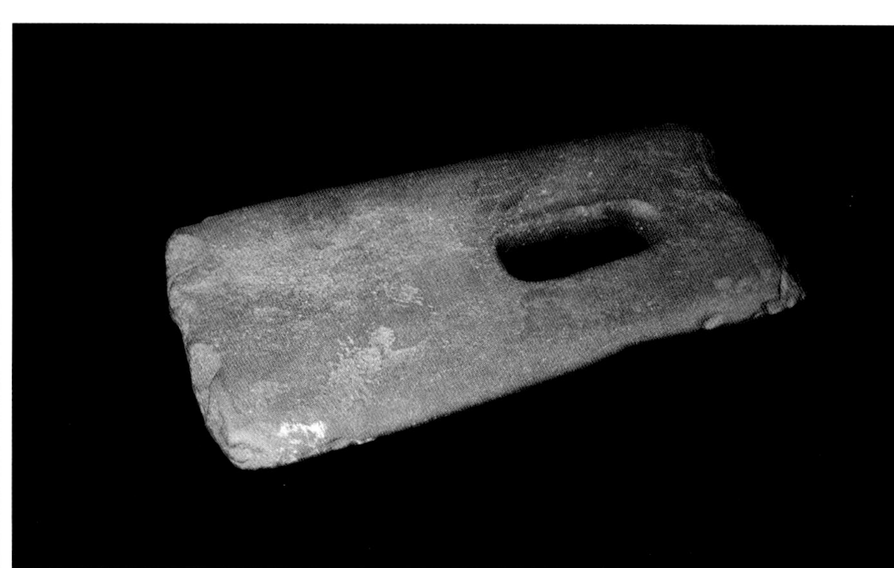

▲ 石铲

石斧

石斧是新石器时代考古中发现较多的一类石器，各地出土的石斧大小形状不一，即使是同一地区出土的石斧也各不相同。一般是体扁平，作两腰略收梯形，两端略弧，铲背平直，铲刃由双面斜磨而成，有的铲背处居中有一穿透的圆孔，也有的没有。石斧可以用来伐木，或可以作为狩猎、械斗时的武器。

▼ 新石器时代双刃石斧

▲ 新石器时代磨光石斧

▼ 新石器时代早期石刀

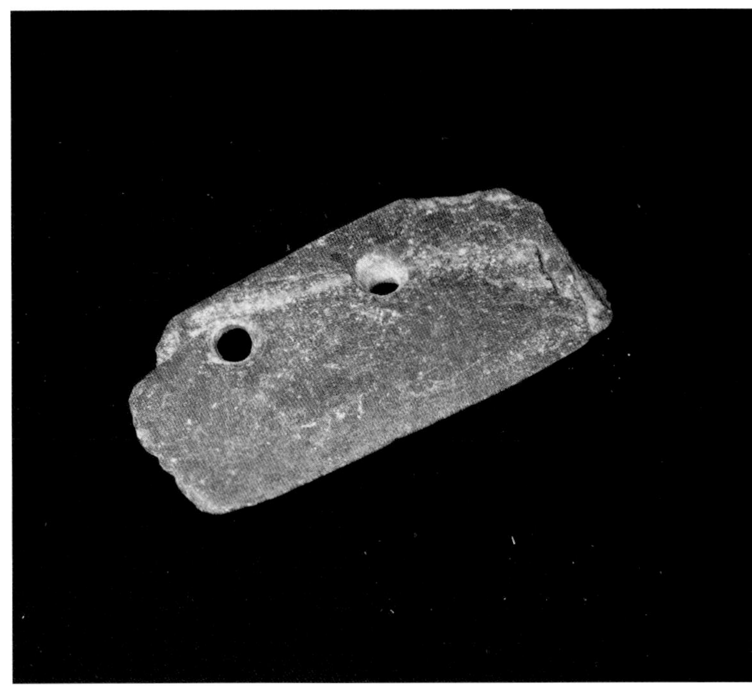

▲ 多孔石刀

石刀

石刀是出现较早的一类石器，在旧石器时代已有发现，经过打磨的石刀有两面开刃的，也有单面开刃的，一般刃部较长，新石器时代出土了较多的带孔石刀，一般认为是用来穿系捆柄的；有单孔的，也有双孔的，甚至有十几个孔的，对于这类多孔石刀，专家们的解释不一，有人认为是收割工具，有人认为是砍伐工具，也有人认为是织布用的打纬刀。

石锛

石锛是一种从新石器至青铜时代广泛应用的工具,外形平面呈长方形或梯形,刃单面。 在功能上，它是一种复合工具，一般认为其主要功能是对木竹进行砍伐、挖凿、削斫等。石锛在使用时，要以各种方式牢牢固定于木质的柄上。

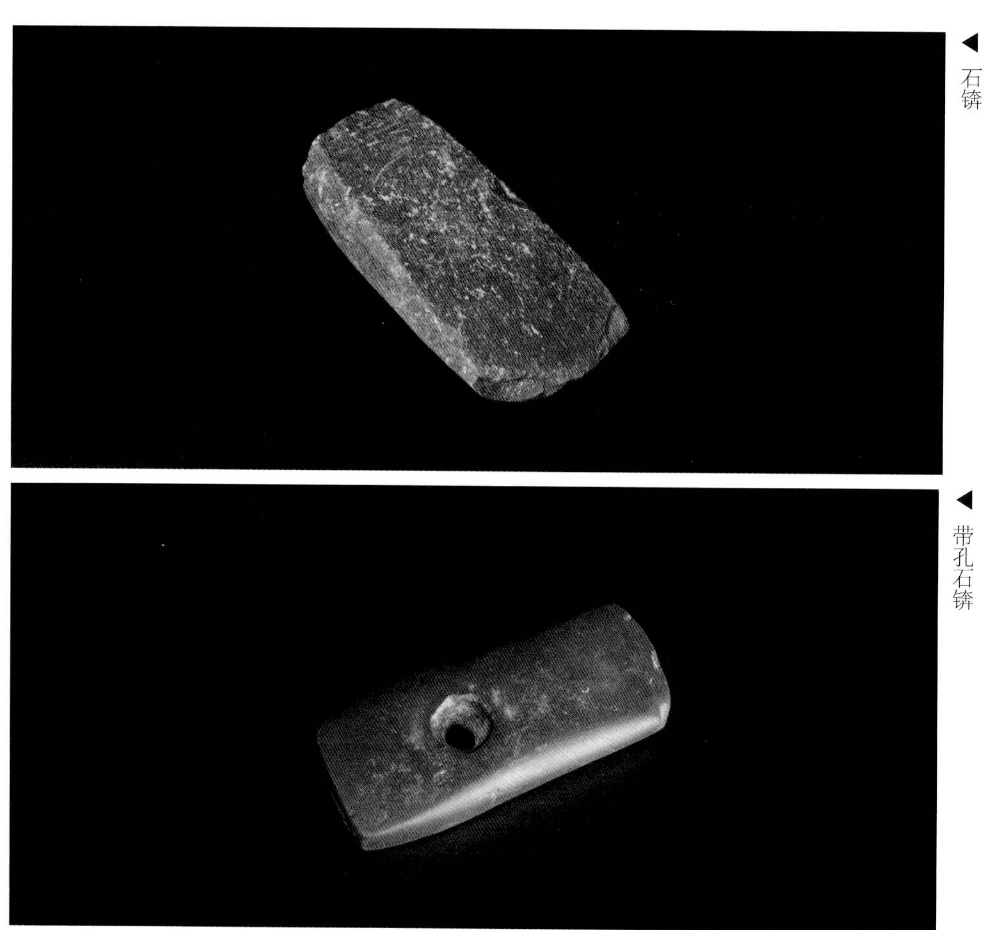

石锛

带孔石锛

▼ 石镰

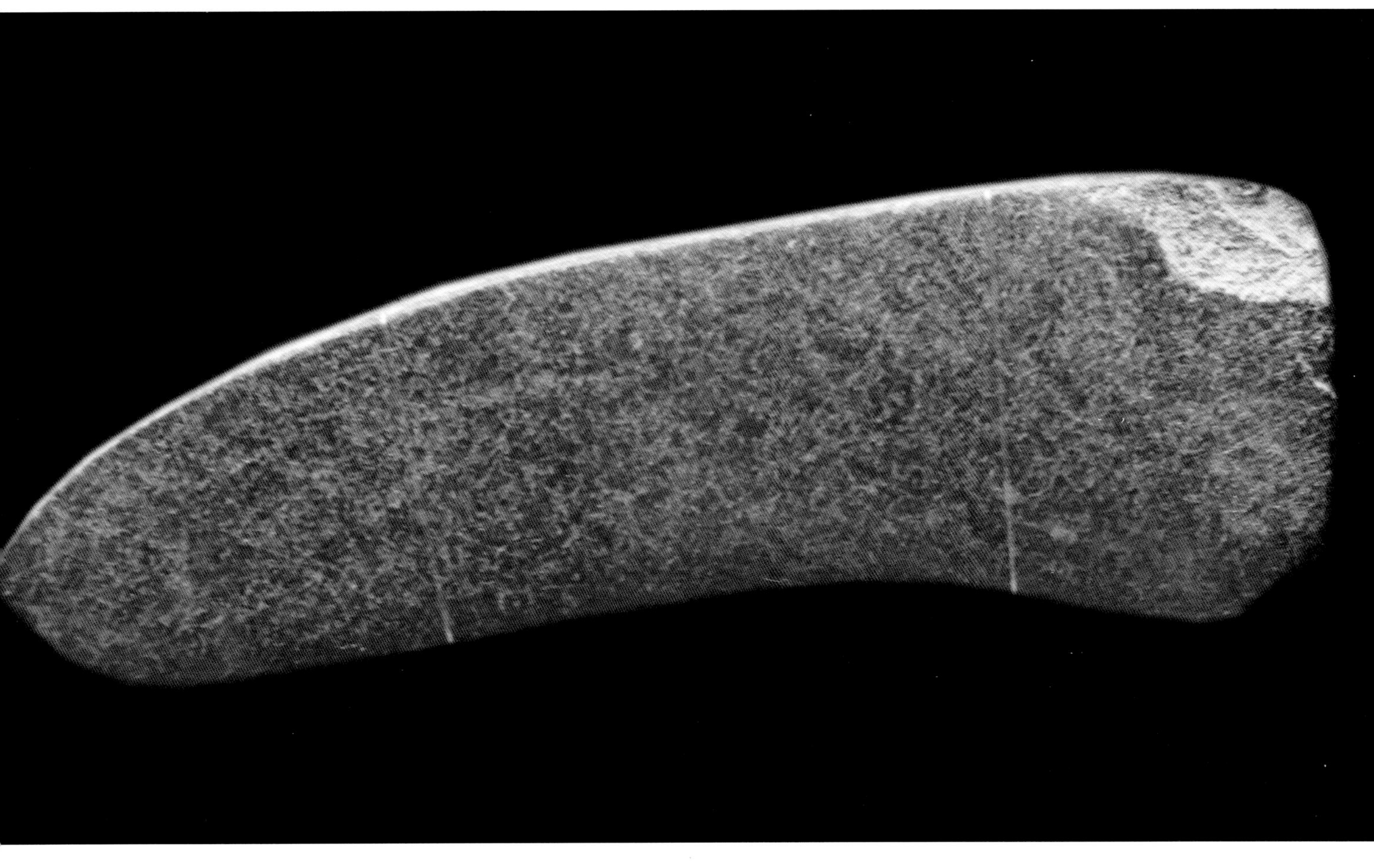

石镰

镰刀的历史非常悠久，早在新石器时代，黄河流域已经普遍种植粟，石镰是收割农作物的工具。使用时在镰身后部捆绑竖柄，人们一手把地里的秸秆攥成一束，一手持柄挥镰割断成束的粟秸。为增加石镰的切割能力，有些出土的石镰刃部还被特意加工成锯齿状。

石棒与石磨盘

在各地出土的新石器时代文物中，部分地区出现了这种石棒与石磨盘，其中以裴李岗文化遗址的最为有名。石磨盘的形状像一块长石板，而两头呈圆弧形，鞋底状。石磨盘是用整块的砂岩石磨制而成的，底部有四个圆柱状的磨盘腿；与其配套使用的是石磨棒。石磨盘正面稍凹，可能是长期使用造成的。裴李岗遗址的发现填补了我国仰韶文化以前新石器时代早期的一段历史空白。石磨盘和石棒的出土证实了我们的先民们早在8000年前，已在中原地区定居，并开始从事原始农业、手工业。这种用来给谷物脱壳的石器工具就是证明。

◀ 裴李岗文化遗址出土的石棒与石磨盘

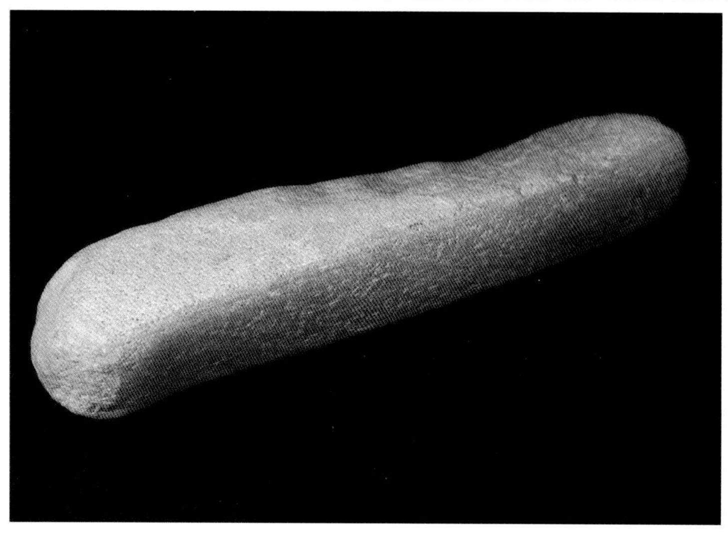

▲ 石棒

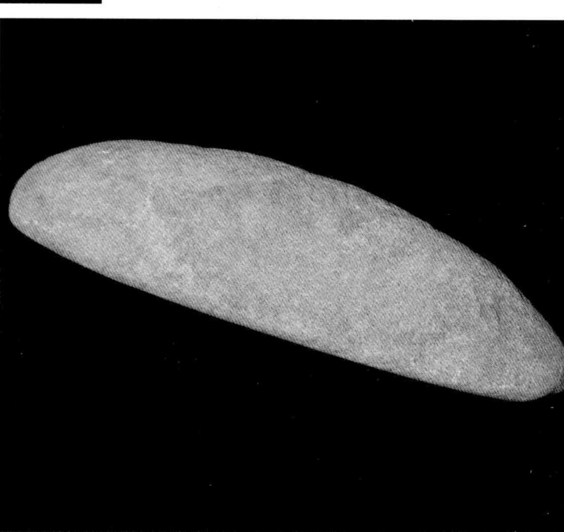

▲ 石磨盘

石铲

石铲是原始农具之一，用来垦荒、翻地，在中国多地都有出土，其样式也是多种多样。

▶石铲

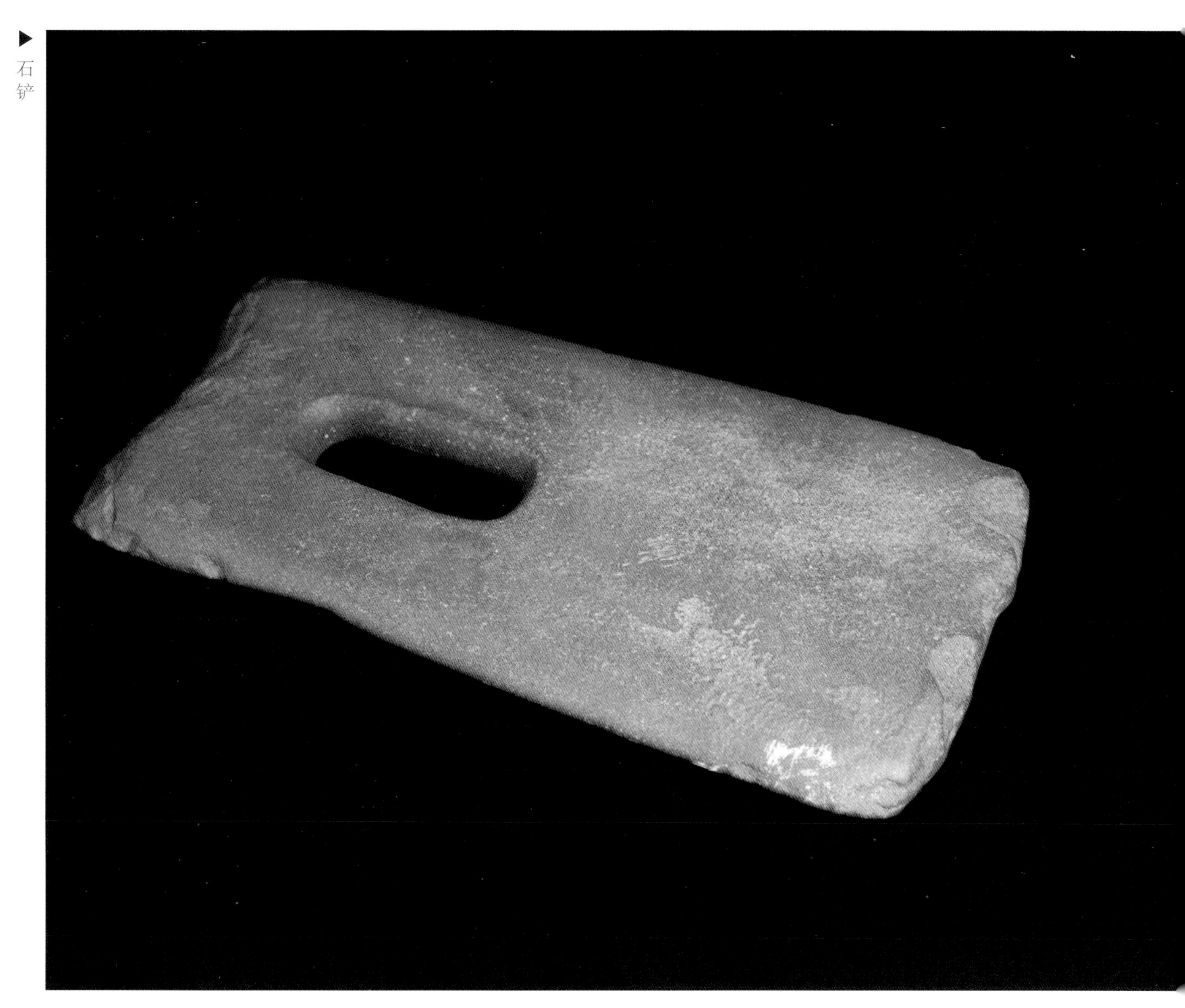

▼ 石球

▲ 带孔石球

石球

石球并不仅限于新石器时代，早在旧石器时代，考古工作者就发现了形似球体的石器，到了新石器时代，石球的打磨更加精细，但这种石球究竟是做什么用的，学者们众说纷纭——有人说是一种敲击工具。石球的磨制费时费力，代表了当时制作工具的较高水平，所以在可以使用其他砍砸器的前提下，先民们不太可能用石球作为敲击工具，但作为研磨工具倒是有可能。还有一种说法是石球作为一种投掷武器，因为圆形风阻小，投掷准度高、速度快，作为投掷武器是比较合适的，除此之外还发现了较多带孔石球，这种石球是一端有孔洞，可以拴系绳子，极有可能是用来制作“飞石索”一类的狩猎武器。

▶ 用来制作『飞石索』石球

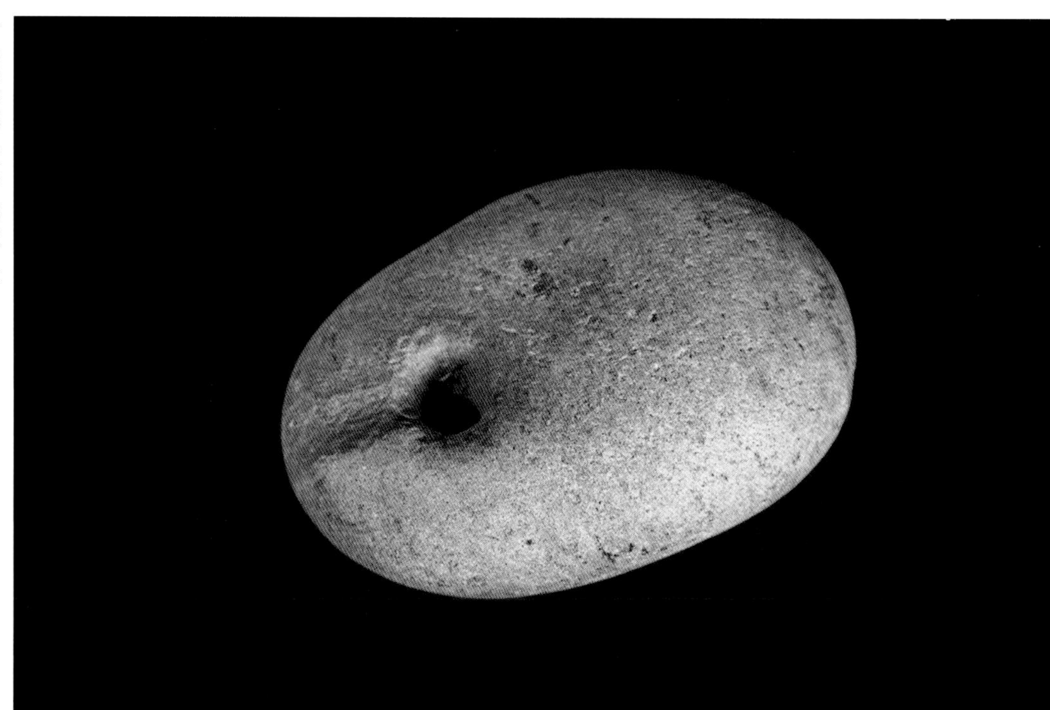

石锤与石砧

石锤和石砧是用来加工石器的工具。石砧是垫在石核下面的石块。石锤是直接用来加工石器的工具。人们往往选择圆而厚的砾石作为石砧，选择长圆的、便于手握的砾石作为石锤。

◀ 石锤

◀ 石砧

据专家推测，古人类制作石器主要分两大步：第一步是从石料上打下石片，第二步是利用石片或打下石片的石核做进一步的加工或修理。

第二章　奴隶社会时期

原始社会与石器密不可分，磨制的石斧、石锛、石凿和石铲，琢制的磨盘和打制的石锤、石片是人们主要的生产生活工具。在新石器时代末期，人类已经能够使用天然金属，也可以制作简陋的铜器，但其效果仍然不如石器，所以在此阶段经历了金石并用的时代。到了公元前3000年～公元前2000年左右，人类学会了制造青铜器，青铜时代来了。

与石器时代相比，青铜时代社会生产力得到了很大的发展，集体劳作被个体劳动取代，产品出现剩余，私有制萌发，以血缘为纽带的氏族公社开始解体，阶级思想产生了，中国也开始步入了奴隶社会。

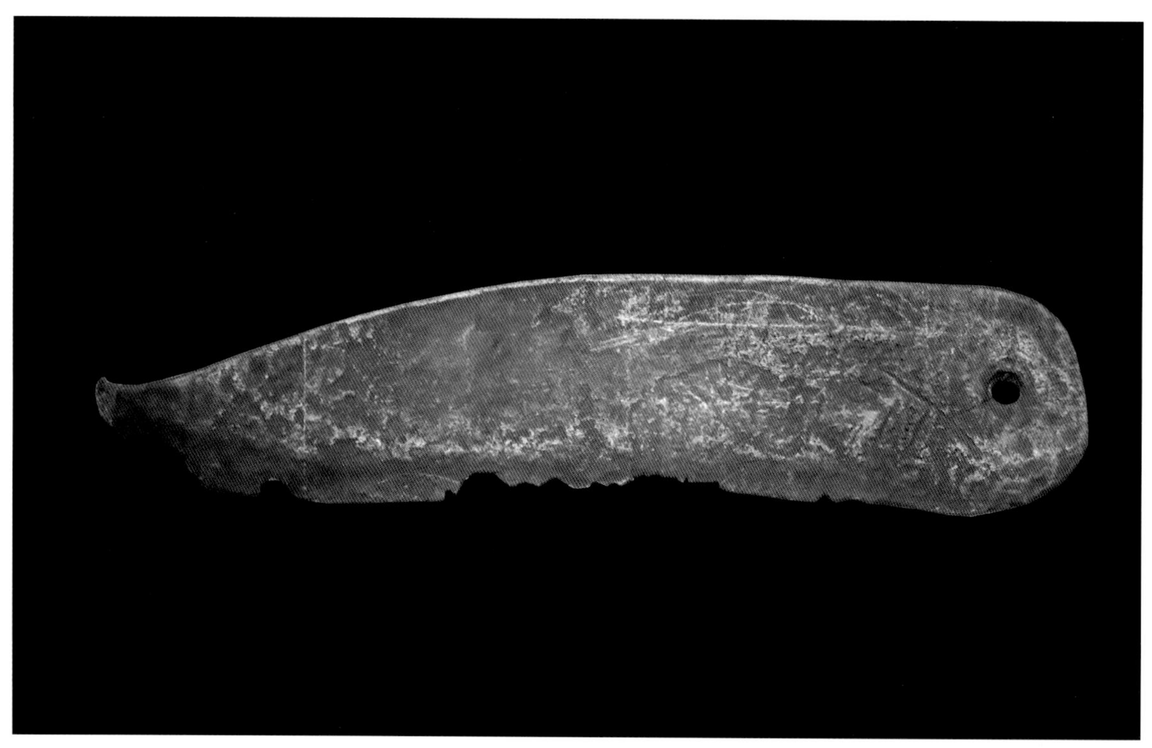

▲ 西周红铜镰（现存于新疆维吾尔自治区博物馆）

▲ 青铜器

青铜器

中国的青铜时代始于公元前2000年左右，存在的时间大致在夏代末期到秦汉时期。所谓青铜器，指的是用铜锡合金熔炼、锻制的各种器物。青铜器文化是我国早期文化的重要组成部分，具有重要的历史、文化、艺术价值，其中尤以商周青铜器最为著名，也最具价值。考古发现中，夏代出土的青铜器较少，推测仍处于铜石并用的时代，商周两代青铜器的冶炼技术大幅提升，除了造型精美的礼器、生活器具、明器外，很大一部分是生产生活工具。

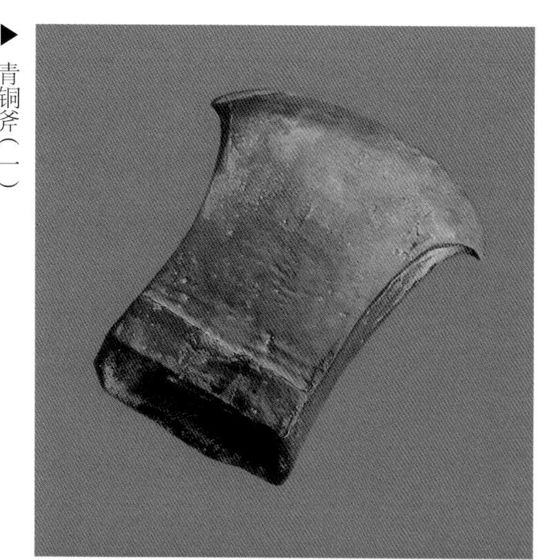
▶青铜斧（一）

青铜斧

▶青铜斧（二）

青铜斧是由石斧演变而来的。各地出土的青铜器中，青铜斧不少，主要有以下几种形状，一种是体较长，刃平直或略呈弧形的；另一种是圆銎形，宽身、弧刃、圆銎，近似兵器中的钺，两侧近刃部较长或呈弧刃；还有一种是长方形直銎，直刃或弧刃，近似现代的斧。圆銎斧的柄横装，直銎斧的柄直装，使用时两手把握。由于当时的青铜冶炼技术掌握在统治阶级手中，青铜器多为王公贵胄所有，所以这种青铜斧作为生产工具并不多，主要是作为一种礼器、武器或刑罚器使用。

青铜镰

镰的本义是指用来收割庄稼或割草的工具，古代的镰与今天的镰形状相近，目前考古发现战国时期出土的青铜镰较多，表面略做梳状，有短柄，正面刻锯齿，反面起刃。

▲ 青铜镰

青铜斤

古代的斤本是像锄头一般锋利的器物。斤字本身正好是这种器物的象形。考古材料证明，斤起源很古老，斤字也在甲骨文以前就出现了，主要是一种伐木工具。

▲ 青铜斤［公元前11世纪~公元前771年（西周），现藏于国家博物馆］

青铜凿

▲ 青铜凿

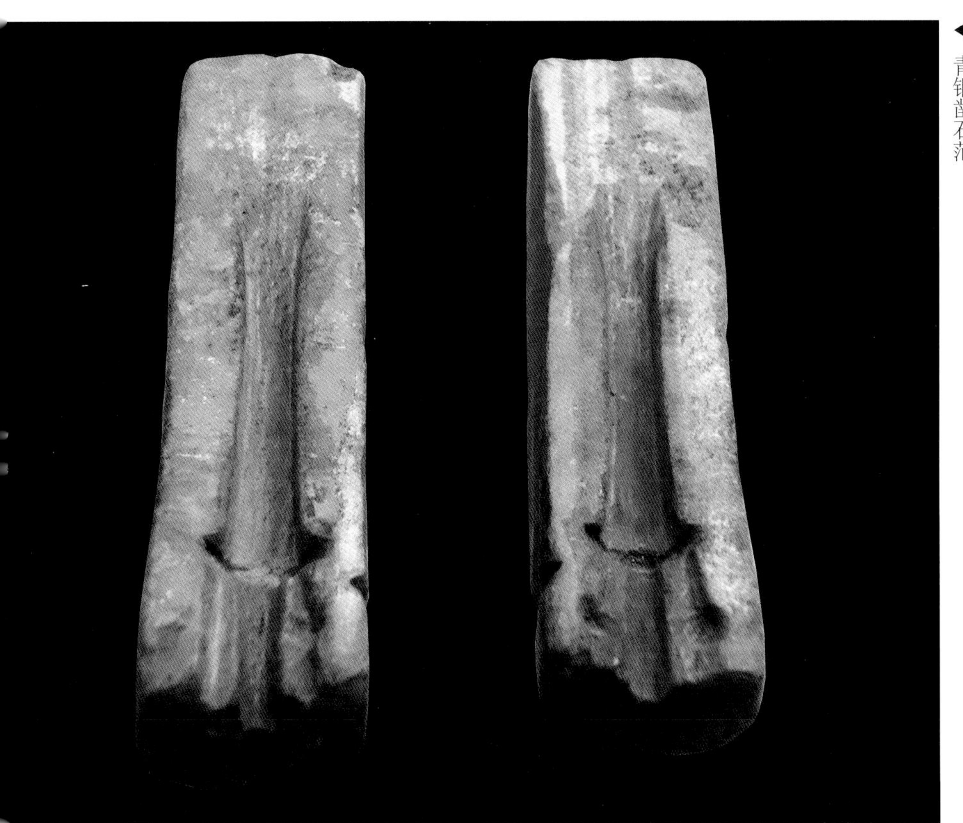

◀ 青铜凿石范

《说文解字》中说："凿，所以穿木也。"凿，是一种凿孔或挖槽用的工具，体细长，上宽下狭，直銎，刃部略呈弧形。

冲子

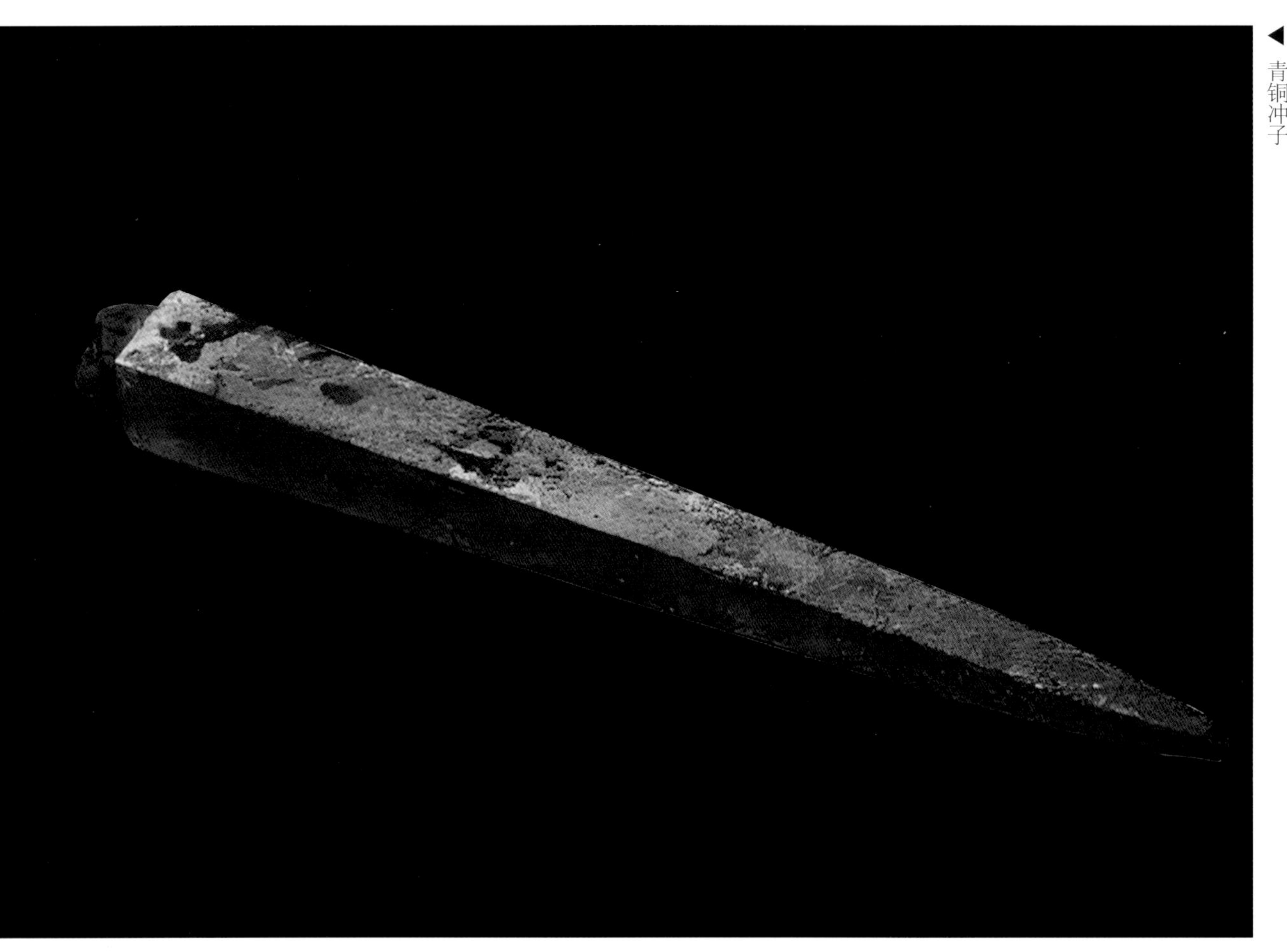

◀青铜冲子

冲子是一种冲孔工具，这件青铜冲子整体呈矛形，圆銎口。冲体扁平，近銎口凸出圆箍一周。

青铜锯

▼ 战国时期单刃铜锯

◀ 商代带孔铜锯

▶ 战国时期夹背刀锯

关于锯的起源，民间的说法是鲁班上山时因被锯齿形的叶子划破手掌受到启示，发明了锯。实际上，锯的起源要早得多，旧石器时代就已经发现了带有零星齿状的石器，新石器时代晚期出现了用动物牙齿或蚌壳边缘制作的锯形工具。青铜时代出土的锯较少，且多为较短、较小的刀锯，主要是受到冶炼技术的限制。这类的刀锯用于伐木的可能性不大，主要是用来肢解动物或是作为一种刑罚工具。

青铜削

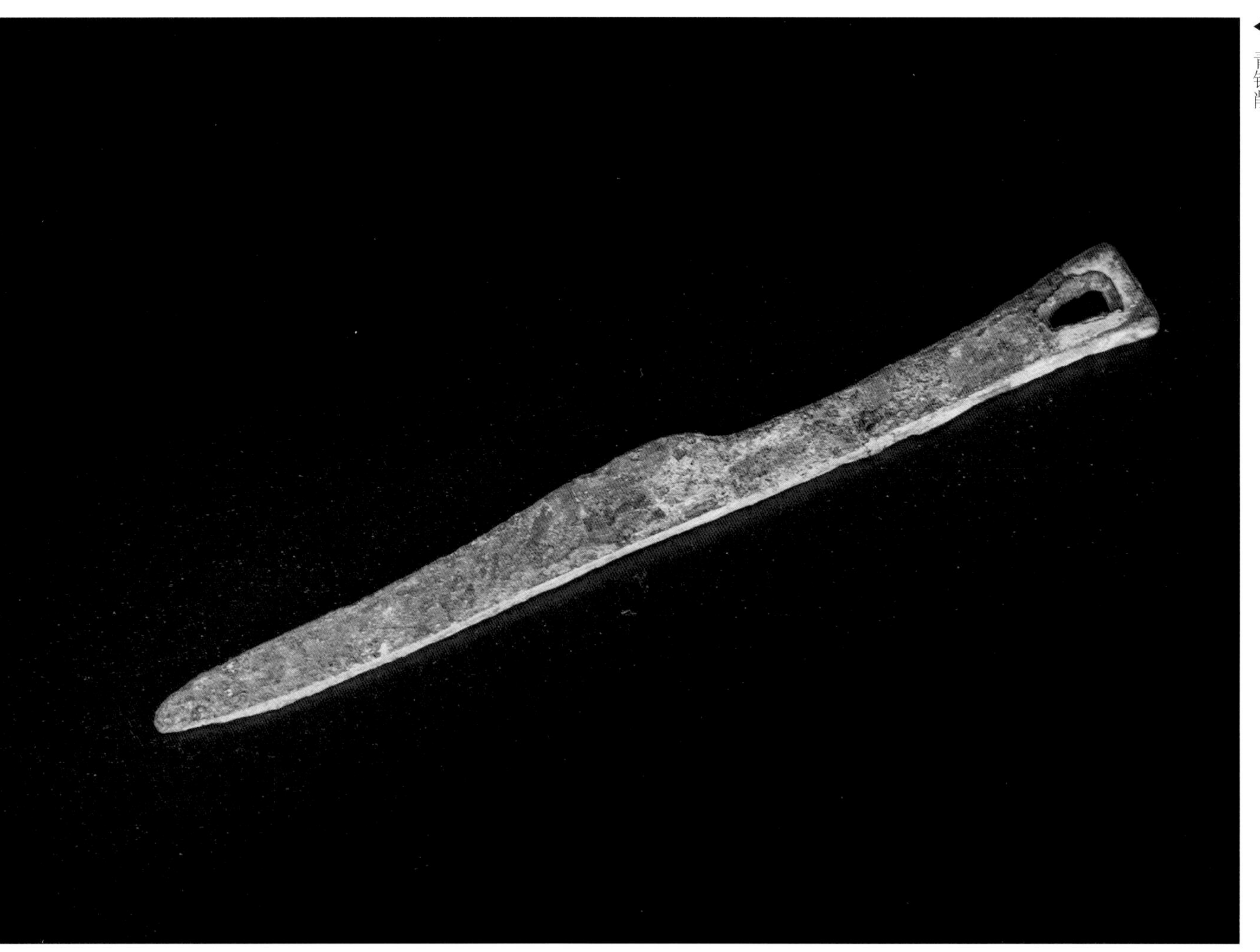

削是古代的一种刮削器，又称削形刀，青铜削凸背凹刃，把端有一圆孔，可穿系以便佩戴。削刀在东周和秦汉时也用来去除书写在木牍及竹简上的文字。

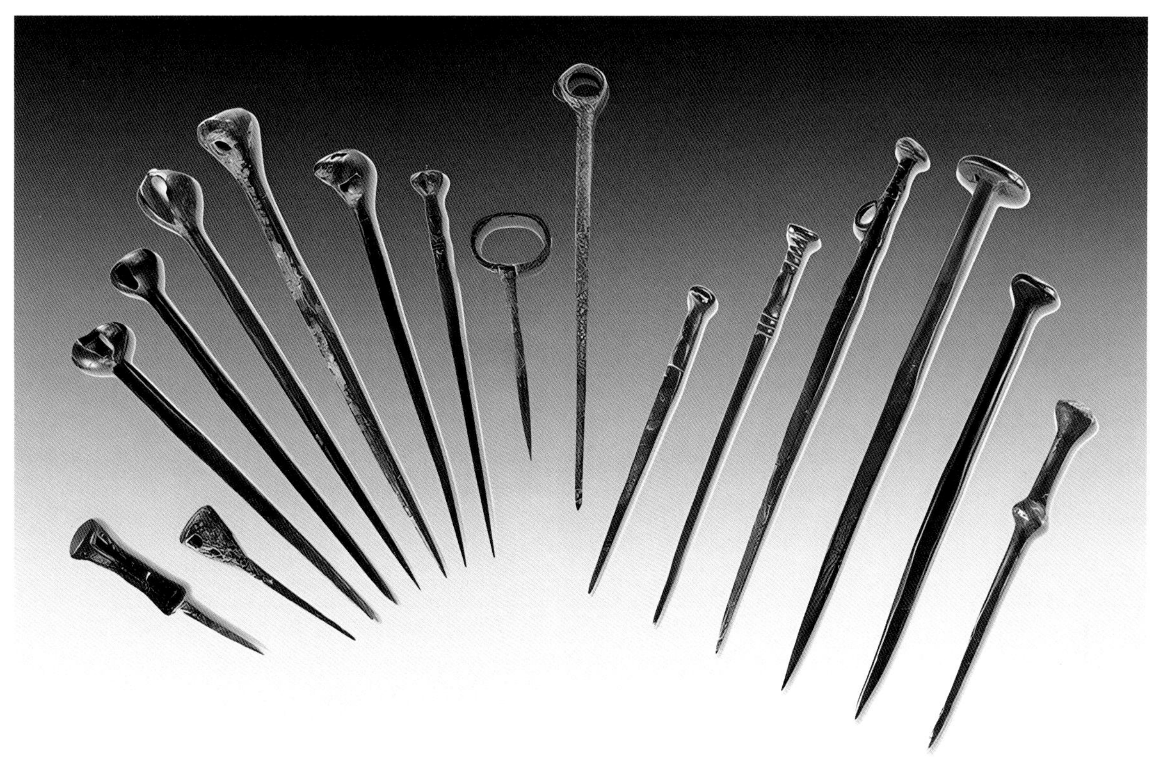

▲ 战国时期出土的多种青铜锥

青铜锥

锥，是一种穿孔用的工具。在后世见到的为数不多的青铜锥中，各时期、各地出土的青铜锥其大小、样式略有不同，有的锥体呈扁平状，有的带镂空雕花，也有的顶部带环，可以穿系绳带。

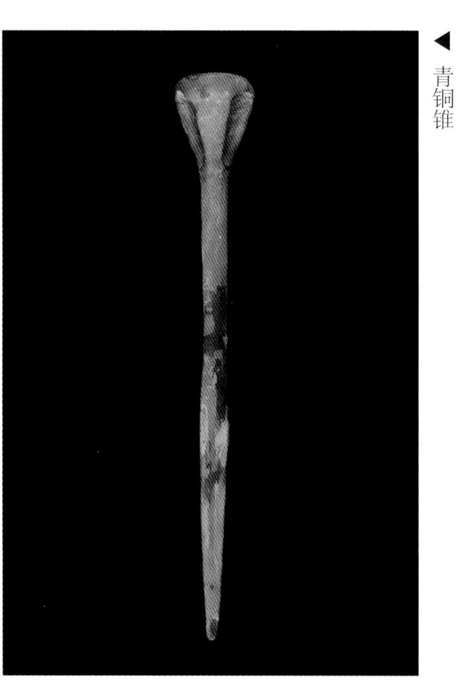

◀ 青铜锥

青铜铲

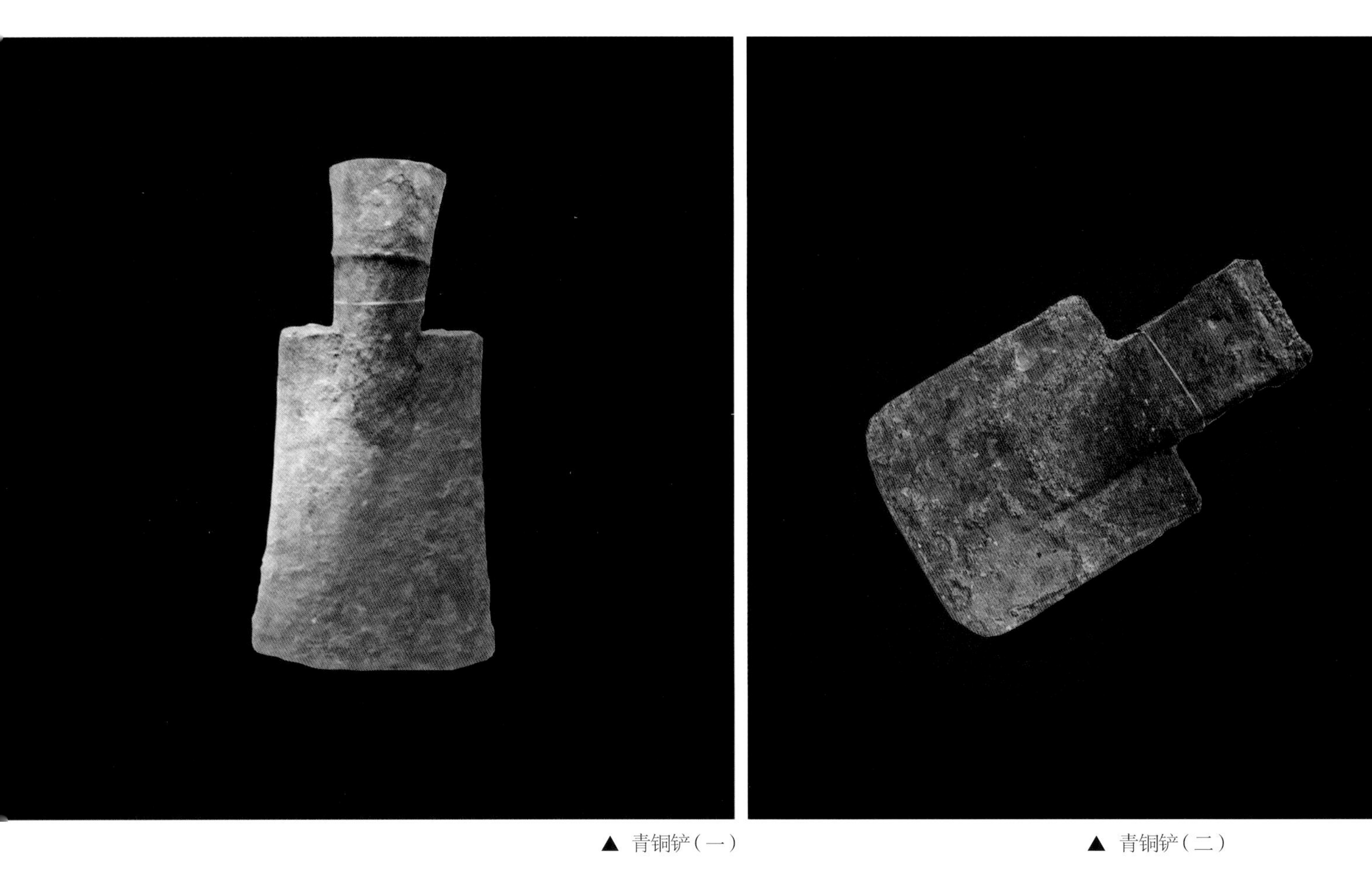

▲ 青铜铲（一）　　▲ 青铜铲（二）

铲是中国古代民间起土用的农具，青铜铲起源于商代，其原型是新石器时代的石铲。

▲ 青铜铲（三）

第三章　封建社会初期

中国的封建时代始于公元前475年（战国中期），止于公元1840年晚清鸦片战争前。在相对稳定又长期延续的这样一个历史时期，中国的手工业不断发展，就独立的私人手工业而言，它大致产生于春秋，发展于秦汉，兴盛于唐宋，成熟于明清。在这样一个发展过程中，中国古代手工业曾一度领先世界，这一时期，伴随着社会生产力的提高，手工业部门不断增加，劳动分工不断细化，因手工业的发展，中国的经济重心也开始向南扩移，其经营方式也经历了从家庭副业到城镇家庭作坊再到手工作坊和工场作坊几个阶段。到了宋代，各类匠作行当基本定型并延续至今。但这一切都有一个缘起，那就是铁器的发明。

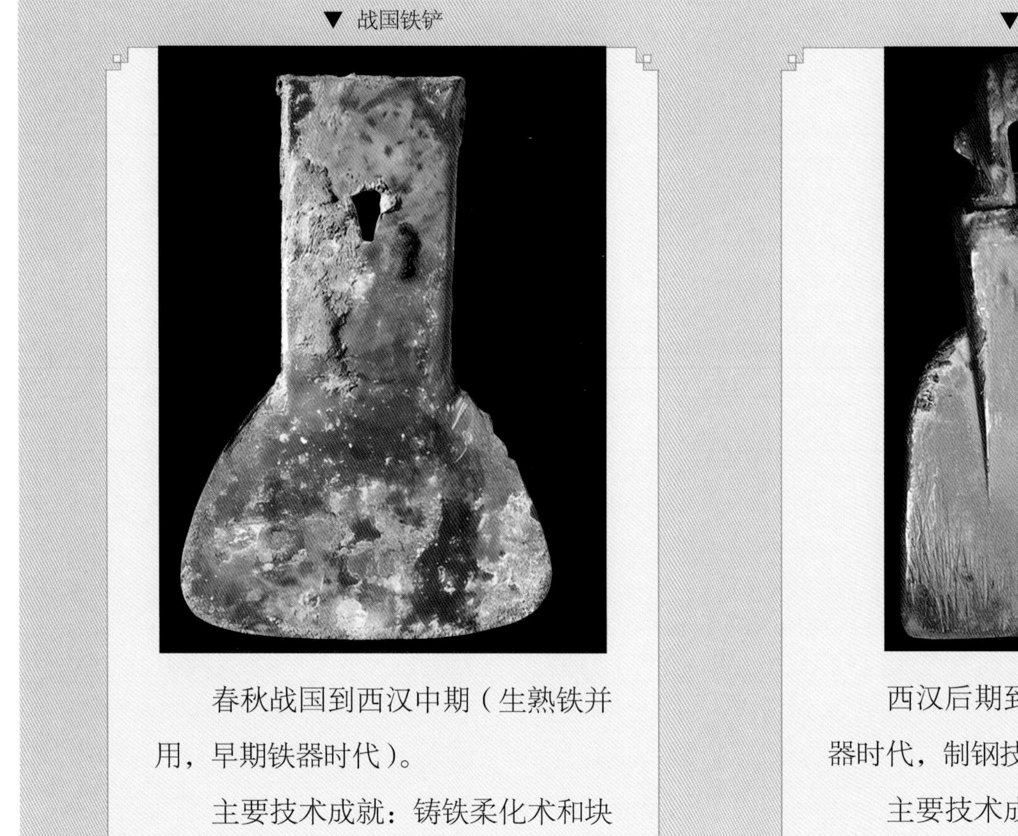

▼ 战国铁铲

春秋战国到西汉中期（生熟铁并用，早期铁器时代）。

主要技术成就：铸铁柔化术和块炼铁渗碳钢。

▼ 汉代铁铲

西汉后期到魏晋南北朝（完全铁器时代，制钢技术大发展时期）。

主要技术成就：铸铁脱碳制钢、百炼钢、匀碳制钢。

中国古代冶铁技术发展历程

工具的进步除了形制、使用之外，本身刃部的硬度变化也是一个决定性因素。这就不得不谈到冶铁技术的发展，中国的冶铁技术源于青铜冶炼技术，经过漫长的发展历程逐步完善，并影响着社会生产力的发展。

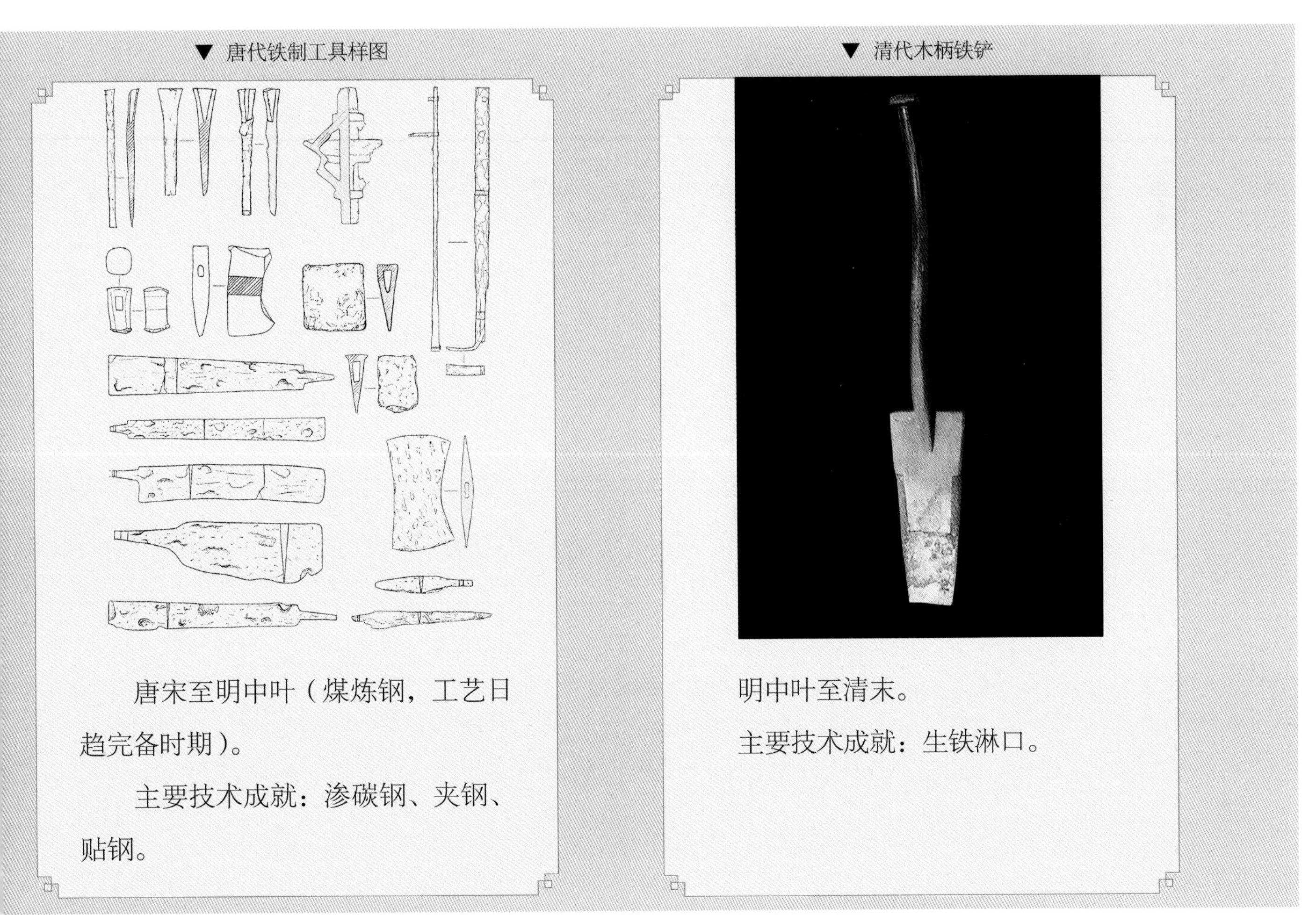

▼ 唐代铁制工具样图

唐宋至明中叶（煤炼钢，工艺日趋完备时期）。

主要技术成就：渗碳钢、夹钢、贴钢。

▼ 清代木柄铁铲

明中叶至清末。

主要技术成就：生铁淋口。

▶ 铁铲

▲ 铁锤

冶铁发展与工匠出现

冶金业在中国的出现虽然晚于西亚和欧洲，但它的发展却比较迅猛，并在以后相当长的一段时间，走在世界冶金技术的前列。关于冶金业的发展既有历史的必然也有历史的偶然。必然性方面，首先是社会生产力的需求，其次是冷兵器时代对冶炼技术的需求。例如汉武帝时期对匈奴的作战，善于长途奔袭的骑兵与新型的铁制兵器成为制胜的关键，以至于后来通往西域的丝绸之路上不仅有华美的丝绸，还有打造精良的铁器，这

▶ 铁环

▲ 铁锄

▲ 铁斧头

两样是大汉王朝主要的出口物资，曾令远在万里的罗马人叹为观止。再比如唐太宗时期，锋利的唐刀与装备铁制箭镞的机弩也曾威震吐谷浑、突厥、高句丽等，装备精良的唐军成为大唐盛世的军事保障。偶然性方面，如新石器时代晚期出现的青铜冶炼技术就受到制陶术的影响，再比如历史上那些寻仙求药的帝王们，道士方术在为他们炼丹时，也为冶炼技术积累了经验。冶炼技术的发展与普及，尤其是铁器的发展对后世工匠产生了深远的影响。到了宋代，由于社会经济繁荣，各类手工艺人涌现，各种匠作行当成为普通百姓生活中不可缺少的一部分。

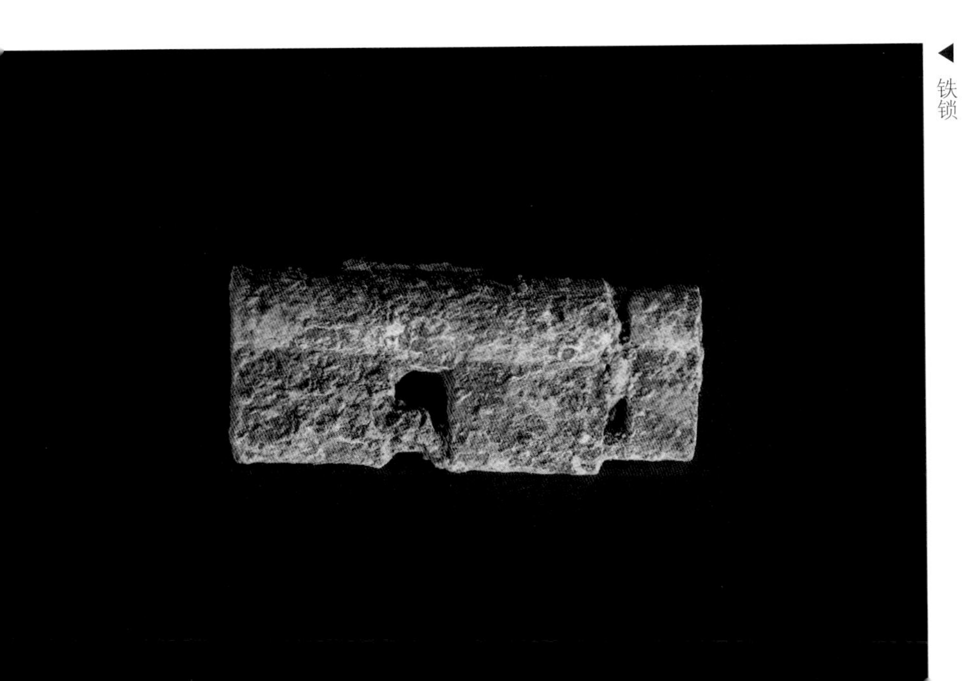

◀ 铁锁

铜手钳

▲ 战国时期秦国的铜手钳

▼ 战国时期燕国出土的铁锄

铁锄与铁锸口

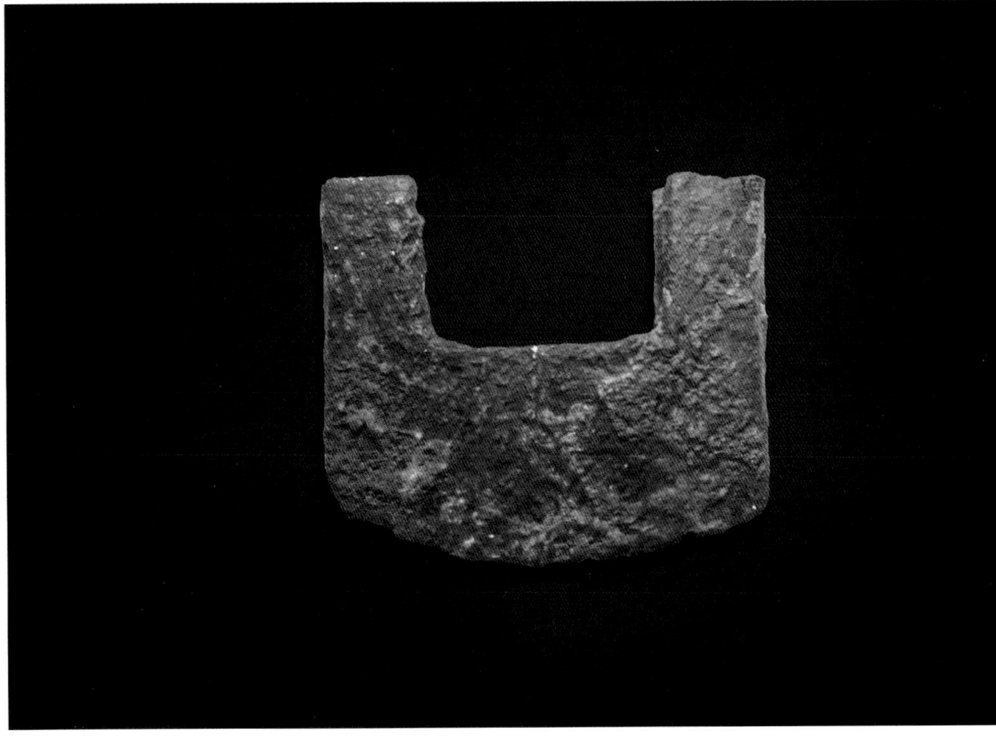

▲ 战国时期魏国的铁锸口

铁犁铧与铁镢

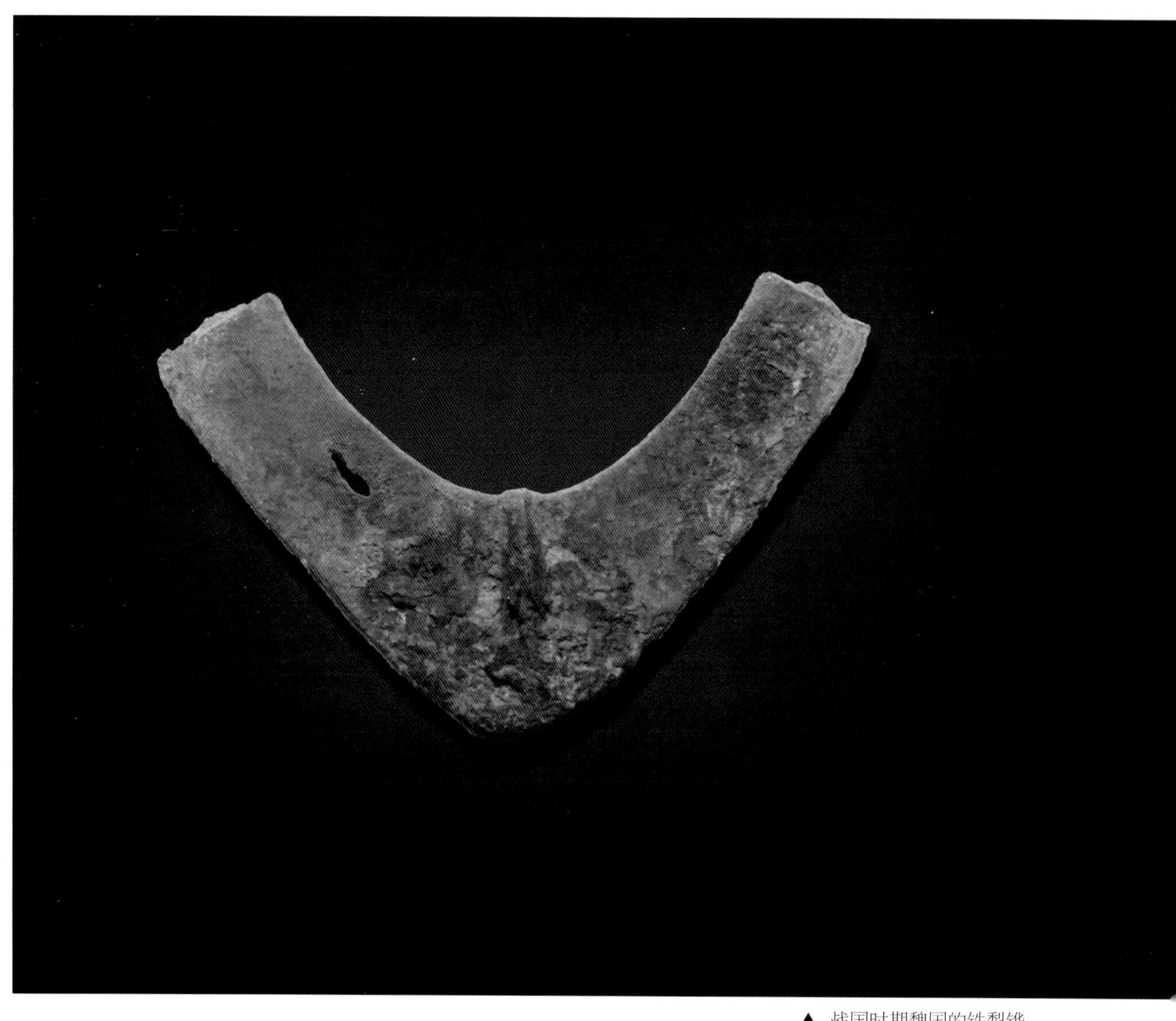

▲ 战国时期魏国的铁犁铧

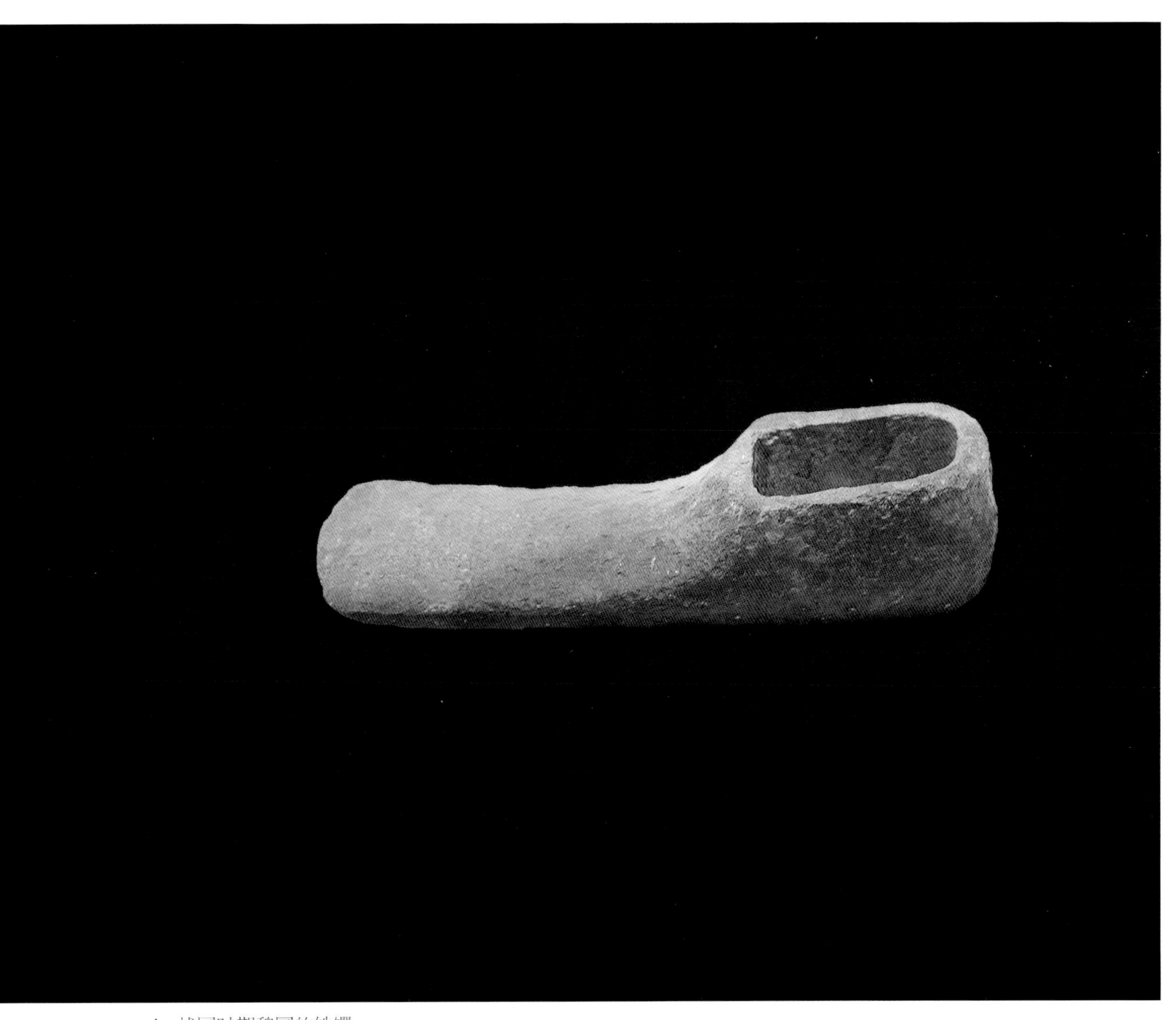

▲ 战国时期魏国的铁镬

第二篇

瓦匠工具

瓦匠工具

瓦匠又称“泥水匠”“泥瓦匠”，是现代建筑从业人员的前身。在过去，社会化大生产并不发达，砖瓦等用来盖房的材料多自主烧制，因此“瓦匠”也被称为“窑匠”。泥瓦匠中又分白活、泥活两类，使用石灰勾缝，善盖砖瓦房者称为“白活匠”；以泥水草秸为主，善盖泥草房者称“泥活匠”。泥瓦匠所用工具有瓦刀、抹子、托灰板、泥匙、弯尺、线坠等。过去民间的泥瓦匠大多为兼作，农闲务工，农忙务农，即使有大活，房主也多选择在农闲时期施工。就是现在进城搞包工的建筑队，农忙时节，也多返乡参与抢收抢种。乡间的泥瓦匠有干大活、干零活之分，前者主做起梁架柁、整起整盖新房，后者主做修残补漏、打灶修圈类的小活。做大活的泥瓦匠多和木匠结组，包揽活计，并推出领做人，俗称“掌尺”或“工头”。因此，瓦匠的工具，也就是建筑工具的前身。

建筑工具是随着建筑业不断发展而变化的，但传统建筑业的工具不像铁匠、木匠、石匠等工具，具有比较鲜明的时代烙印，瓦匠篇所向大家展示的主要是传统瓦匠工具及部分简易机械，时间大致在2000年以前。这主要是因为一些传统的建筑手工工具虽然产生的年代较早，但至今仍在一线作业中发挥着重要作用，一些机械化的工具、设备，虽然出现的年代较晚，但很快又被更先进的工艺、工具或是机械所取代。本书将这些工具按照测量与检测工具、基础夯实工具、搬运工具、机械设备、砌筑与抹灰工具、囤屋工具、安全防护工具七个类别向大家展示。

第四章　测量与检测工具

测量检测的概念是伴随着现代建筑发展而出现的，它是行业的标准也是建筑产品的质量保证。过去虽没有检验检测的理念，但即使经验丰富的老师傅也会通过一些辅助工具来保证匠造标准。

▲ 罗盘

指南针与罗盘

▶ 司南

指南针是中国古代重要的发明之一，但真正得到广泛应用要在北宋以后，在建筑行业，宋代以前主要是立竿测影定向法，虽然古代指南针主要用于航海和军事，但对土木工程也有重要贡献，尤其是罗盘发明以后，对古代堪舆、营造产生了重大影响。罗盘作为堪舆先生的代表性物件，也给人一种神秘感。堪舆一说自古有之，也被称为“青囊术”“相地术”，大致兴起于唐代，发展于宋代，风靡于明清。堪舆是古人在长期实践中，总结出的一种朴素的勘测、营造理论，在科学技术和科学理论并不发达的过去，堪舆对选

◀罗盘

址、营造、建筑形制、城市规划等产生过积极作用并具有一定的科学性和实用性，但也因其杂糅了儒道释诸多流派及民间信仰，显得神秘莫测。例如，过去浙闽一带木匠会用“压白尺法”配合鲁班尺使用，实际上，门窗制作关系到房屋的采光、通风与建筑物的比例协调及合用耐久，与某一地区的日照长短、季节风向也有关系。

◀ 线坠

线坠

线坠，也叫铅锤，是指一种由金属（铁、钢、铜等）铸成的圆锥形物体，主要用于物件的垂直度测量，多见于建筑工程。

线坠采用的是“悬绳取正”的原理。悬绳取正在春秋战国的文献中多有记载，墨子说百工“正以悬”，说明当时的工匠在测量垂直时，要以悬垂的直线为标准。

▲ 水平管

水平管

水平管又称为“管水平器”“水平仪”“平水尺”等，是一种测量水平及铅直的工具，相较于其他测量水平的量具设备，水平管使用的年代更早一些。

▲ 木制水平尺

水平尺

水平尺，又叫“水准尺”，是利用液面水平的原理，测量被测表面水平、垂直、倾斜偏离程度的一种测量工具。

墨斗

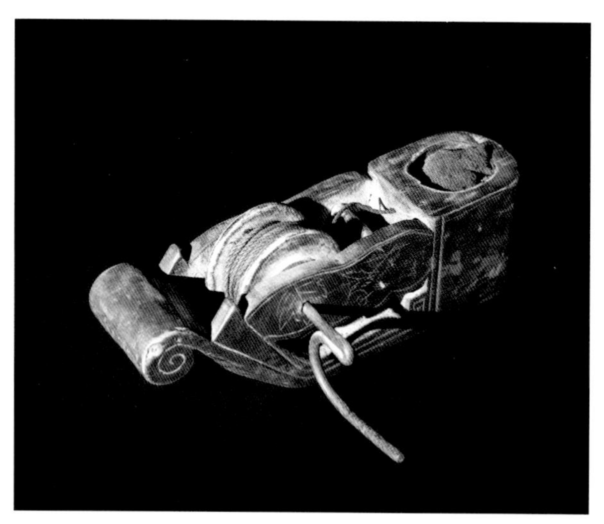
▲ 墨斗

墨斗是中国传统木作行业中极为常见的工具，它由绳演化而来，其用途有三个方面：（1）做长直线；方法是将濡墨后的墨线一端固定，拉出墨线牵直拉紧在需要的位置，再提起中段弹下即可；（2）墨仓蓄墨，配合墨签和拐尺用以画短直线或者做记号；（3）画竖直线（当铅坠使用）。

▶ 水准仪

水准仪

水准仪的主要功能是用来测量标高和高程，主要用于建筑工程测量控制网标高基准点的测设及厂房、大型设备基础沉降观测。

水准尺

水准尺是水准测量使用的标尺，它用优质的木材或玻璃钢、铝合金等材料制成。常用的水准尺有塔尺、折尺和双面水准尺几种。

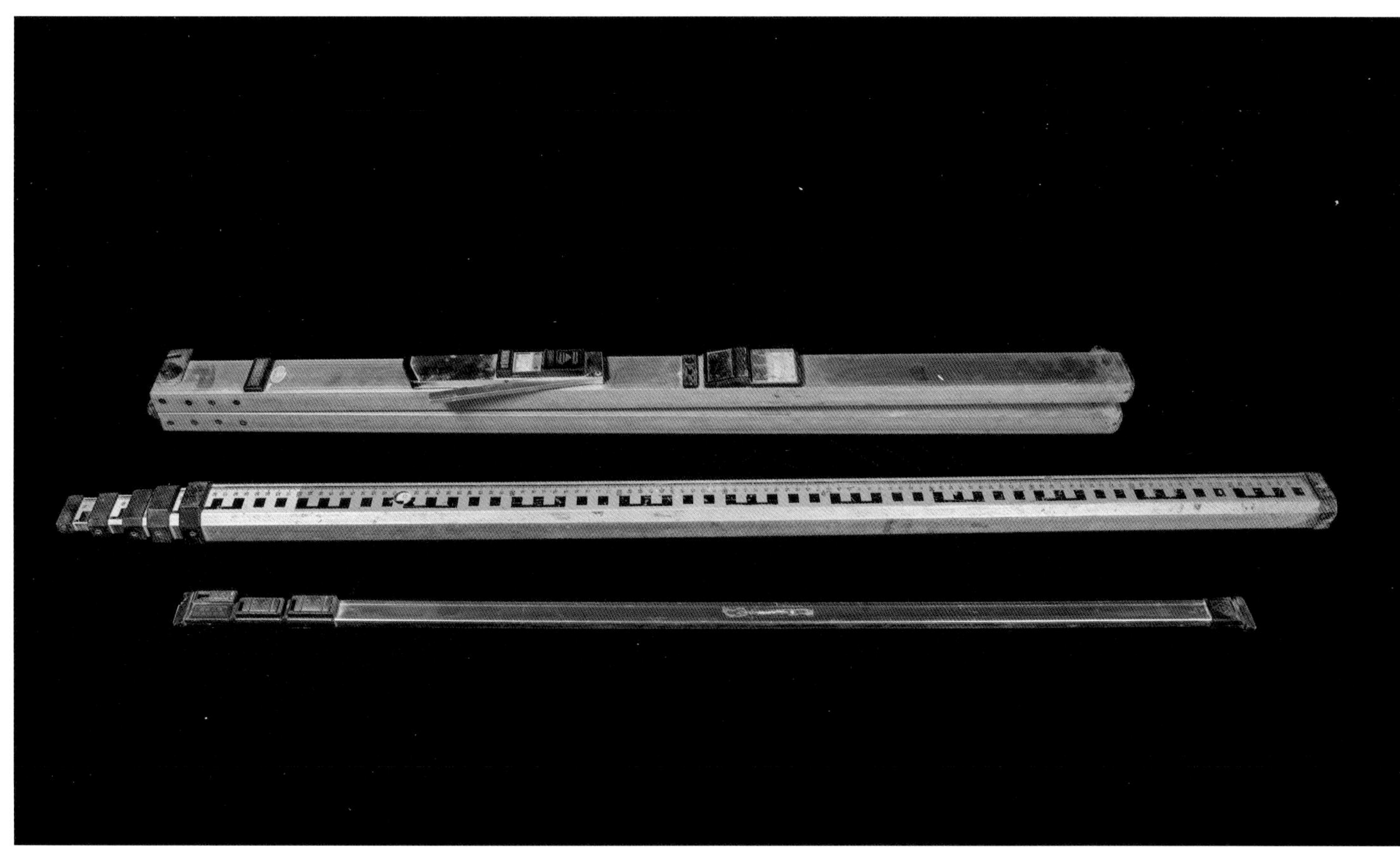

▲ 水准尺

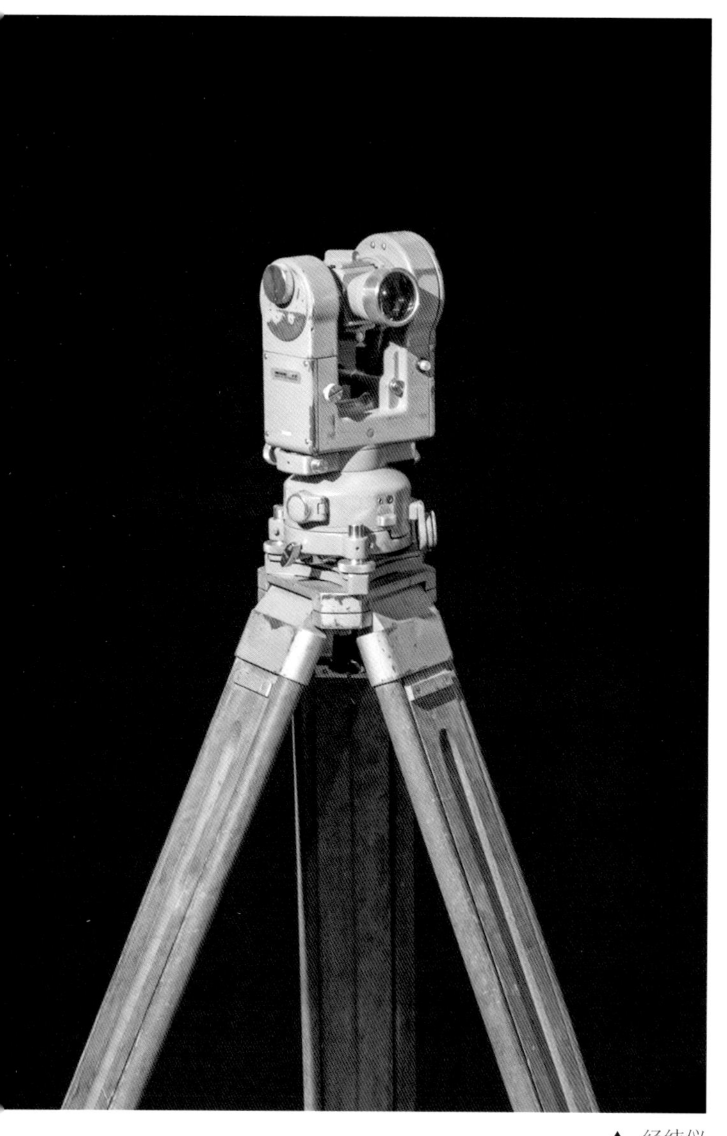

▲ 经纬仪

经纬仪

经纬仪是一种根据测角原理设计的测量水平角和竖直角的测量仪器，有光学经纬仪、电子经纬仪等几种。

▼ 激光水平仪

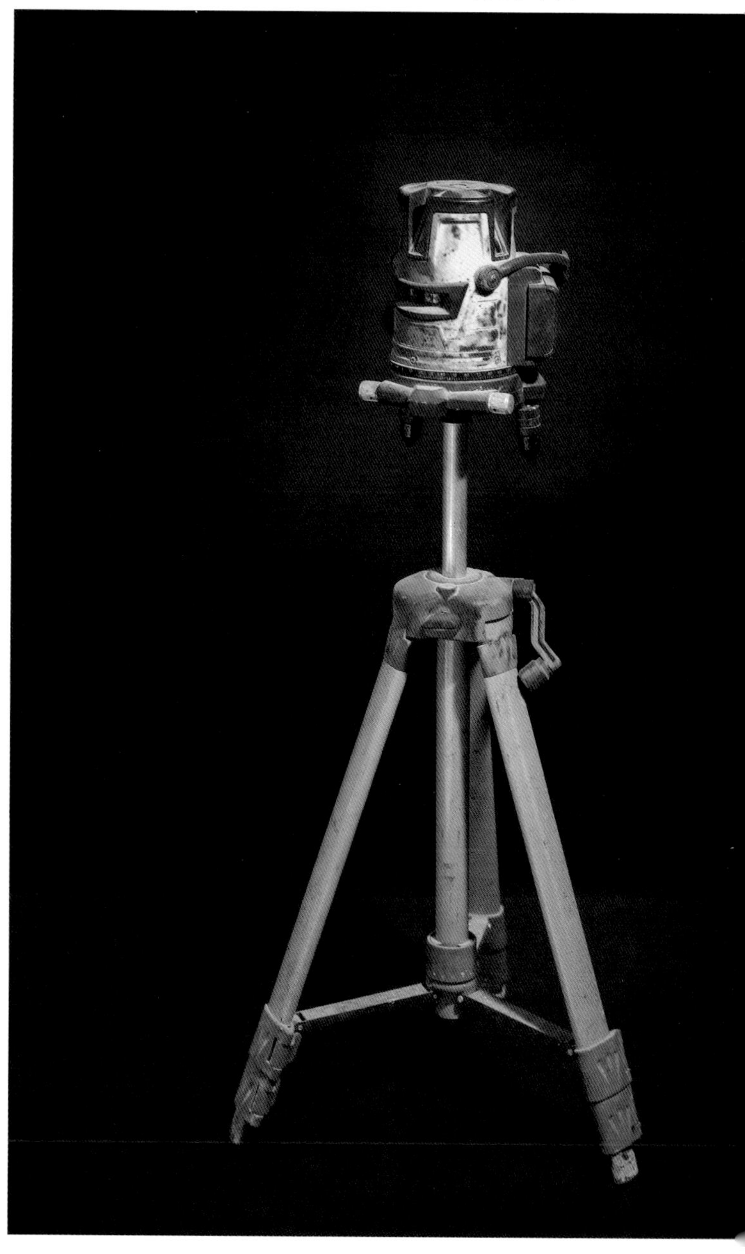

激光水平仪

激光水平仪又叫激光电子水平仪或电子水平仪，是测量水平和垂直的仪器。

全站仪

全站仪，即全站型电子测距仪，是一种高技术测量仪器，是集水平角、垂直角、距离（斜距、平距）、高差测量功能于一体的测绘仪器。

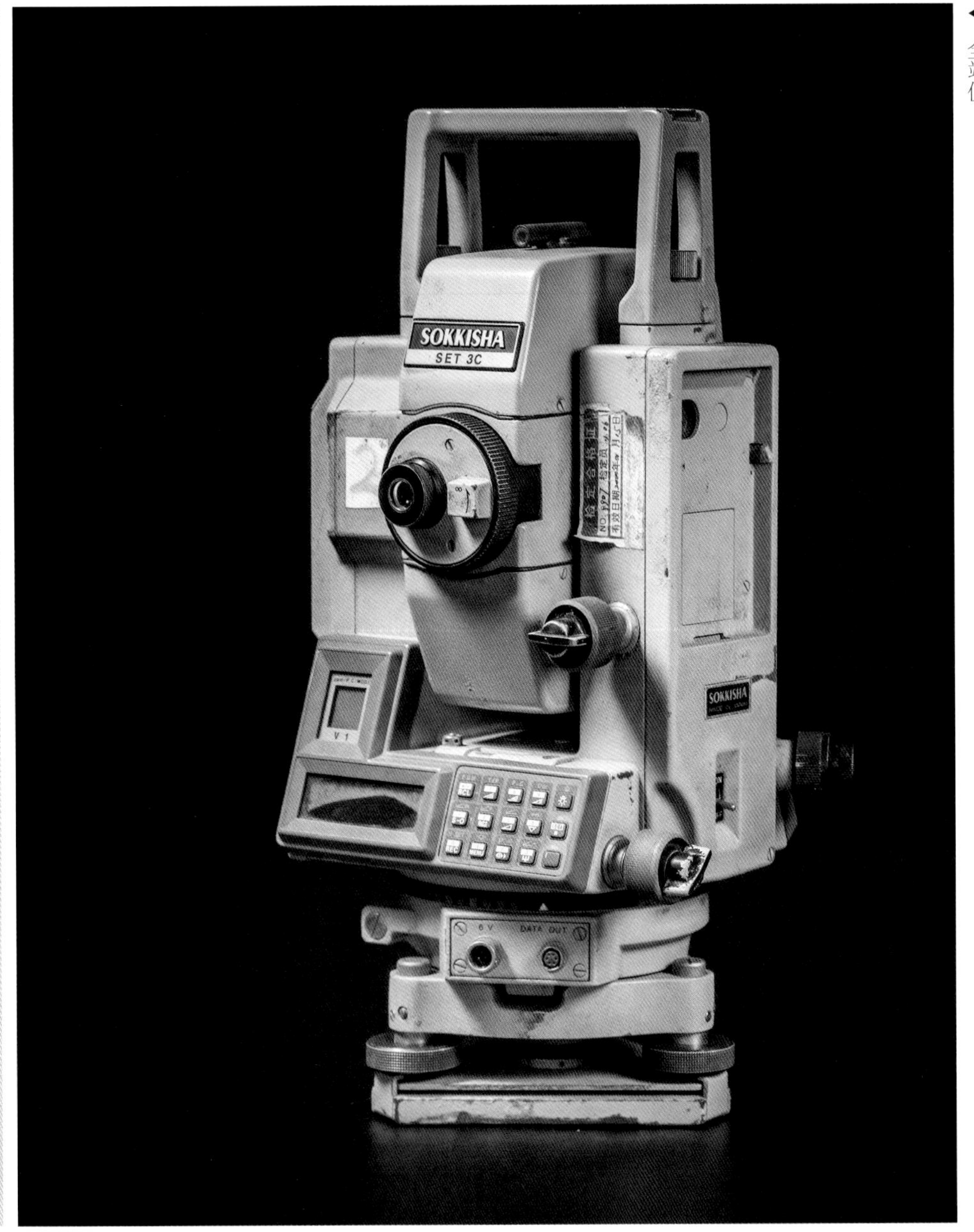

◀ 全站仪

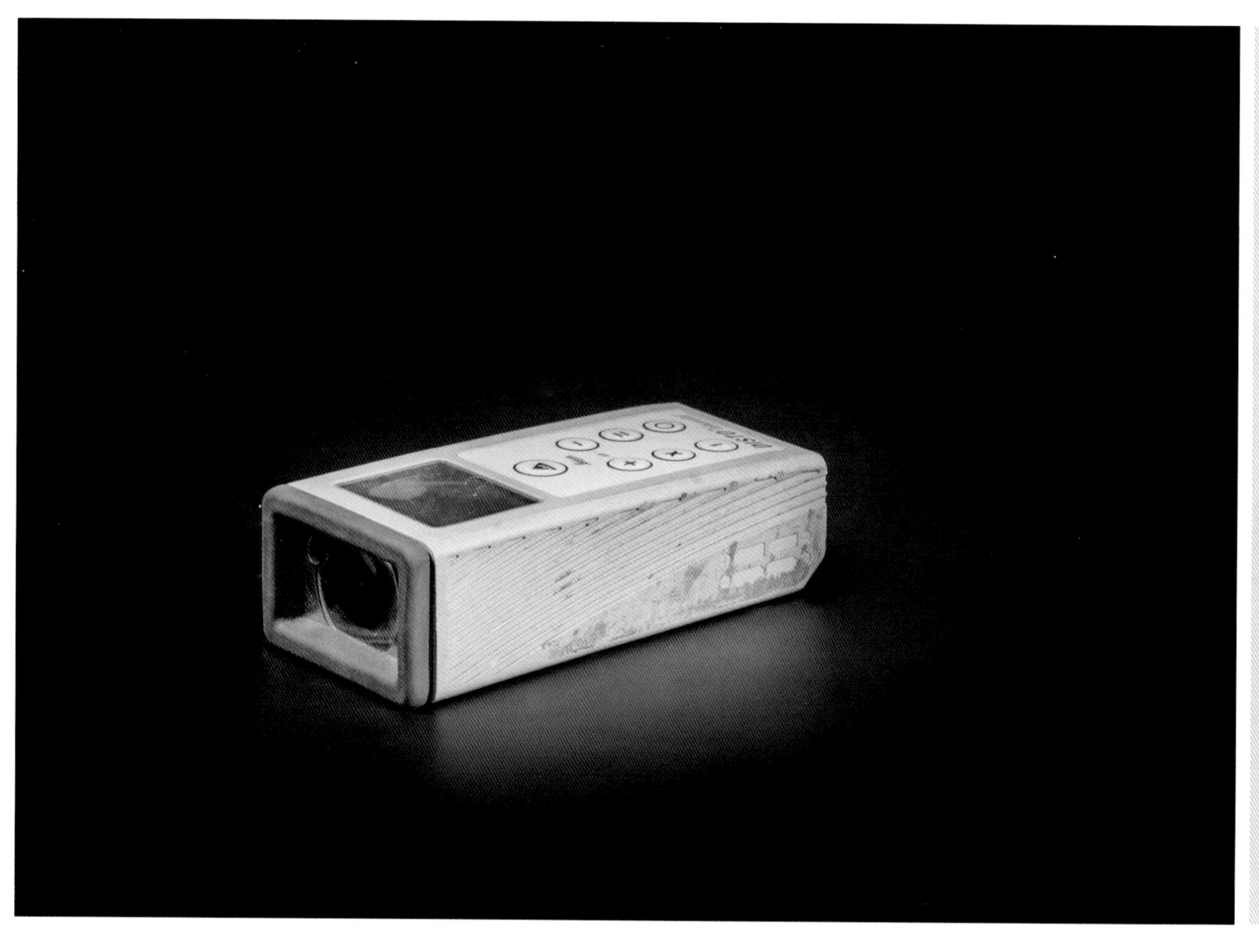

▲ 测距仪

测距仪

测距仪是一种测量长度或者距离的工具，通常是一个长形圆筒，由物镜、目镜、显示装置（可内置）、电池等部分组成。测距仪从量程上可以分为短程 、中程和高程。

▲ 卷尺

卷尺

卷尺是一种俗称，有钢卷尺、纤维卷尺、皮尺、腰围尺等不同材料形制。建筑行业常用到的是皮卷尺和钢卷尺。

▼ 施工线绳

施工线绳

施工线绳是一种简单且用途广泛的辅助工具，一般采用棉线绳。它配合铅锤使用，可以测垂直度；在平面上放线可以测水平。过去农村盖房，在没有水平管以前，瓦匠师傅会用脸盆盛水，中间放碗贴红纸的方法来找水平，然后两端放木棍，再用线绳拉直，拉直的线绳即是施工的标准，严禁触碰，这一步也叫“放线”。

▼ 响鼓锤

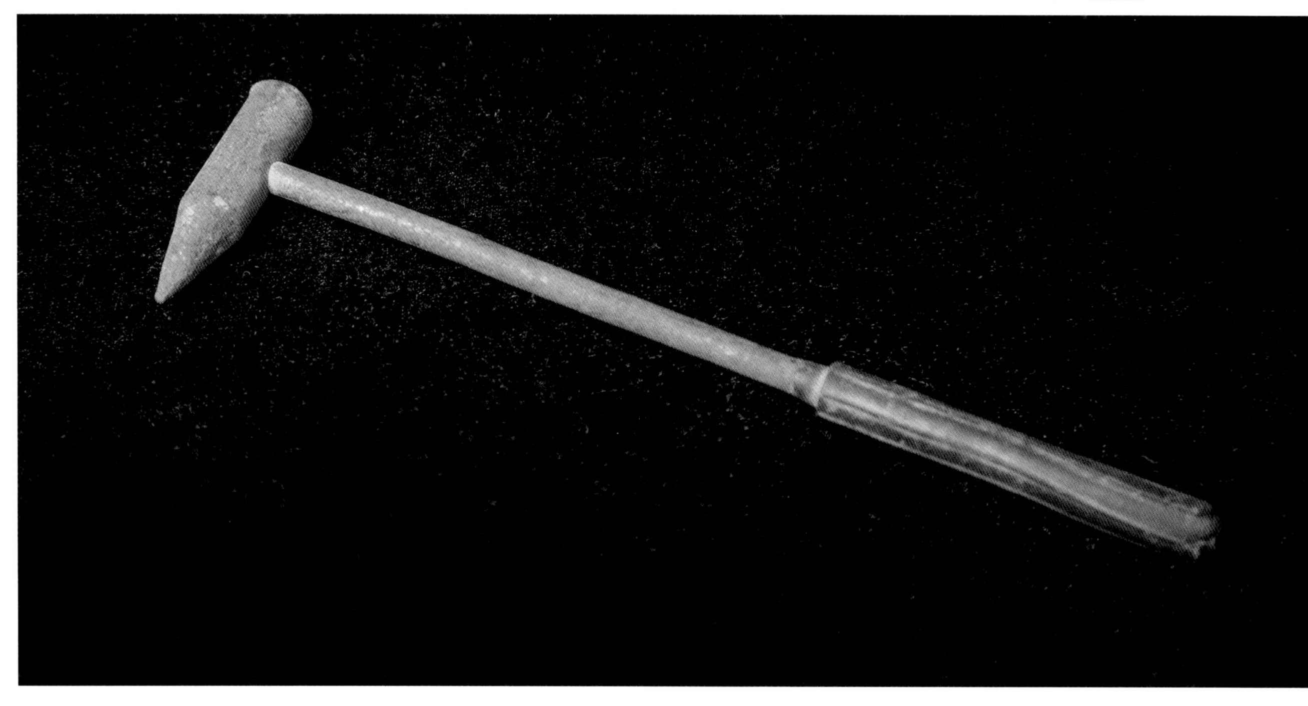

响鼓锤

响鼓锤是用来检测建筑物表面空鼓程度的一种工具，属于质检工具。使用的方法是将锤头置于距其表面20～30mm的高度，轻轻反复敲击，并通过轻击过程所发出的声音，来判定空鼓的面积与程度。

回弹仪

回弹仪是检测混凝土强度的一种仪器设备。它需要通过回弹法进行测定。

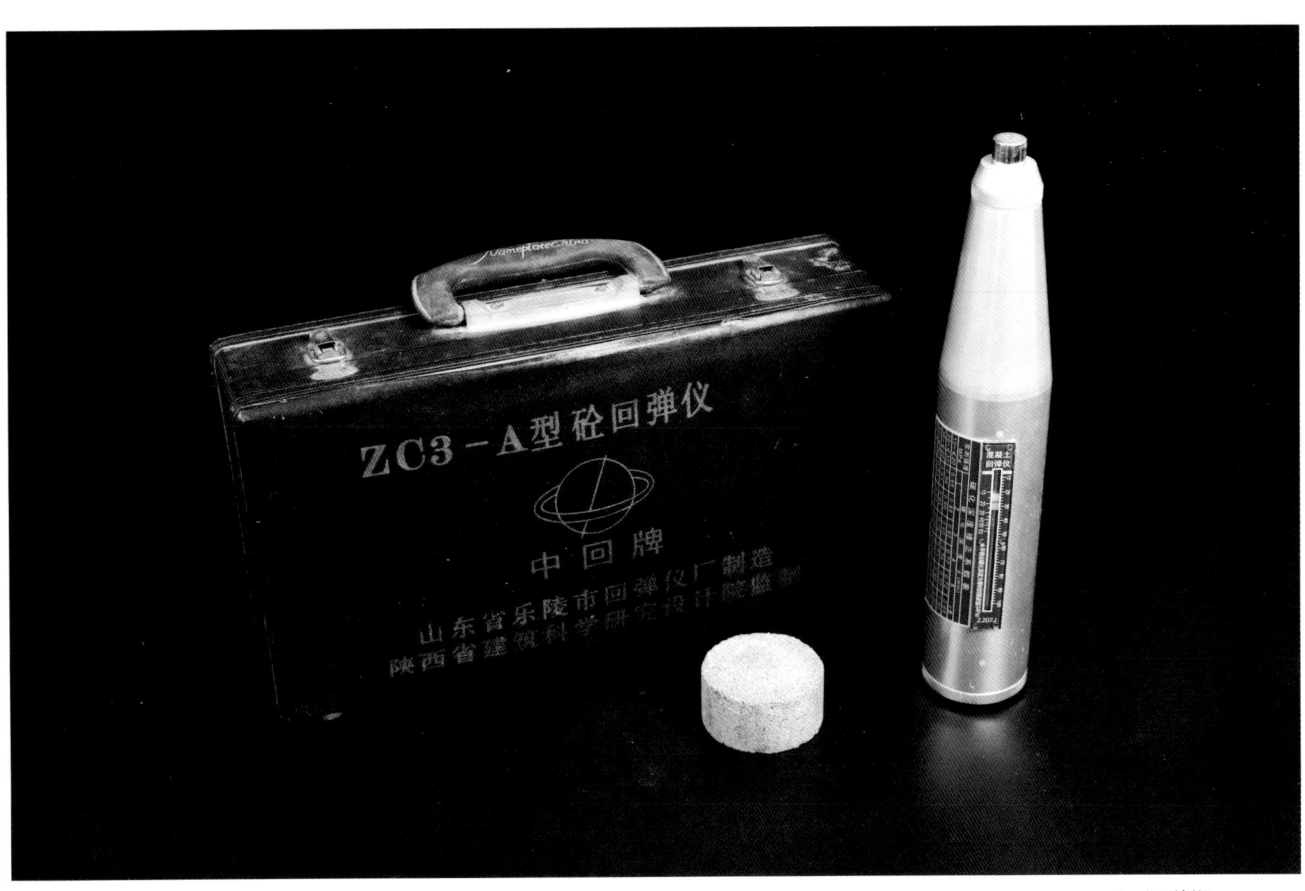

▲ 回弹仪

▶千分尺

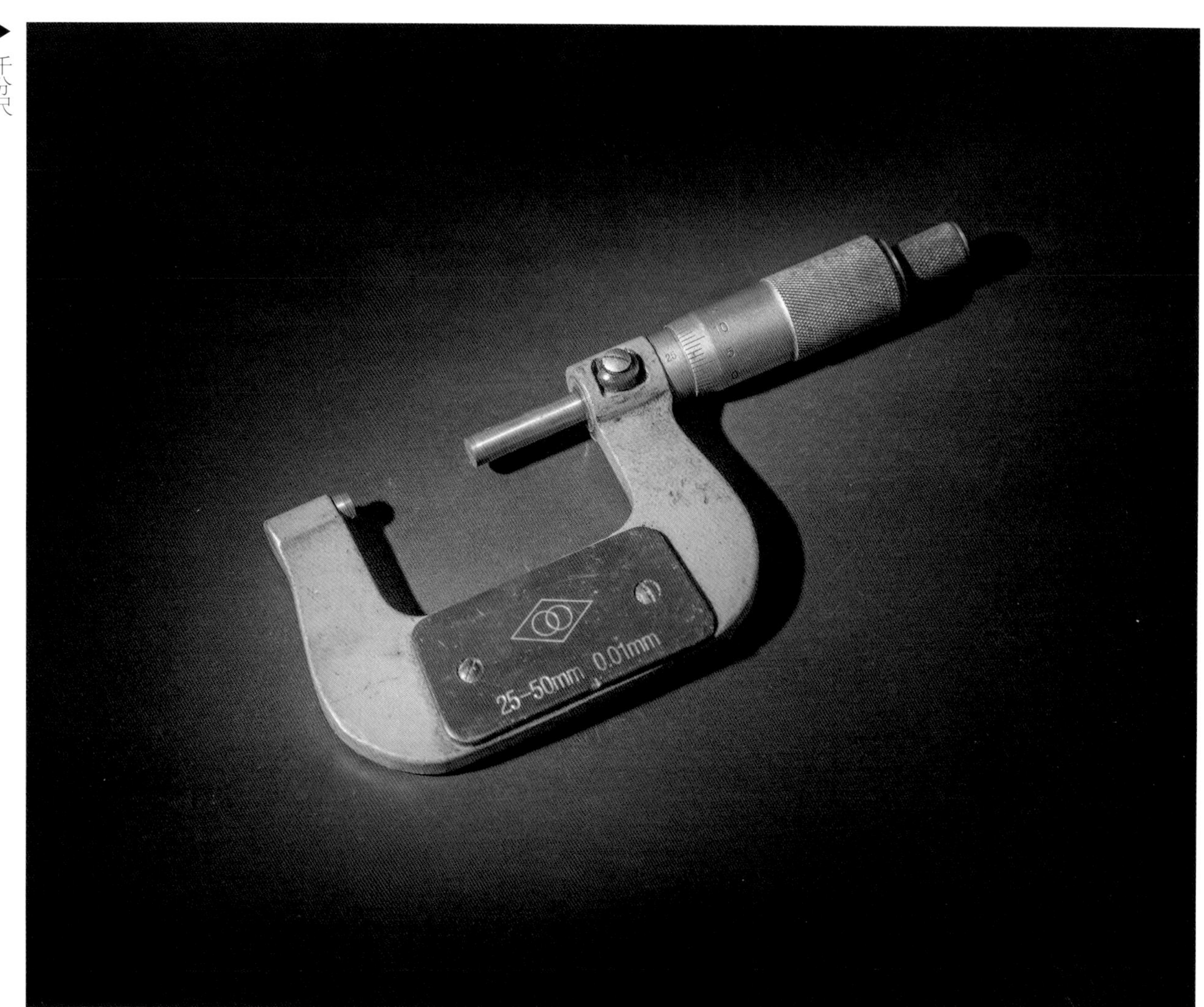

千分尺

千分尺是一种比游标卡尺更为精密的测量长度的工具，用它测长度可以准确到0.01mm，其测量范围为几个厘米。

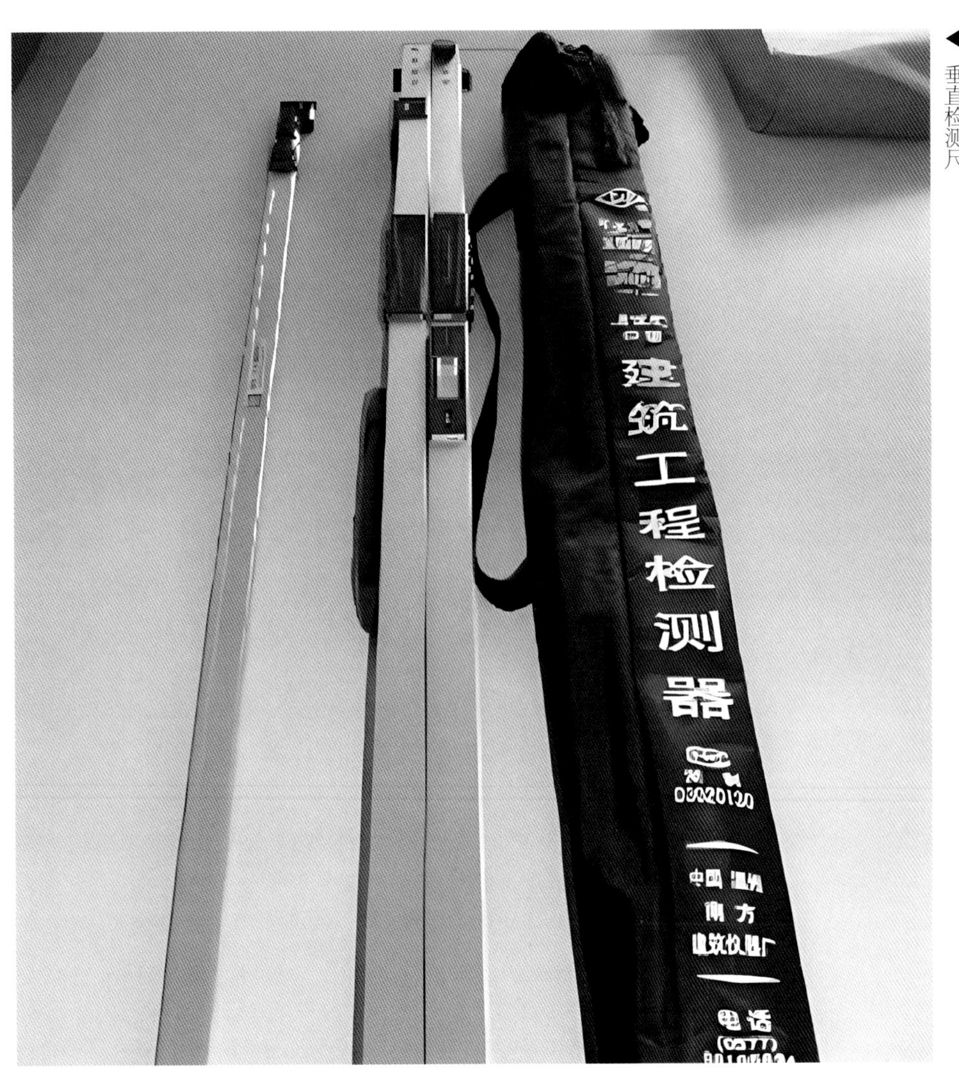

◀ 垂直检测尺

垂直检测尺

垂直检测尺是一种检测垂直度、水平度和平整度的工具，也是使用频率较高的一种检测工具，主要用来检测墙面、瓷砖是否平整、垂直，检测地板龙骨是否水平、平整。

▶ 坍落度筒

▲ 坍落度筒

坍落度筒

坍落度筒，俗称“塌落筒”。坍落度是混凝土和易性的测定方法与指标。工地与实验室中，通常是做坍落度试验测定拌合物的流动性，并辅以直观经验评定黏聚性和保水性。

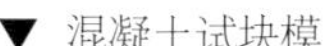

▼ 混凝土试块模

试块模

试块模是用来制作检测用的试件的模具。

▲ 砂浆试块模

第五章　基础夯实工具

从“夯”字的字形就可以知道需要力气很大，从古至今“夯”的功能没有变，但用于“夯”的工具发生了很大的改变。

最早的夯实工具是在石头上打孔插一根木棍制作的一人夯或者两人夯，后来又在石头上绑上几根绳子制作多人夯，多人夯时往往会有人喊着号子。使用牲畜拉着圆柱形石头（如碌碡），在路面上碾压夯实基面，也是一种夯的形式。有了机械设备后，曾经用过拖拉机来压实路基。到了现代，随着科学技术的发展，出现了多种多样的打夯机械，这也让打夯变得更加高效。

附：夯土的历史

中国古代建筑又被称为“土木之功”，其中的木指的是“木匠”“木作”，而“土”的含义多指“夯土”。夯土技术历史悠久，早在新石器时代，先民们就掌握了简单的“夯土”技术，殷商时期夯土技术走向成熟，到了汉代开始应用于民居，并一直沿用至今。古往今来，大到如万里长城、秦始皇陵、马王堆汉墓等建筑物，小到如福建的土楼、新疆的阿以旺等村落民居，大多由夯土建做。现在，古老的夯土宫殿、城墙已经很少见了，但在中国北方农村还存留着一些破败的“土屋”，这些“土屋”零星地散落在广袤的大地上，仿佛一位风烛残年的老人，诉说着夯土建筑曾经辉煌的历史。

石夯

▲ 石夯

所谓“万丈高楼平地起”，建筑的基础是最为紧要的，在过去没有机械化工具的时候，人们夯实基础主要采用人力“石夯”，有一人夯、多人夯之分。石夯的样式各地也有多种，有方形石柱状的，有碌碡状的，也有石锤状的。

▼ 一人夯（杵头）

一人夯（杵头）

一人用石夯，俗称“杵头”，是用软硬合适的石头，经石匠打造成一圆台形，夯把顶部榫卯连接一个木手柄成“T”形。一人夯主要用于夯实墙角、墙皮边等犄角旮旯处，也用于打墼、拨打墙。

▼ 三人夯

三人夯

三人夯由夯头、夯把和麻辫子构成。夯头通常用青石碇子做成。夯头上面正中心凿个几寸深的圆孔，用来安装木夯把。在夯头的边上，凿一个圆孔，在圆孔上拴一条麻绳（俗称“麻辫子”）或皮绳。

▶ 四至六人夯

四至六人夯

过去常见的石夯一般是指四至六人平抬着打的方柱形的石夯或木头夯，操作时一至二人在前后掌握木把手移动，其他人抬夯起落，一般只抬平胸高就夯下，多在盖房子打墙基时使用。

▲ 八至十人夯（碾磙夯）

八至十人夯（碾磙夯）

多人夯也叫碾磙夯，一般由八至十人甚至更多人进行操作，适用于较大型的群体劳动，过去筑堤打坝常用。打夯时要配合打夯号子，可以使力整齐，节奏欢快。

▲ 碌碡夯

碌碡夯

碌碡原是一种传统农具，主要辊碾田间土块或场上谷物。过去常用碌碡绑扎成石夯。

碌碡夯打夯场景

附：打夯号子

打夯号子是千百年来广泛流传于民间的一种劳动号子，是劳动者从实践中摸索出来的一种辅助打夯，富有韵律感的口号。

20世纪60年代末，农田水利基本建设如火如荼，为响应上级号召，全村男女老少齐上阵，打夯的场面非常壮观。领号人高亢响亮的号子声，响彻整个工地现场，那粗犷豪放的声音“同志们哪，用力拉呀”，汉子们两脚前后站立，右腿弓、左腿绷，向后仰着身子，用尽全力拉绳子，夯石被高高地拉起，接着，大家按照号声的节奏，快速松绳子，夯石重重地落在地上，夯出一个深坑，震得大地颤了一下。

喊号是讲究节奏的，声音洪亮且有韵律，就像打鼓要打在点子上，有张有弛，韵味十足，喊号子的和打夯的才会形成一种合力。领号一声喊，众人齐应和，浑身齐用力，夯石才能高起稳落，夯到实处。

号子的内容也丰富多样，有的甚至文采熠熠，韵律十足，一听就是经过村里或生产队里的文化人润色过，有的则内容朴实，语言俗，更接地气。

打夯时，号子声整齐嘹亮，铿锵有力，十分悦耳，往往几里外都能听到，非常振奋人心。特别是劳动号子，有领夯者的活泼、豪迈的领唱，随之有和者的激越、粗犷的呼应；号声时而坚定有力，荡气回肠；时而潇洒舒缓，优美高亢。号声不断，夯起夯落，劳动者完全沉浸其中，仿佛不是在打夯，而是在激情地燃烧和释放着自己。在号子的韵律声中，劳动者仿佛也减轻了劳累，忘却了疲惫。

▶ 蛙式打夯机

蛙式打夯机

蛙式打夯机是利用冲击和冲击振动夯实回填土的夯实机械，夯体每冲击一次地基，夯机就会自动向前移动一步。蛙式打夯机适合小面积的夯实，农村盖房打地基比较常见。

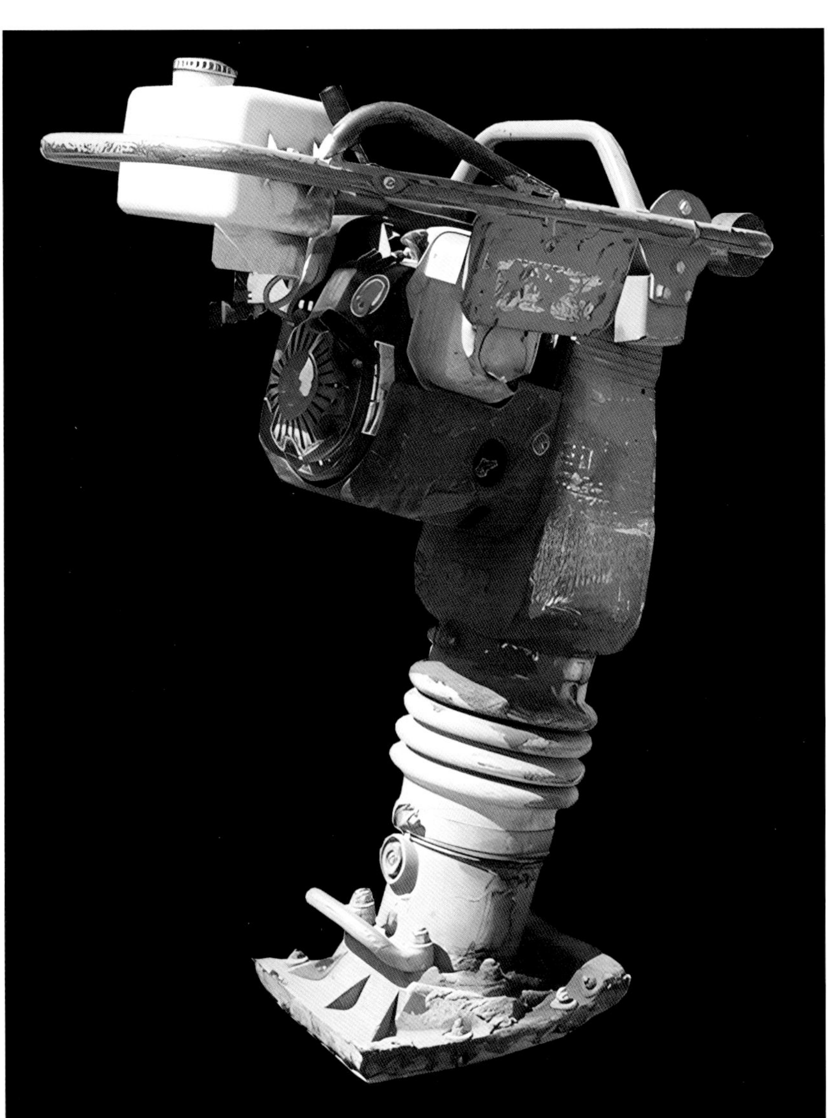

◀快速冲击夯

快速冲击夯

20世纪80年代以后出现了一种小型快速冲击夯。靠交流电带动偏心轮上下甩动，通过夯机产生的冲击振动对地面进行夯实。这种夯机一般需要两个人协调操作，一个是操作夯机的夯手，另一个人需要调理夯机后面所带的电线，以防电线打结或拽紧影响前行，特别适用于一些狭窄环境的施工。

第六章　搬运工具

在古代，建造大型建筑时人们究竟是怎样进行提拉运输的呢？比如古埃及的金字塔、方尖石碑，复活节岛的石像，这些巨型的石块、石雕是怎样被运输、被吊装的，至今仍是未解之谜。与国外不同，中国古建多采用土木结合构造，因为可以就地取材，在吊装运输方面也就省力得多。可以肯定的是，使用肩扛手抬或手推车、牲畜拉车是常有的；其他的方式如依山坡地势滑行运送石料，利用河流运送竹木也是有的；利用杠杆原理的撬棒、滑轮起吊等方式在一些典籍中也有记载。

总体来说，建筑行业的搬运技术关乎社会生产力，也影响着建筑的外形、结构、高度等诸多方面。

◀背筐

背筐

在北方，背筐是使用紫穗槐等材料编制的工具。

▼ 扁担

◀ 用扁担挑瓷砖

扁担

扁担是扁圆长条形用来挑、抬物品的竹木工具，是过去常见的一种运输工具。就建筑行业来说，在未普遍使用机械化运输工具之前，扁担与手推车曾是工地的运输主角。一根扁担看似简单，实则内有乾坤，不会挑的人东倒西歪，会挑的人轻松省力，随着脚步的移动，两头货物因承重轻微上下跳动，形成间歇性省力的状态，竟是一幅富有韵律的画面，正所谓："一根扁担，两条麻绳，三点力学，四方无阻。"

▼ 木质带箱式独轮平板车

▶ 木制带筐式独轮车

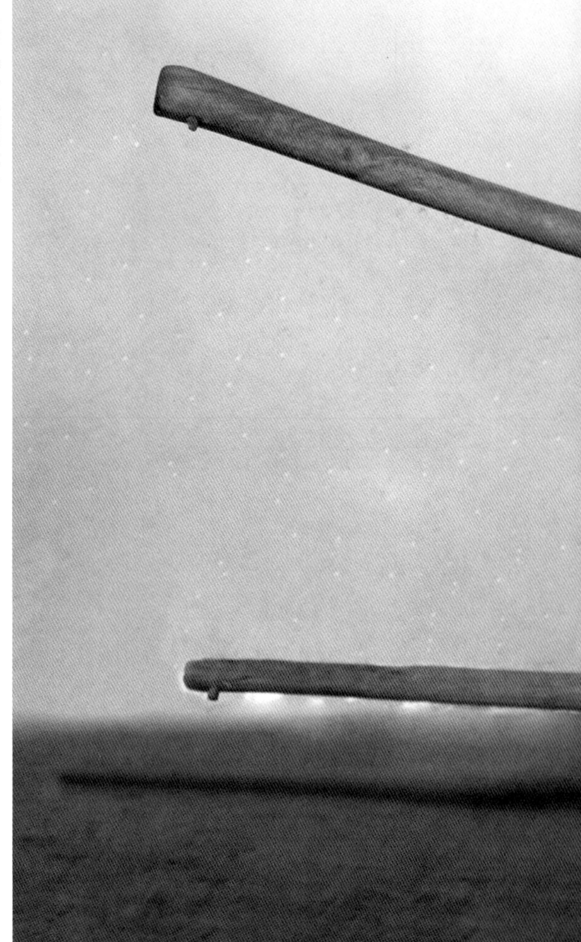

木制独轮车

独轮车俗称“鸡公车”“二把手”“土车子”，山东鲁中地区俗称“推车子”，是过去常见的一种运输工具，但各地的形制略有不同。在近现代机械化交通运输工具普及之前，独轮车是一种轻便的运物、载人工具，特别在北方，独轮车几乎与毛驴起同样的作用。

由于车子只是凭一只单轮着地，不需要选择路面的宽度，所以窄路、巷道、田埂、木桥都能通过，适用于山地、耕作区的生产运输。

▼ 木质独轮平板车

铁制独轮车

▼ 铁质独轮车

▶ 铁制独轮车车斗

铁制独轮车俗称“小铁车”，它带有可拆卸的车斗，在运送木材、杂物、砖块等时可以将车斗卸下，便于装载；在运送砂子、石灰、水泥、砂浆等半凝固态物料时配合车斗使用，又极为实用。现在工程施工中，手推车仍是重要的运料工具。

◀ 灰桶

◀ 灰盆

灰桶与灰盆

灰盆主要用来拌水泥砂浆等，灰桶主要用来装载，加吊环可以给高处的工人运送水泥、砂浆。

◀ 工人用砖夹子夹砖

砖夹子

▲ 砖夹子

砖夹子是传统建筑业中用来夹取、装卸砖块的工具，四个标准形制的砖是它的最佳承受范围。砖夹子主要有以下几种功能：

（1）防高温。夹子可以防止烫伤手掌。

（2）便于计数。一夹子砖头一般是四块，这样四块一夹，计算一共出了多少块砖头。

（3）便于堆砌。四块一夹，无论横排还是竖排，都容易堆高，既整齐又不易倒。

（4）省力气。可以省用一只手，假如不用夹子，搬砖头一般都用两只手，有了夹子，只要一只手就行，两只手可以轮换做，会轻松许多。

梯子

梯子是一种常见的生产、生活工具，由两根长粗杆子做边，中间横穿适合攀爬的横杆，用于爬高。传统梯子的材料有木质的，也有竹制的。

▲ 梯子

第七章　机械设备

砂浆搅拌机

机械设备常见的有砂浆搅拌机、塔式起重机料斗、石灰淋灰机、卷扬机、人力绞磨机、杠杆车、混凝土搅拌机、混凝土插入式振动棒、混凝土振动器、混凝土泵车、混凝土搅拌运输车、摇头吊、摇头扒杆、龙门架、井字架、塔式起重机等。

砂浆搅拌机是把水泥、砂石骨料和水混合并拌制成砂浆混合料的机械，主要由拌筒、电机、传动装置、支撑装置等组成。

塔吊料斗和石灰淋灰机

塔吊料斗也叫塔机料斗、塔机灰斗、混凝土料斗等，主要用于楼房建筑地基，浇筑混凝土。

石灰淋灰机是石灰粉搅拌工具，用于石灰膏的制作，使用时把石灰粉放入搅拌机加水搅拌，搅拌后的石灰浆流入沉淀池。

▲ 塔吊料斗（左）和石灰淋灰机（右）

▲ 卷扬机

卷扬机

摇头拔杆、龙门架、井字架等往往需要卷扬机配合使用。卷扬机是用卷筒缠绕钢丝绳或链条，提升、牵引重物的轻小型起重设备，又称绞车。

卷扬机可以垂直提升，也可以水平或倾斜拽引重物。卷扬机分为手动卷扬机、电动卷扬机及液压卷扬机三种，以电动卷扬机为主，可单独使用，也可作起重、筑路和矿井提升等机械中的组成部件，因操作简单、绕绳量大、移置方便而广泛应用。

▲ 人力绞磨

人力绞磨

绞磨，是卷扬机广泛应用之前，配合其他吊装机械用来提拉、牵引、紧绳用的一种人力机械设备。使用时应放置平稳，锚固必须可靠，受力前方不得有人。锚固绳应有防滑动措施。

冷拔丝调直机和钢筋弯曲机

冷拔丝是建筑用材中常见的一种高强度钢丝，属于钢筋的一种，冷拔丝进入工地时是成捆的盘条，需要根据实际需求进行调直和切割。冷拔丝调直机是用于调直和切断冷拔丝钢筋的一种机械设备。

钢筋弯曲机，是对钢筋作弯曲处理的一种机械设备。钢筋作弯曲处理主要是由于构造需要，将钢筋弯曲成钩，以加强锚固力。

▲ 冷拔丝调直机（左）和钢筋弯曲机（右）

杠杆车

杠杆车是利用杠杆原理设计出的一种用于装卸板材等较大型物料与成品的运输工具。

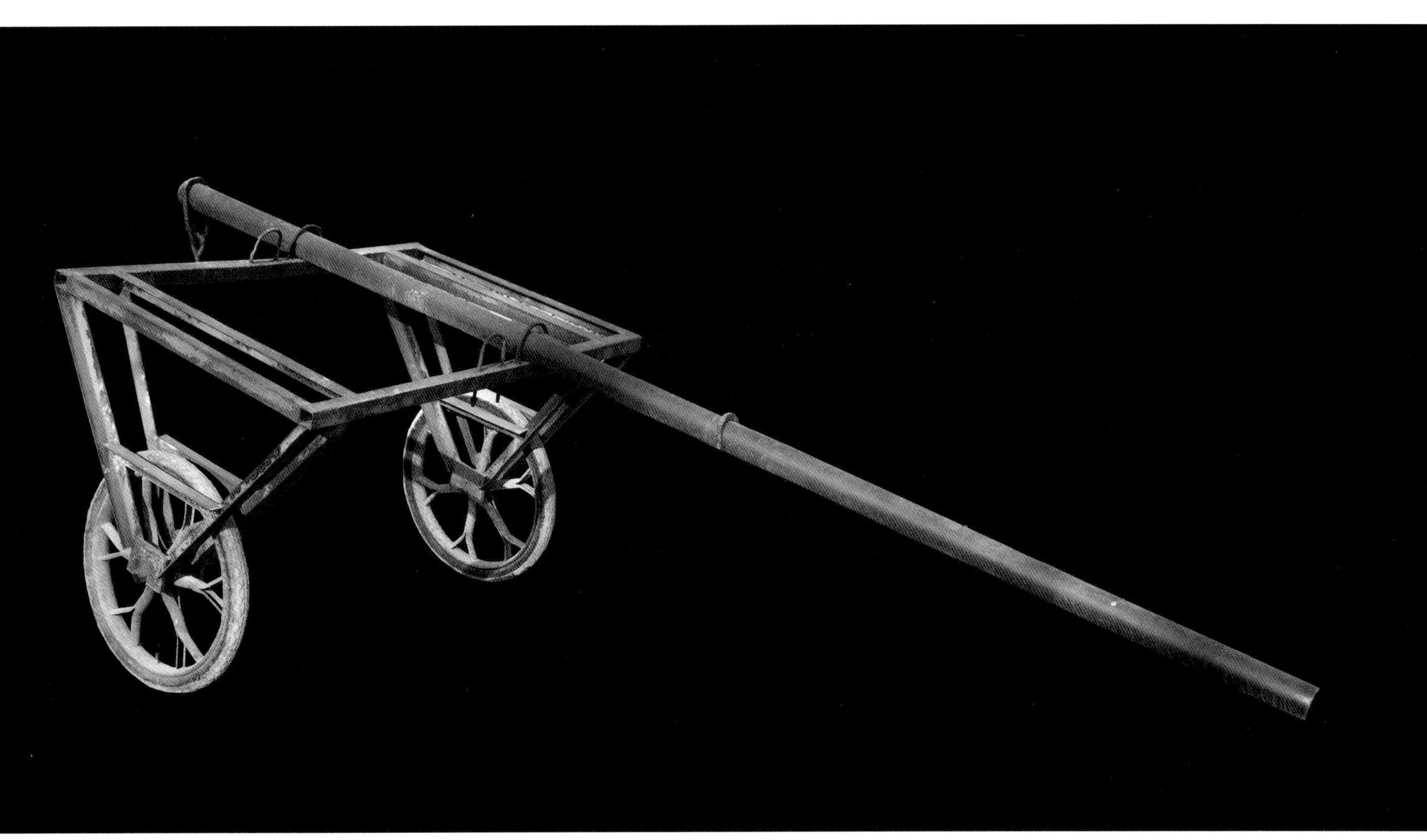

▲ 杠杆车

立式砂浆搅拌机

立式砂浆搅拌机，主要用于搅拌水泥、砂石、各类干粉砂浆等建筑材料。一般是带有叶片的轴在圆筒或槽中旋转，将多种原料进行搅拌混合，使之成为一种混合物或适宜稠度的材料。

▲ 立式砂浆搅拌机

JZC-250型混凝土搅拌机

▲ JZC−250型混凝土搅拌机

JZC−250型混凝土搅拌机属于自落式双锥反转出料搅拌机，由齿圈传动带动拌筒，工作方式为正转搅拌，反转出料，可搅拌塑性混凝土和半干硬性混凝土，适用于中小型的建筑工地、道路、桥梁工程和混凝土构件厂。

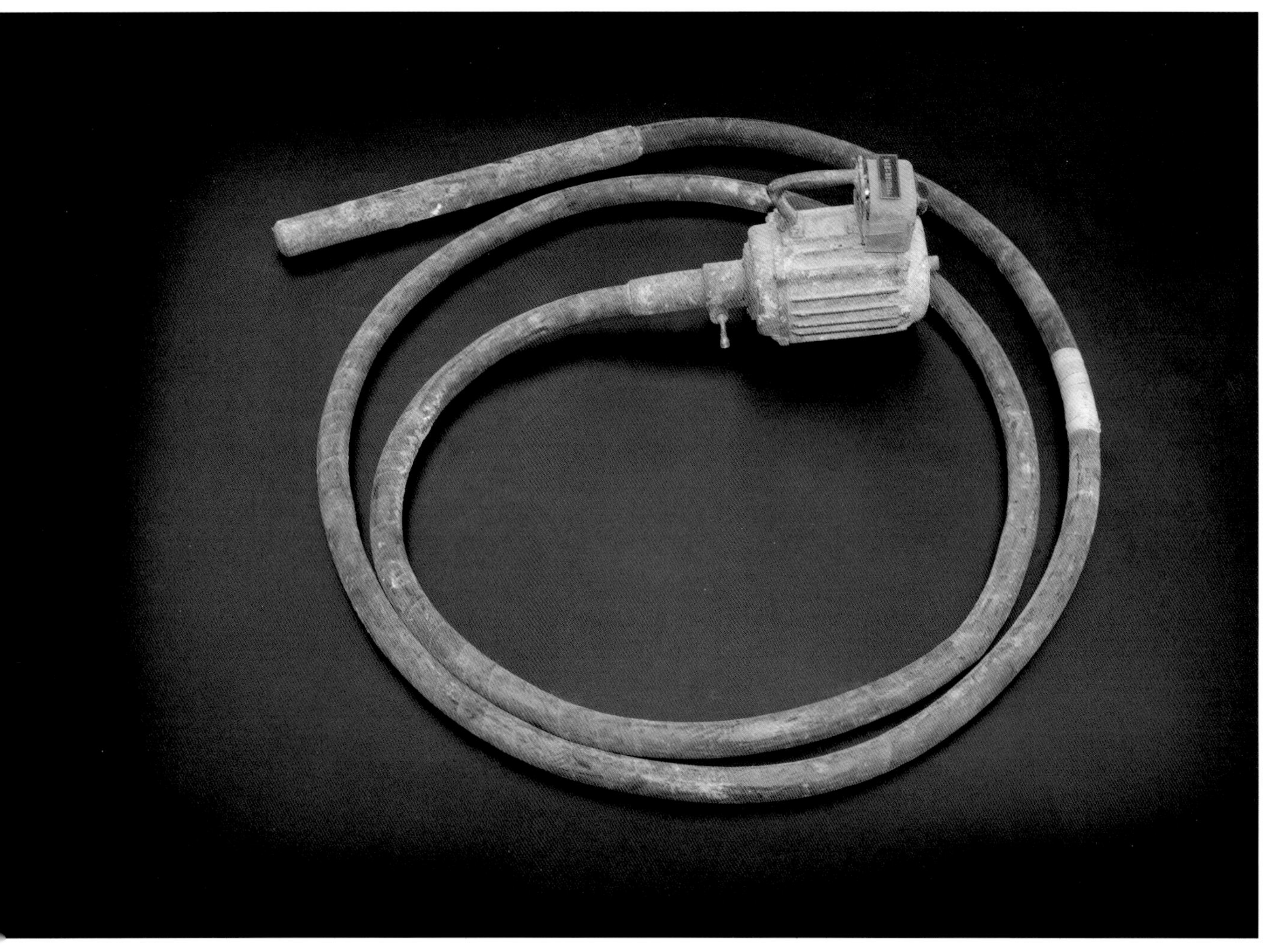

▲ 混凝土插入式振动棒

混凝土插入式振动棒

混凝土插入式振动棒是一种混凝土振捣设备。通过电动旋转振捣能够使混凝土更加密实，消除混凝土的蜂窝、麻面等现象，提高强度。

混凝土振动器

混凝土振动器是用于混凝土捣实和表面振实，浇筑混凝土墙、主梁、次梁及预制构件等的设备。

▼ 混凝土振动器

◀ 摇头吊

摇头吊

摇头吊是20世纪七八十年代以后，随着多层建筑的增多及机械工业的发展，工地上出现的一种吊装设备，角度可灵活调节，通过摇臂的摇摆将物料送到指定地点。

摇头扒杆

摇头扒杆是一种简易的提升工具，20世纪七八十年代使用较为广泛，多用于建筑工地提升小型楼板及其他小型构件。摇头扒杆使用时固定在建筑物横梁之上，以三根缆风绳固定立杆，起吊杆件与立杆旋转链接。人工可180° 旋转，可以用人工绞磨或电动卷扬机提升。通过扒杆摇臂的摇摆将物料吊放到指定地点。

▲ 摇头扒杆

▶ 龙门架

龙门架

建筑用龙门架，俗称“龙门吊”，龙门架是配合卷扬机使用，利用滑轮进行力的传导，用来提升吊笼中物料的一种设备，20世纪八九十年代用得比较多。龙门架的吊装高度最多在15m左右，在过去，一般用作五层及以下多层建筑物的物料垂直提升。

井字架

井字架主要由卷扬机、门式支撑架、吊笼三部分组成，20世纪八九十年代用得比较多。井字架的吊装高度最多在15m左右，在过去，一般用作五层及以下多层建筑物的物料垂直提升。

▲ QT20A 塔式起重机

QT20A塔式起重机的主要性能和技术参数：

起重力矩：200kN·m；最大额定起重量：2t；有效工作幅度：2.5～30m；最大工作幅度额定起重量：0.6t；有效起升高度：25m；附着：25～50m；变幅幅度：30.5m；回转速度：0.7转/分钟。

起重机的结构特点：

由底架、支架、十字梁、砂箱压重、斜撑杆组成。整体焊接结构，高强度螺栓连接。起重臂：由各类型材焊接组成，全长25m，截面为正三角形。截面尺寸高800mm，宽800mm，上弦为吊点，下弦为小车跑道。平衡臂：平面桁架结构，全长9.65m，混凝土块配重。

QT25塔式起重机

▲ QT25 塔式起重机

QT25塔式起重机是2000年以前根据建筑市场需求而设计的新一代塔式起重机。该机广泛采用国内外塔式起重机的先进技术，结构新颖、性能优良，广泛应用于中、高层建筑施工作业中。

其主要性能和技术参数：

起重力矩：250kN · m，最大额定起重量：2.5t。

其主要特点：

加长其起重壁，覆盖面积大。独立和附着起升高度高。标准节式塔身，组装、运输方便。整体结构协调。机构性能优良。回转机构采用先进的星形齿轮减速器、液力耦合器传动。启动、停车平稳，定位锁车可靠。

第八章　砌筑与抹灰工具

砌筑与抹灰工具，常见主要有瓦刀、大铲、抹子、灰板、灰斗等，更早的工具如打墼模子、托墼模子、杵头等。

▲ 瓦刀

瓦刀

瓦刀可以算作瓦匠的标志性工具，主要用于摊涂砂浆、砍削砖、砖面刮灰及铺灰、撬动校准砖块位置等。

▲ 刨锛

刨锛

刨锛的功用与瓦刀类似，主要用来砍砖。相较于瓦刀来说，刨锛出现的年代较晚一些。刨锛一端有刃，砍砖时用带刃的一侧砍，另一端为平顶，可以当小锤用。

大铲

大铲俗称“甩子”，有桃形、三角形、长方形等。

大铲主要用于铲灰、铺灰和刮灰，用以从灰桶内铲砂浆，将砂浆铺于砌筑面，刮除灰缝内多余的砂浆等。

▲ 大铲

◀ 手锤组合

▼ 手锤

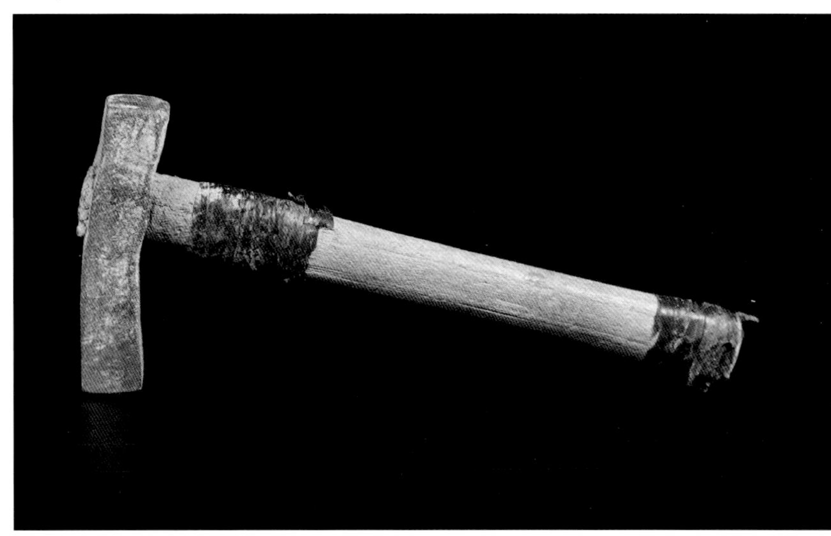

手锤

手锤的用途比较广泛，对于瓦匠来说，最常见的是对基础石料进行加工：一是通过和錾子配合，对石块进行断面造型及规整；二是在砌筑石基及墙体时，用手锤敲打调整按实。

灰铲

▼ 灰铲

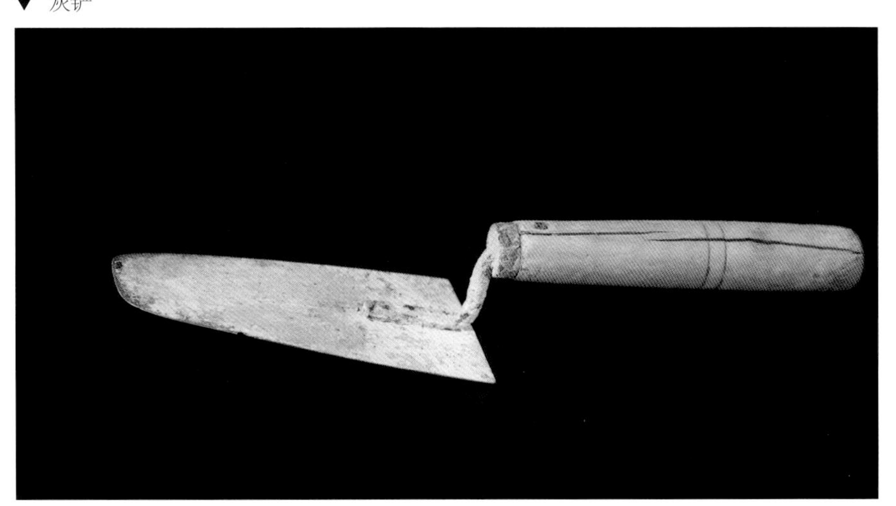

灰铲俗称“灰刀”“灰刀铲”，主要用于铲灰、铺灰和刮灰，是墙体砌筑工具的一种。

附：打墼与墼屋

过去人们的生活水平较低，砖瓦烧制不易，普通人家盖房砌墙，很少用烧砖，只有在墙角、门窗口、檐口等重要的地方少量使用，砌的大墙和垒的炕、灶台等地方都要用土坯。打土坯鲁中地区俗称“打墼”，用土坯砌筑或用夯土版筑（俗称“拨打墙”）的房屋，俗称“墼屋”。墼屋在保温保湿及透气性方面都比较优良，有冬暖夏凉的效果。但在抗震性、防水性等方面比较差，这主要是因为构件强度不够、节点连接弱等，因此在砖瓦普及以后，就逐步被砖瓦房取代。

▲ 打墼场景

▲ 打墼模子

打墼模子

打墼的工具有五样，坯模子、石杵、镢、铁锨和一块石头板儿。墼模子是用枣木板制成的四边形的长方形木框，木框的两侧可以打开，方便卸坯。石杵即一人夯，打墼时提起石杵，在坯模子里上下转体活动，平打中心斜击角，可以把土夯结实。石板要找平整的，不需要太大，稍微比土坯模子大一点即可，但是厚度需要十几厘米。打墼要先选合适的土，多为黏性土壤，以红土为佳。

过去农村有句老话是专门说打墼的——“够不够，三百六”“打墼不用催，一天五百坯”，说的是一般要打三百六十个土墼才行，干得好能打到五百个土墼。打墼需二人合作，其中一人备土填模子，一人打墼。打好的土墼要依次排列好，俗话叫作“垄”或“垛”，一“垄”墼额定为三百块，便于清点，这也是匠人们对主家的一种交代。主家会根据墼的数量，改善匠人的伙食或多算工钱。这种默契曾长久维系着匠人们与雇佣者的关系，是淳朴乡风的一种体现。打墼多在秋收后封冻前农闲时进行。曾几何时，打墼是农村常见的劳动场景，修筑房屋，围墙，垒砌畜圈，甚至小学的课桌也是土墼垒的，土命的农村似乎和土做的墼块有着天然的联系。那时农村的劳力几乎人人都会打墼，但打得快慢好坏就有很大的区别，打墼能手，往往是村里的技术明星。现在打墼、托墼、拨打墙盖屋围墙，都已渐稀渐少。

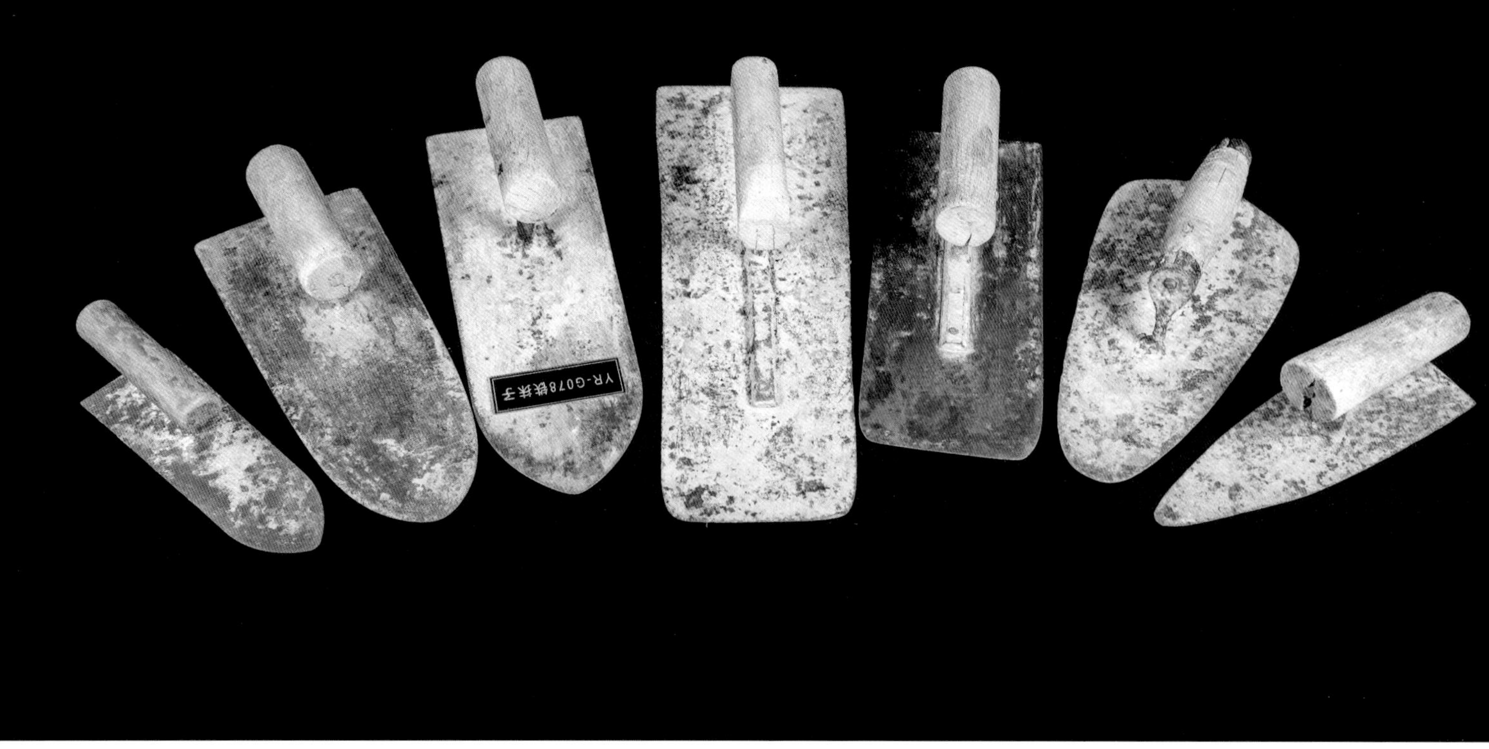

▲ 铁抹子

抹子

抹子分为铁抹子和木抹子。铁抹子能压光，装饰面抹灰用。木抹子一般用于毛面。抹子主要用于墙面的装饰处理。

托灰板

托灰板是抹墙时托灰用的工具，常与瓦刀、大铲等工具配合使用。

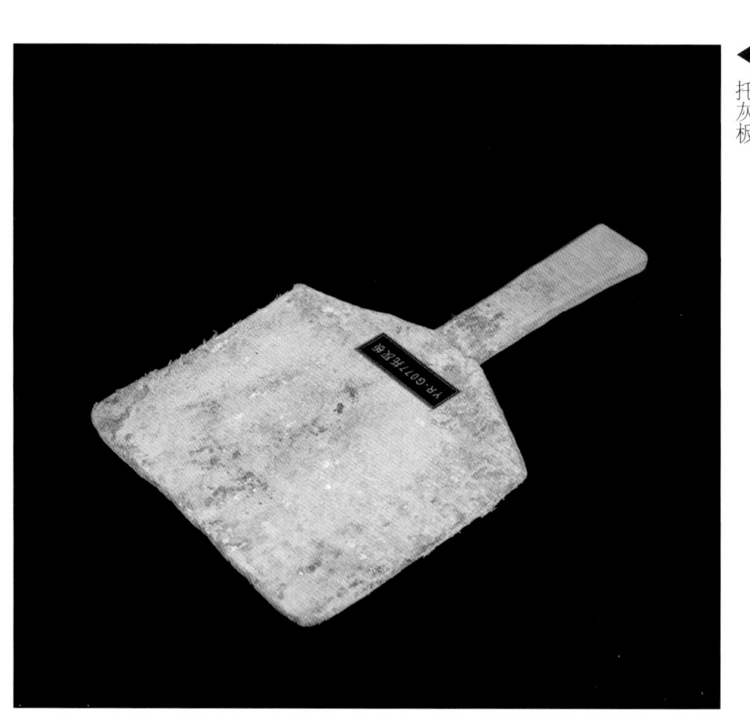

◀ 托灰板

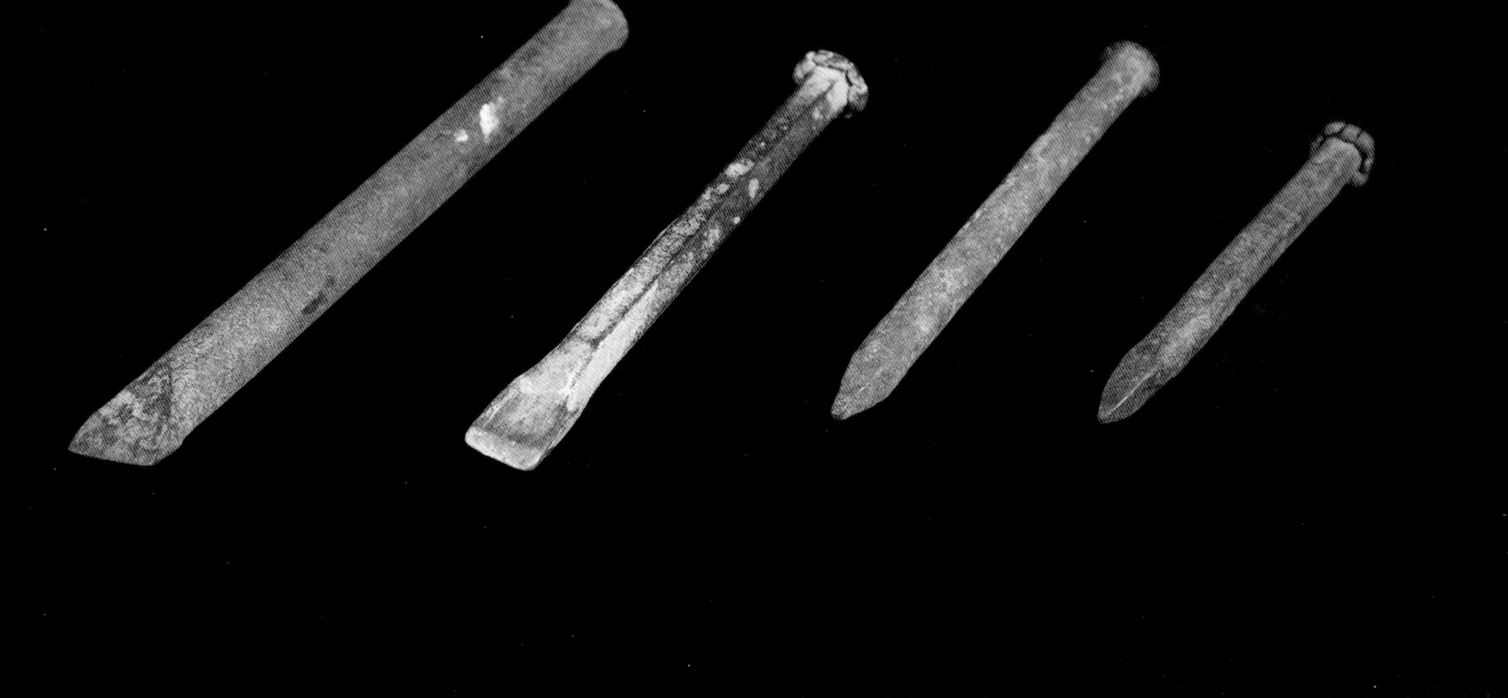

▲ 錾子

錾子

錾子是打制料石的工具。一般将运至工地现场的石料块在安装发现不规整时，利用锤击錾子进行削平规整，便于安装。

木拉子

木拉子也叫木抹子。抹墙过程中，用木拉子拖拉找平，主要用以毛面纹理处理。

▲ 木拉子

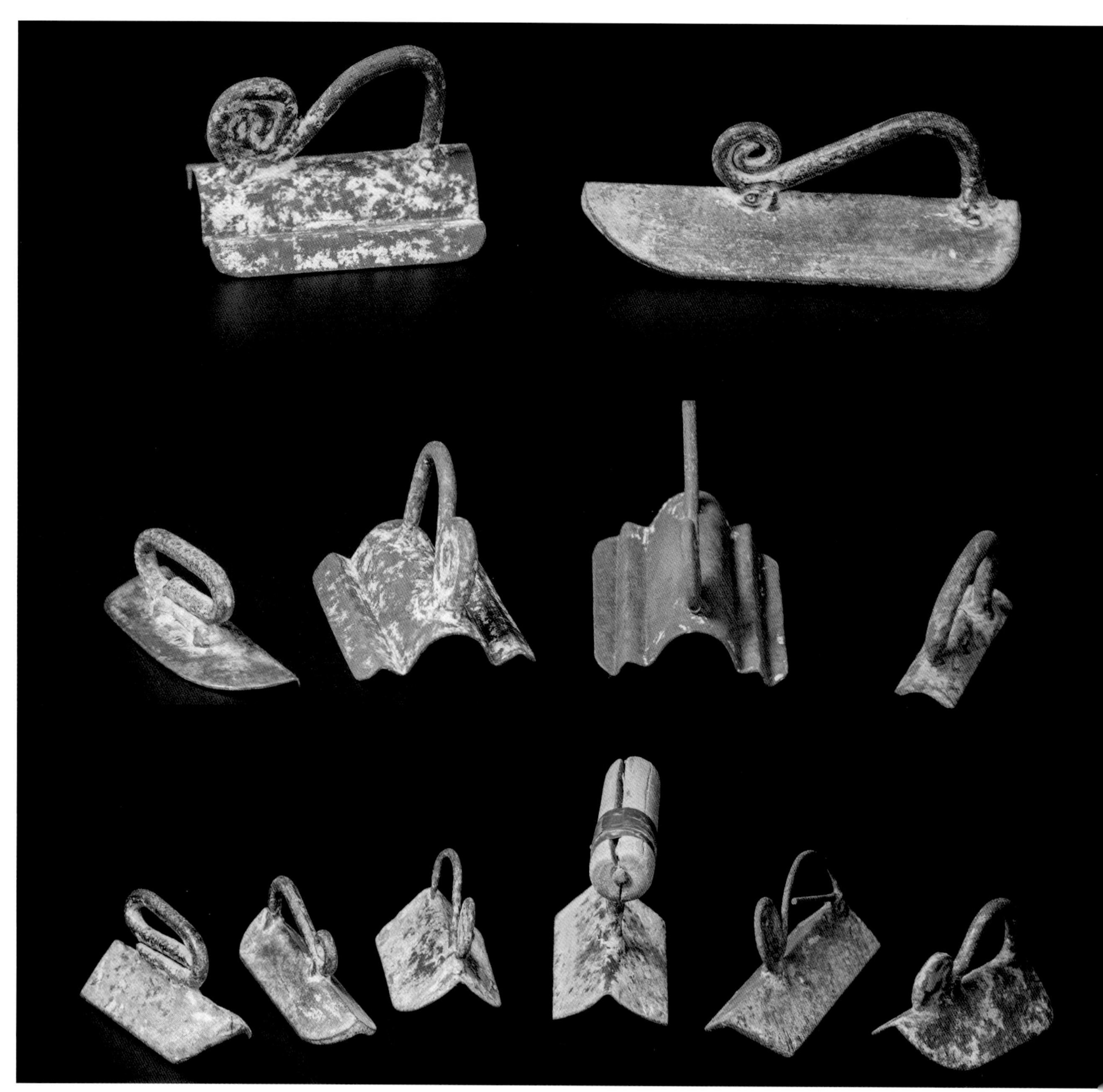

▲ 阳角擼子

捋角器

捋角器是规整墙体阴阳角的一种专用工具，因此也叫阴阳角捋角器、拉角器等，俗称“角擼子”。

处理墙面时，遇到阳角的位置，即可用阳角器轻靠在阳角位置，垂直上下拉动，使得阳角更加顺直密实。阴角器使用方法一样。

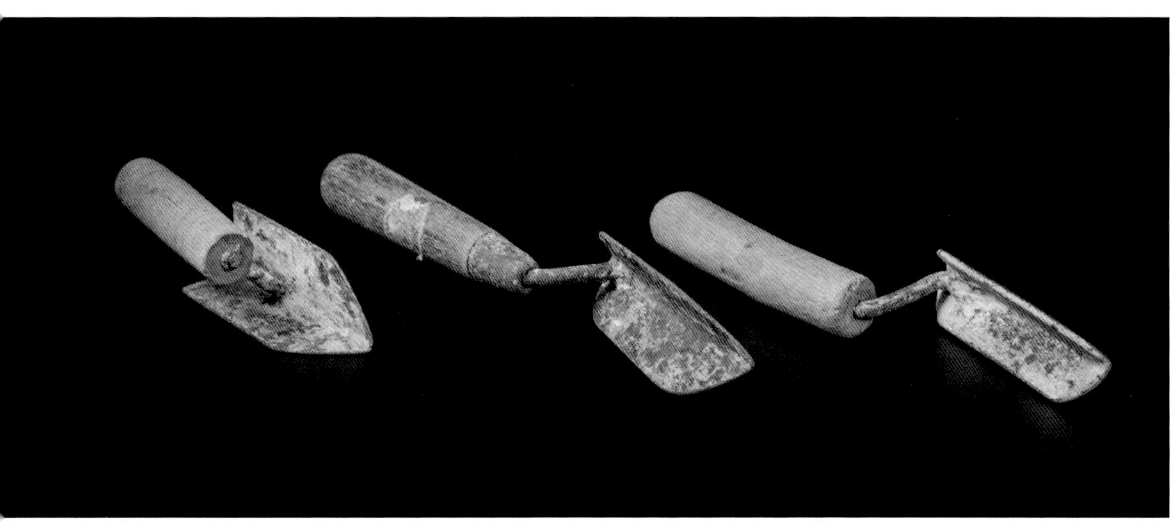

▲ 阴角撸子

勾缝镏子

用于对墙面及基础砌体缝隙进行涂抹、美化的工具，俗称“勾缝镏子”。

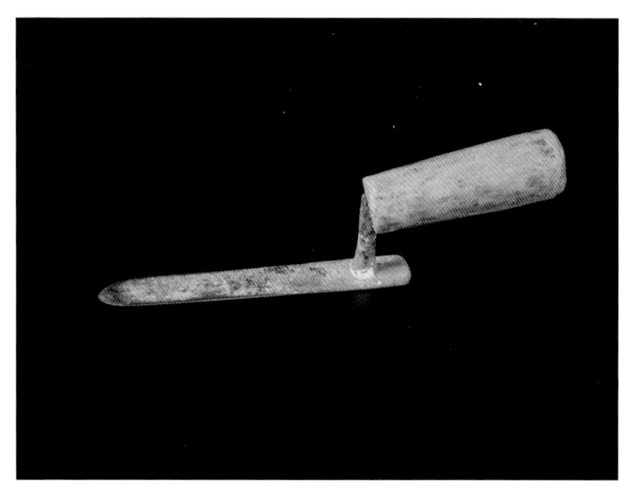

▲ 勾缝镏子

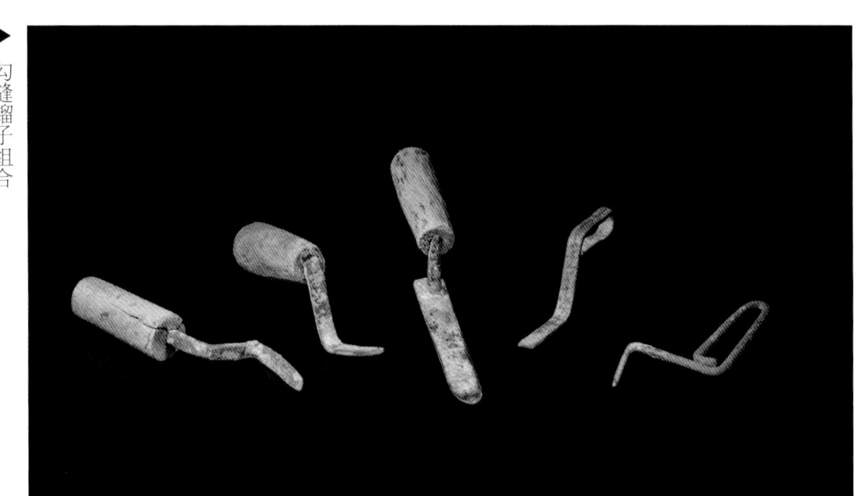

▶ 勾缝镏子组合

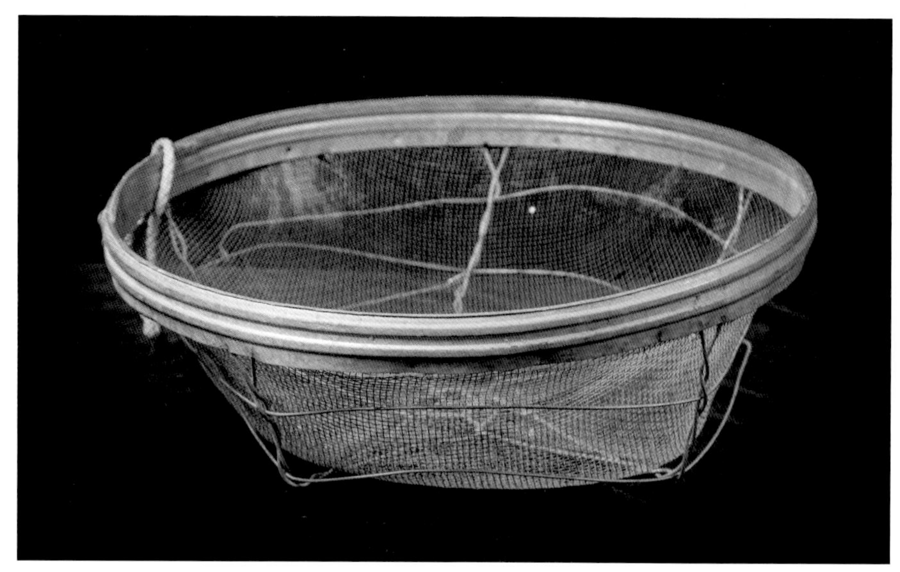

▲ 圆筛

圆筛

圆筛是筛细沙工具，以满足抹墙、勾缝、屋檐细条用细沙的需求。

◀ 舀子（左）与皮桶（右）

皮桶与舀子

传统建筑取水、装料工具。材质有多种，皮质的桶比较常见。舀子为河北、山东方言，过去多用水瓢，可以取水、舀灰。

▼ 方筛

方筛

方筛是用来网筛砂子的一种选料工具。

第九章　囤屋工具

中国北方地区的乡村民居，在普遍使用砖瓦材料之前，多就地取材，屋耙面是在屋檩条之上铺上一层高粱秆或芦苇秆用麦瓤和泥进行压实找平，然后用麦秸秆或山草、海草囤约15cm后进行覆盖，起到屋面防水保温作用。草屋顶也需要定期更换，俗称“囤屋”。

▶囤屋

“囤屋”是传统建筑行业中的一个大类，专门从事此类活计的人，被称为“拍耙匠”。过去，民居屋面防水大部分用麦秸秆或茅草囤盖。“拍耙匠”是“囤屋”的匠艺人员，“囤屋”关键在于一个“拍”字，这里的“拍”字，既有拍打之意，也有铺设摆放之序，除了拍铺房檐儿第一排房草为垂直拍打，由第二排开始往上，全部改变为倾斜拍打。拍铺完毕，乍一看，房顶露出的房草全部是根部，形似刺猬皮订制的大平板。

囤屋看似简单，实则很有技巧，它作为一门技术，一旦熟练掌握，就可养家糊口。在谋生艰难的旧社会，大多不肯外传，一般外出“囤屋”都是有祖家的兄弟爷们，外人只能打“下手”（供作），正所谓“打虎亲兄弟，上阵父子兵”。这是过去“拍耙匠”行业的一种真实写照。

▲ 泥匙

泥匙

泥匙俗称“泥板子”，有的地方也叫“鸭嘴”。其功用与铁抹子雷同，但泥匙比抹子要小，且为尖嘴状，在细部及边角处理时，更容易施展，主要用来抹灰、摊泥。屋顶摊泥常用此工具。

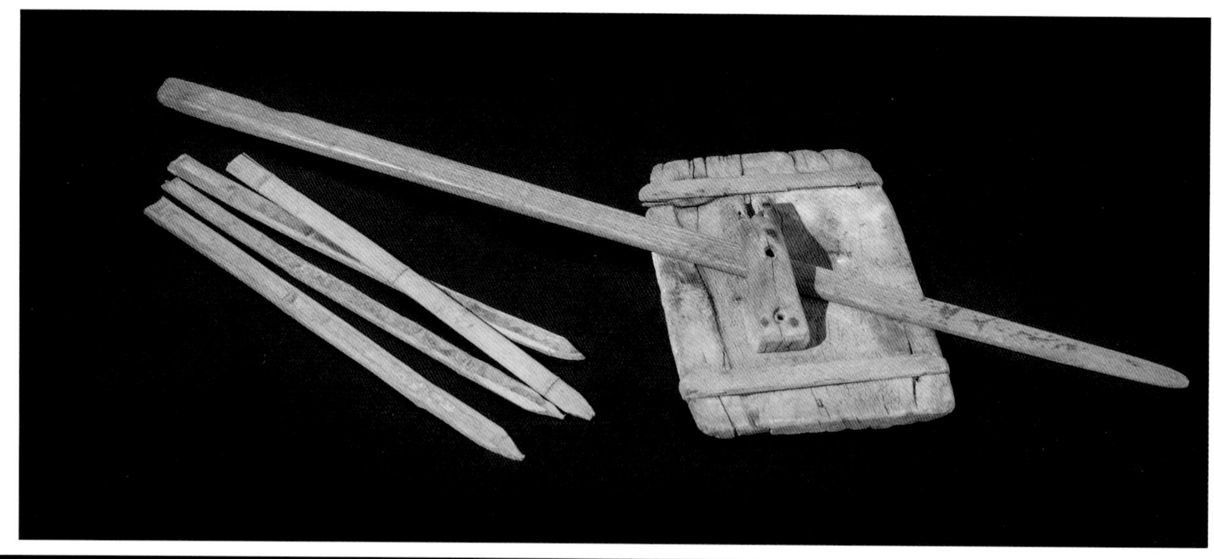

▲ 拍耙、剑杖与插杆

▲ 拍耙与剑杖

拍耙、剑杖与插杆

拍耙是囤草屋的主要工具，木质，长方形，长约40cm，宽约27cm，厚度约2cm。正面如搓衣板，有多道水平槽沟，背面平整，有把手。其用法一是平放在屋面上，正面朝上，作为“拍耙匠”梳顺和撞齐（斜面）麦秸或山草的平台；二是“拍耙匠”拿着拍耙的把手用搓板面将铺好的麦秸或山草拍平。

剑杖为木质，头大尾尖，因其形状如剑，故称剑杖，长90cm左右。其用法一是“拍耙匠”用剑杖分别将铺好的麦秸或山草掀动一下，以免被耙泥黏牢，拍不动；二是“拍耙匠”一只手用剑杖压住铺好的麦秸或山草，另一只手用拍耙拍平；有时将剑杖插入拍耙把手内，延长拍耙的操作范围。

插杆为木质、竹质，长约50cm，是囤草屋的辅助工具。“拍耙匠”囤草时将部分麦秸或山草放好后插上插杆以防散乱。

第十章　安全防护工具

安全防护工具是随着科学进步和社会发展逐步出现和丰富起来的。现代科学技术的产生和每一项新科技的应用，一方面推动了人类文明的进程和社会进步，另一方面随着新技术、新材料、新工艺、新设备的运用，也产生了辐射、噪声、烟尘、有毒物质等诸多危害和安全隐患。如何减轻危害和消除安全隐患，这是社会进步的要求，也是人类文明的重要体现。

▲ 藤条编织的安全帽

安全帽

安全帽是用于保护头部，防撞击、挤压伤害、物料喷溅、粉尘等的护具。过去常见的安全帽主要是竹编或藤编的，这种安全帽曾广泛应用于矿洞、道路、桥梁、建筑施工现场等，对施工作业人员的头部，能够起到一定的安全防护作用。

▲ 硬质塑料安全帽

▲ 硬质塑料安全帽内部

20世纪七八十年代以后，硬塑料材质的安全帽，逐步取代竹编、藤编安全帽成为建筑工地上不可缺少的安全护具。就建筑作业中常见的安全帽而言，一般由帽壳、帽衬、下颏带和锁紧卡组成。帽壳呈半球形，坚固而光滑，而且富有弹性，帽壳和帽衬之间留有一定空间。正确佩戴安全帽可以起到缓冲减震、防穿刺、分散应力等作用。

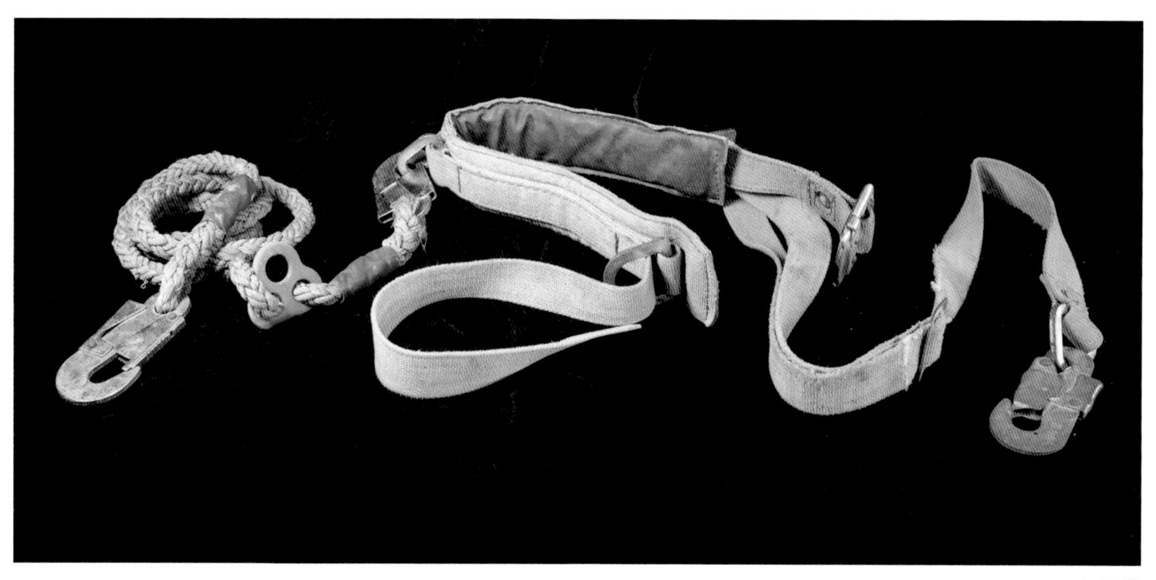

▲ 安全带

▲ 安全绳

安全带与安全绳

安全带与安全绳属于防坠落护具。它们是伴随着建筑高度不断增加而出现的。过去的房屋以平房或二至三层楼房为主，诸如安全带、安全绳一类的防坠落护具并不常用。

安全带主要有半身型和全身型两种，是高处作业人员的重要防护用品；安全绳是用于连接安全带的辅助用绳，它的作用是双重保护，确保安全。

第三篇

砖瓦烧制工具

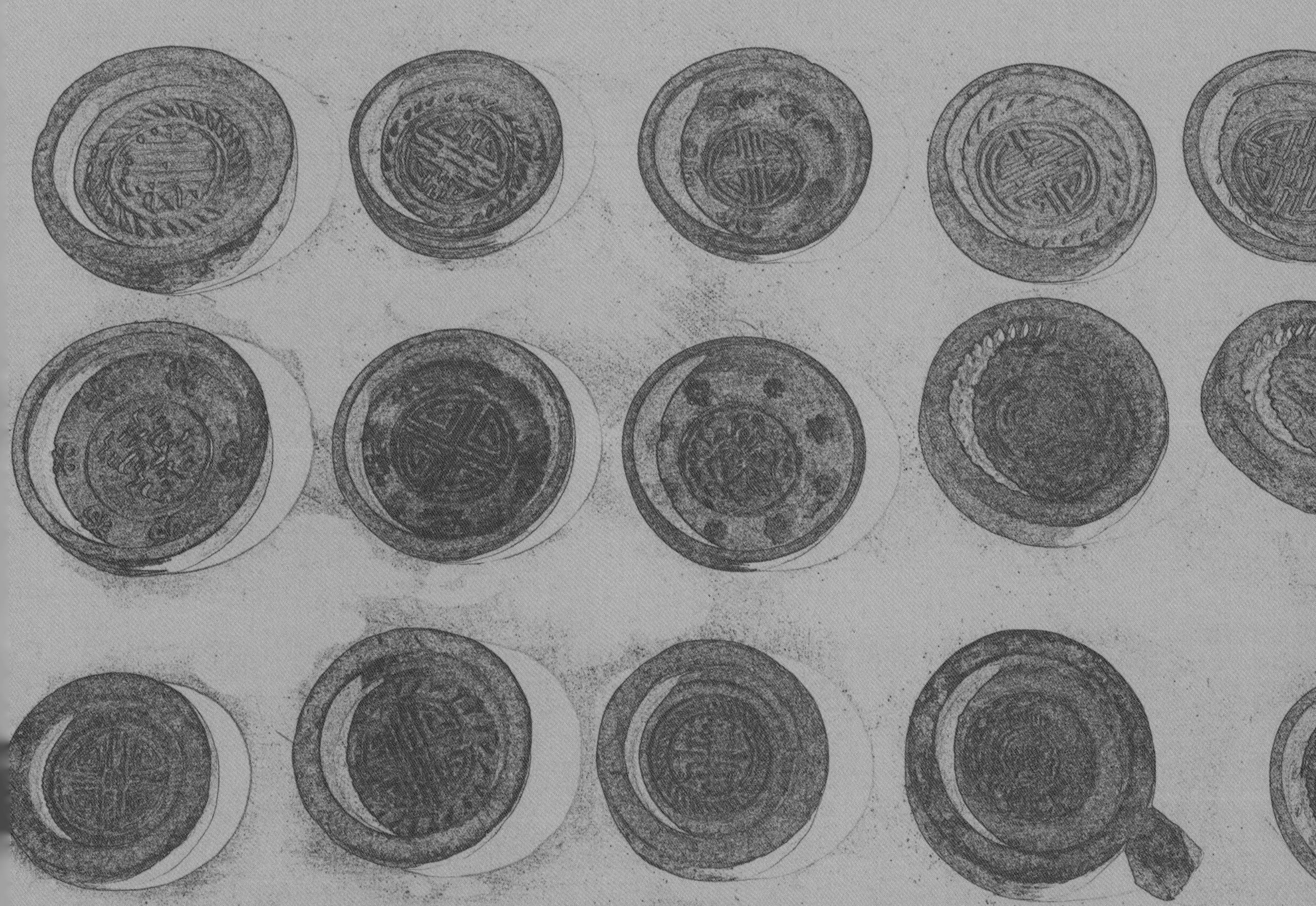

砖瓦烧制工具

中国黏土砖瓦的生产有着悠久的历史，素有“秦砖汉瓦”之称，实际自西周时期已开始生产大砖瓦。砖瓦的出现改善了人们的居住环境，不仅起到了防雨排水、保温隔热、美观耐久等基本功能，在后世的演变中，还成为封建等级制度的代表，比如黄色只能皇家宫殿或庙宇使用，绿色则是用在王公贵胄的府邸，而一般百姓只能用灰色，故民间传统砖瓦制作均以灰色为主。古建砖瓦种类繁多，包括板瓦、筒瓦、勾头、滴水、正当沟、斜当沟、托泥当沟、吻下当沟、平口条、压当条合角吻、蹬脚瓦、博通脊、套兽、走兽、仙人、三仙盘子、列角盘子、升头、川头、戗通脊、戗兽座、戗兽、垂通脊、赤脚通脊、吻座、正吻、鸱吻、望兽等。古建砖瓦材质一般是纯黏土烧制而成，产品呈青灰色，给人以沉稳、古朴、自然、宁静的美感。

过去修房造屋，除石匠、木匠、泥水匠外，砖瓦多采用作坊式烧制，与民间所称的“瓦匠”“瓦工”不同，“瓦匠”所有“瓦”字，主要以基础建设、墙体砌筑、屋顶铺装等为主，因此实际上是“建筑匠人”。砖瓦烧制是专门生产制作砖瓦的行业，其制作工序主要有：选土、踩泥、上泥坯、瓦坯加工、整形、卸坯、瓦坯晾晒、装窑、烧制、出窑等。砖瓦制作使用的工具大致分为：采土工具，制坯工具，装窑、烧制与出窑工具。

▲ 传统古建砖瓦（一）

▲ 传统古建砖瓦（二）

第十一章　采土工具

打砖瓦的泥土是黏性很强的黄泥巴。制作砖瓦用的泥巴，土中不能夹有小石子。沙土和熟土制作出来的砖瓦坯，收缩性大，易破损变形，所以制作砖瓦坯，选择合适的土最关键。采土工具主要包括：镢、木夯、锨、泥叉等。

▲ 泥土（红土）

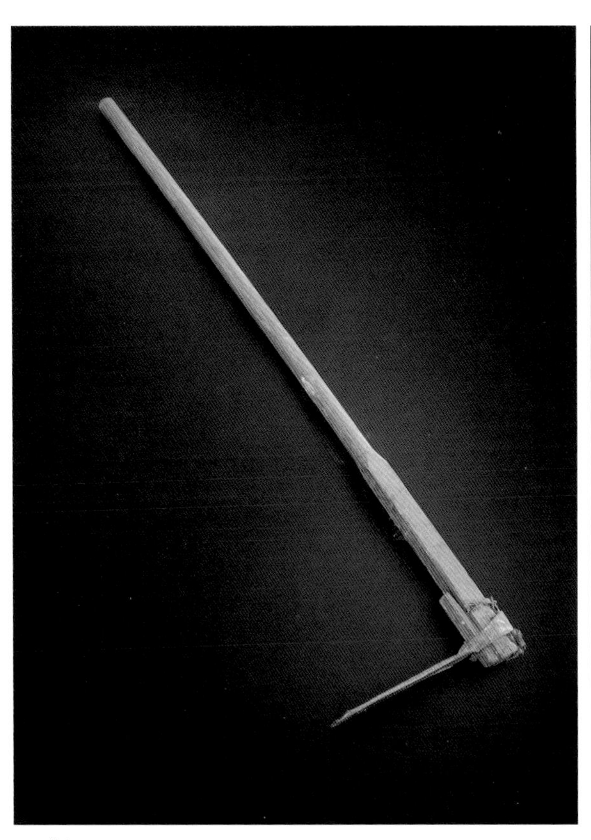

▲ 镢

镢

镢为采土工具，与锨配合使用，形状大体与锄头相近。

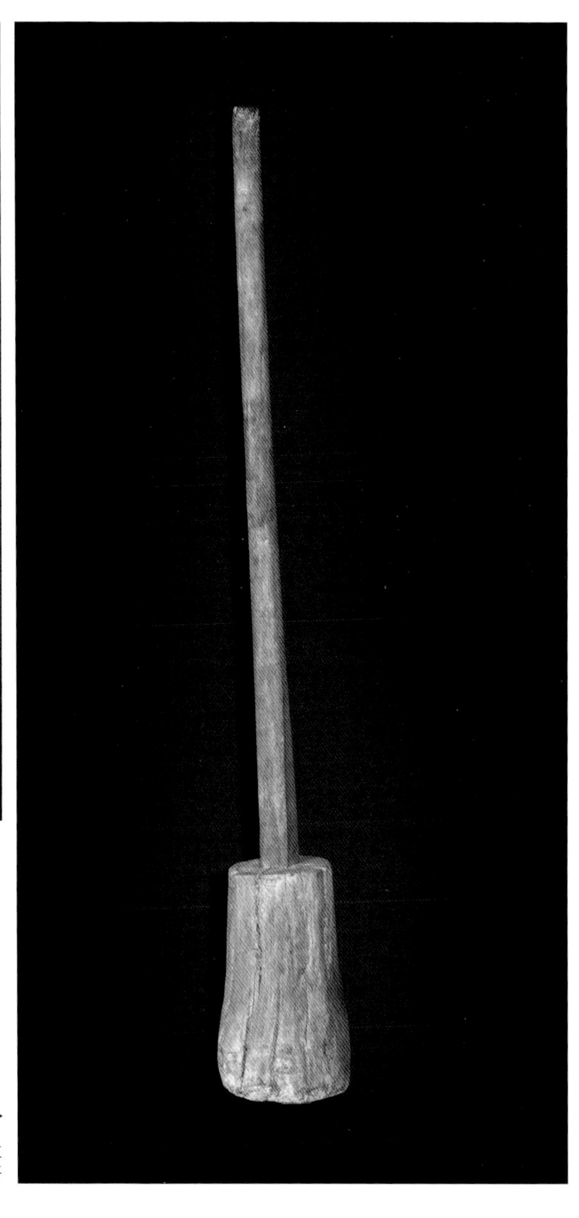

▶ 木夯

木夯

木夯主要用于破碎黄土，大块黄土晾干后，用木夯破碎并筛除杂质。

锨

锨又称“铲子”，一种常见的挖掘采土工具，与镢配合使用，松土装运。

▼ 锨

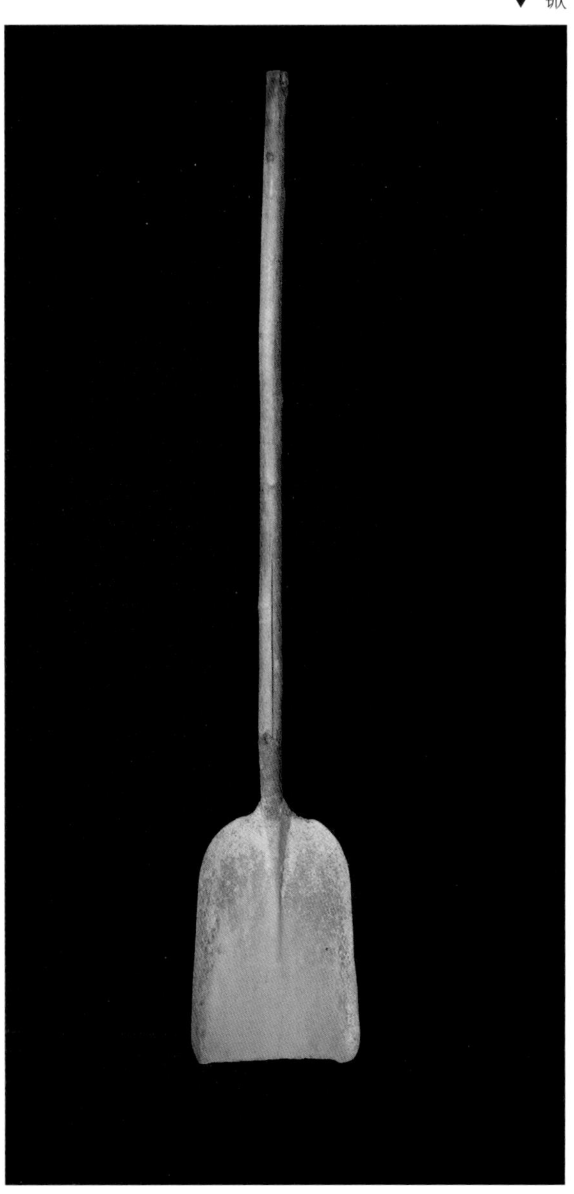

▼ 泥叉

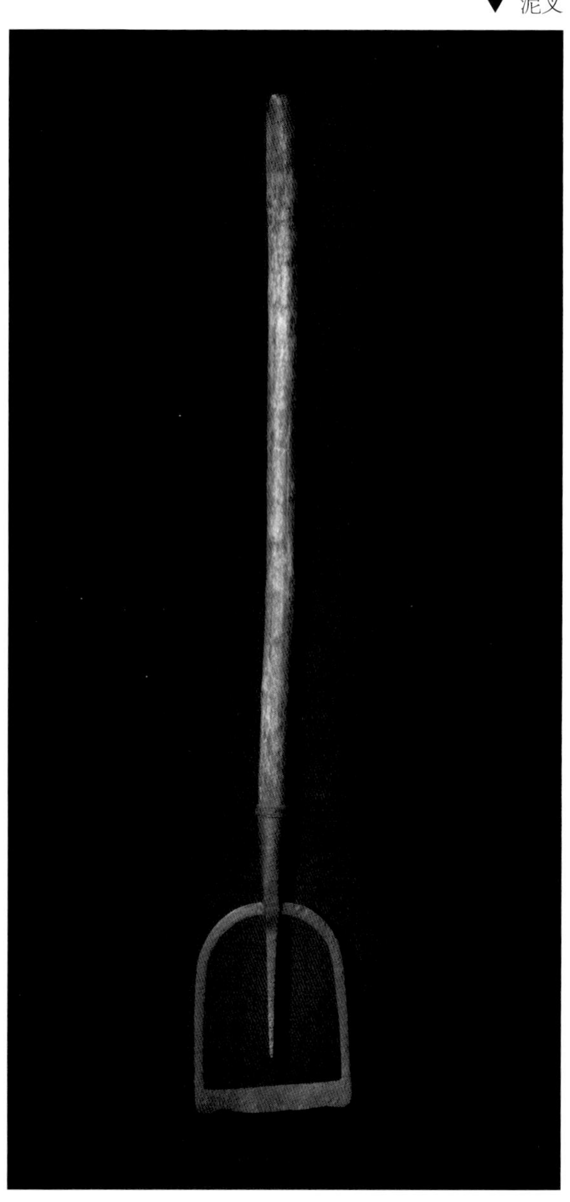

泥叉

泥坯制作工具，把黄泥土晾干捣碎（或泥巴）加水和成泥，反复人工踩踏，以增加黄泥的黏度，或挖池加入黄土加水用水牛踩踏制成泥浆，用泥叉分解搬运，晾晒备用。

第十二章 制坯工具

做瓦的工具叫“瓦桶”，形状下大上小，呈圆柱形，下面是一个圆形的转盘，便于做瓦时转动瓦桶。桶上钉了四根小木条，作为四匹瓦的区分线，瓦坯成形后，小木条因向外凸起，此处的坯泥非常薄，瓦坯风干后，用手掌轻轻一拍，就会从此处分开成四匹瓦来。

◀ 瓦坯

◀ 砖坯

脊瓦模

脊瓦模为制脊瓦工具，把坯泥切成泥板后放入模具内，用拍板排实后脱模。

▲ 脊瓦模

桶瓦模

瓦坯制作工具，把制好的坯泥用弓刀割成1~2cm厚的泥板绕在瓦模上制作，制作完成脱模晾晒。

▲ 桶瓦模

弓形抹子

弓形抹子用于瓦坯制作的压实出光，与桶模配合使用。

▲ 弓形抹子

▼ 砖模

▼ 砖模

▲ 砖模

砖模

砖模是用来制作砖坯的模具。把坯泥用力摔入砖模中卡实后，用弓刀沿砖模切割，脱模晾晒。模具使用时，撒一层草木灰作为隔离剂。

地砖模

地砖模使用时先撒草木灰，把坯泥摔入模具中，用拍板拍实，用弓刀切割，脱模晾干。

▲ 地砖模

▲ 平瓦模

平瓦模

平瓦模是制平瓦的模具，使用时把坯泥切割后放入模具挤压成型，再脱模、修边、晾晒。

瓦当模

瓦当模是制作瓦当的模具，使用时把坯泥放入模具压实，脱模后与弓形瓦坯连接、晾干。

▼ 瓦当模

瓦当俗称“瓦头”，是屋檐最前端的一片瓦。是古建筑的构件，起着保护木制飞檐和美化屋面轮廓的作用。瓦当作为中国传统建筑的一种瓦，既有防水美观的实际作用，因其图案多样，寓意丰富，又承载了丰富的建筑文化和中国传统文化，瓦当的图案纹饰因不同的历史时期，所呈现的内容也有所不同，瓦当可以作为对传统古建进行断代的重要参考，因此瓦当又被称为“建筑的年轮”。

拍板

拍板是压实工具，配合模具用于压实各类坯泥，常用于地砖等大型砖坯的压实。

▼ 拍板

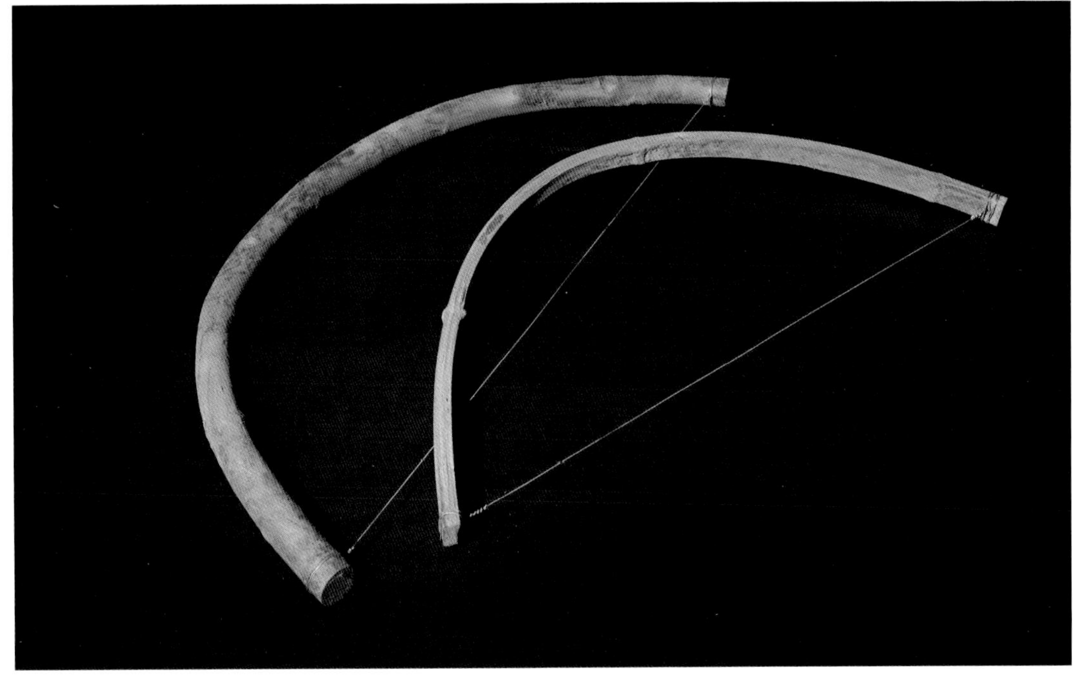

▲ 弓刀

弓刀

弓刀是一种坯泥切割工具，使用弹性好的竹片做弓把，用细钢丝做弓锯，常用于圆形、弧形的切割。

直刀

直刀是坯泥切割工具，常用于方砖、长条砖或平砖的直线切割。

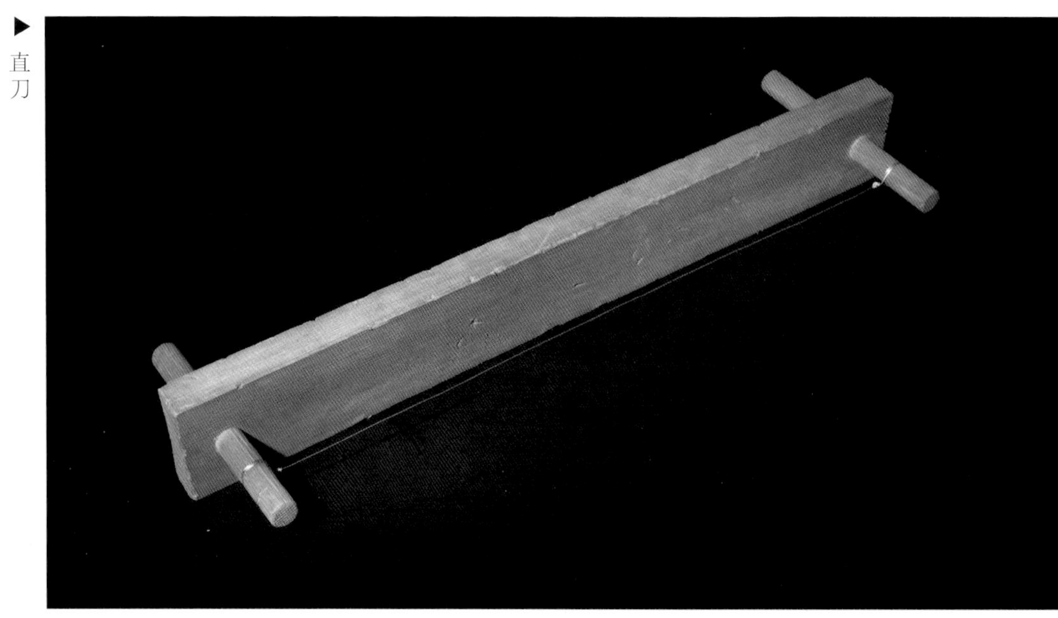

▶ 直刀

▶ 托泥板

托泥板

切割完成后的砖瓦用托泥板移动，防止变形走样。

托砖板

托砖板是搬运工具，用于砖坯搬运。可一次性搬运多块砖坯，不易损坏砖坯。

▶ 托砖板

▼ 托砖板组合

◀ 长拍子

拍子

拍子是拍打工具，用于地砖等大型砖瓦坯的压实、整形。

▶ 拍子组合

▲ 瓦坯存放现场

第十三章　装窑、烧制与出窑工具

砖坯、瓦坯做好风干后，最后一道工序就是入窑烧制。要烧制砖瓦，得先开挖窑，挖窑非常费事，要选择一块土质厚的岩坎边，按照砖瓦的多少决定砖瓦窑的大小，一般宽高在3～4m以上的圆桶形，用石头砌窑门，石条做炉桥，窑壁用烧制后的砖块垒砌而成。这一步就需要用到一些烧制工具。砖瓦烧制完成后，最后一步是出窑。

◀ 砖窑烧制砖坯

钩条

钩条是一种长铁条，约3~4m，端部呈钩状，用于调节炭火，使其达到合适的燃烧状态。

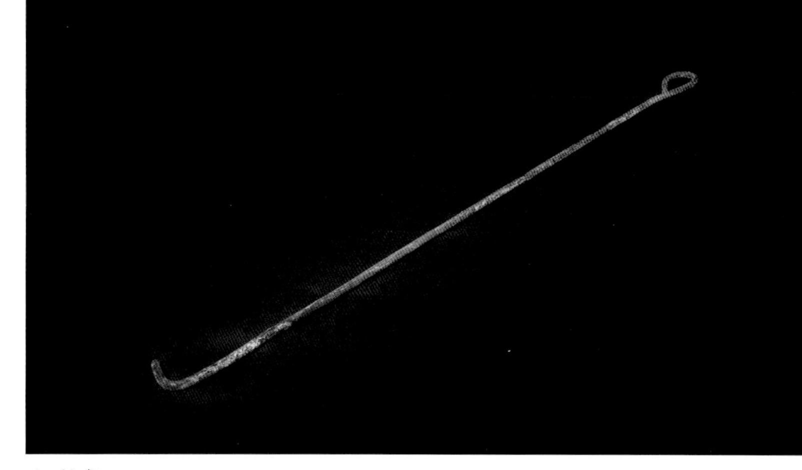

▲ 钩条

▲ 砖瓦窑

砖瓦窑

砖瓦窑专用于烧制砖瓦，窑内温度及烧制时间是砖瓦强度及着色的重要保证。烧窑前干透的砖瓦坯码放在窑内燃烧室后部，中间预留空隙，一层一层码放至窑顶，然后燃烧室架设炉底，点燃煤炭烧制，烧制周期一般为12天左右（装窑1天，烧制6天，闷青4天，出窑1天）。

◀ 砖瓦窑

▶ 瓦片成品

▶ 烧制完成后的方砖

木制独轮平板车

木制独轮平板车是出窑的工具之一，适合短距离搬运的物料。

▲ 木制独轮平板车

铁制平板车

独轮平板车是出窑的工具。

▼ 铁制平板车

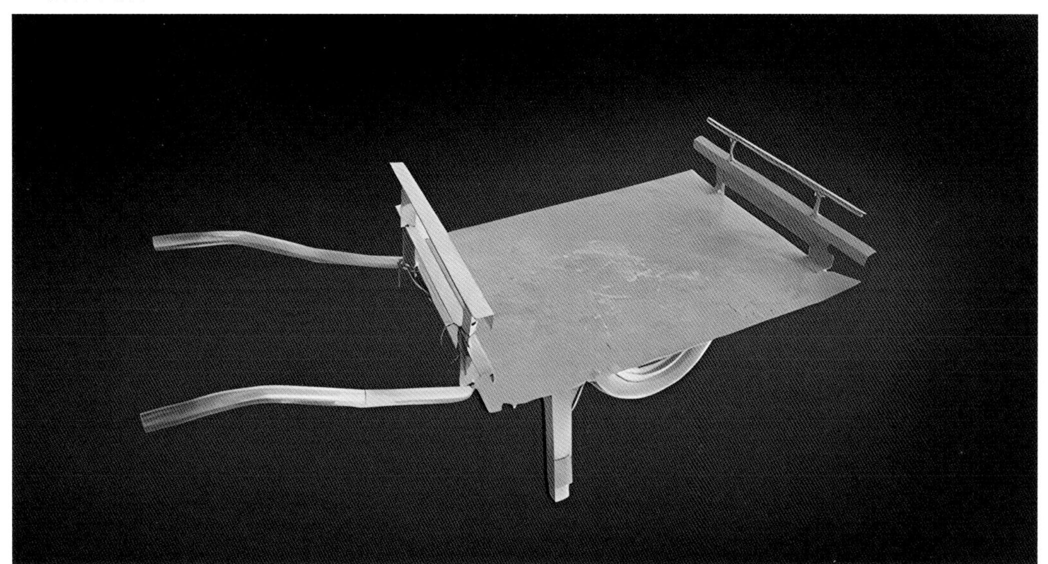

▲ 双轮地排车

双轮地排车

地排车俗称“排子车”，可以人拉也可以使用畜力拉动，适合中远距离运送。较平板车而言，地排车装料更多。

▲ 独轮小铁车

独轮小铁车

独轮小铁车是装窑时运输煤炭的工具，推或拉均可。

▲ 木制双轮地排车

木制双轮地排车

木制双轮地排车是出窑的运输工具，推或拉均可。

第四篇

铜匠工具

铜匠工具

铜匠作为一门古老传统制作业态，一般分为两种：一种是走街串巷的“打铜匠”，他们手持由几块铜片串成的“铜串子”，到了村口集市，手一抖，铜串子就抖搂开来，一阵清脆的响声就代表着开张啦，铜串子即是“打铜匠”的行当招牌，那丁零零的铜串声，算是铜匠行当的特色吆喝。“打铜匠”一般不炼铜、铸铜，只做修修补补，加工生活小器皿的营生，所以“打铜匠”过去也叫“熟铜匠”。还有一种是有店铺作坊的铜匠，这类铜匠一般都有自己的炉子，如制作铜壶、铜把手、铜酒具及一些铜工艺品。这类铜器一般需要熔铸，且经常是批量生产，这类的铜匠铺也常常有较为固定的客户，此类铜匠也常被称作“生铜匠”。

作为以金属为加工对象的行业来说，铜匠所使用的工具与金银匠、锡匠有一定的类似，无论是“生铜匠”还是“熟铜匠”，根据其工艺可以分为：熔铸工具、放样工具、下料工具及锻打工具等。

第十四章　熔铸工具

早在新石器时代末期，先民们就掌握了铜的冶炼技术，但那时的铜主要是红铜，也就是“铜石并用”，后来的青铜，实际上是锡与铜的合金。这里所说的铜的熔炼，一方面指的是将铜矿石进行冶炼，成为备用的铜材料；另一方面，指的是将铜块等原铜材料进行融化，以备配合模具使用，浇铸成型。

▲ 熔铸工具

▲ 风箱

风箱

风箱是过去常见的一种鼓风装置，它通过来回推拉木杆产生空气，推拉节奏快慢决定了产生空气的多少，以加速炉膛内的空气流动，使火苗旺盛，因此除了广泛应用于炊事，也是过去冶炼行业必不可少的一种装置。

▲ 炼铜炉

炼铜炉

过去炼铜的炉子一般是土灶，铜匠作坊的冶炼炉与铁匠炼铁的炉子类似。

液化气喷火枪

液化气喷火枪是后来出现的焊接工具。它主要用在锻打过程中对铜器具的升温，使铜材变软易打，再就是用于熔炼铜丝进行焊接，比如壶嘴、壶把手的焊接。

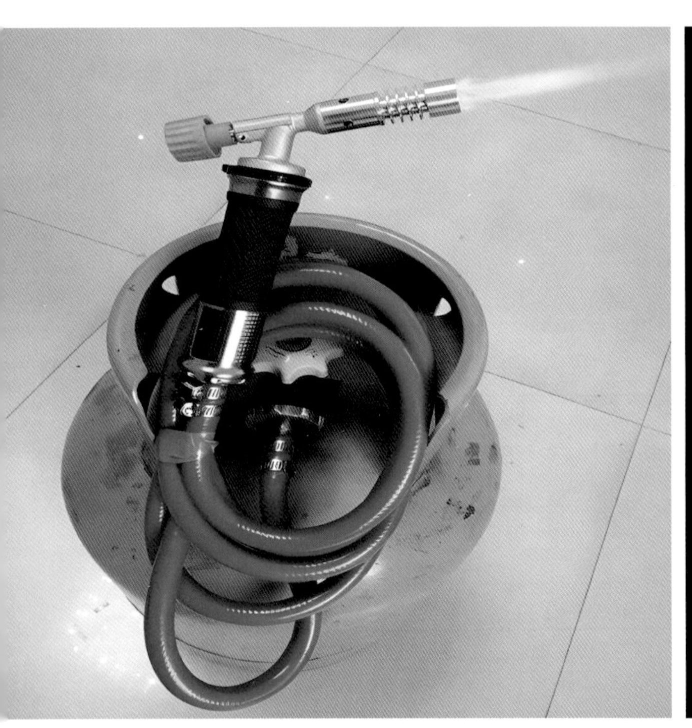

▲ 液化气喷火枪

▲ 坩埚

坩埚

坩埚是炼铜过程中用来熔化原料、盛装铜汁的工具。

第十五章 放样工具

在器具加工前，铜匠会根据主顾的需求及技术要求，在铜板上用划针、划规等工具画出图样，这一步就叫放样。

▲ 使用划针放样

弹簧划规

弹簧划规是划规的一种，因有其弹簧调节装置而被称为弹簧划规。

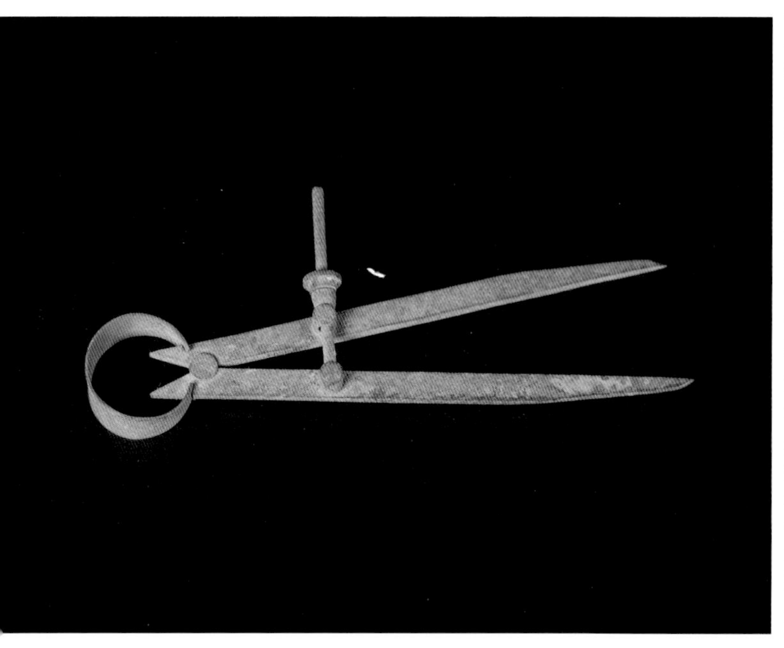

▲ 弹簧划规

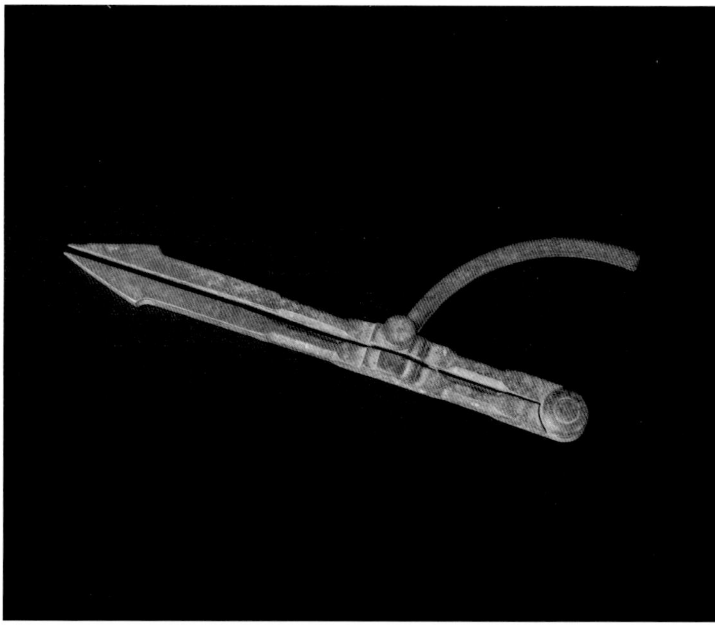

▲ 划规

划规

画圆、画弧工具。使用时，圆规两尖脚要在同一平面上，否则会发生误差。在制作铜壶类的圆形器具方面常常用到。

▼ 划针

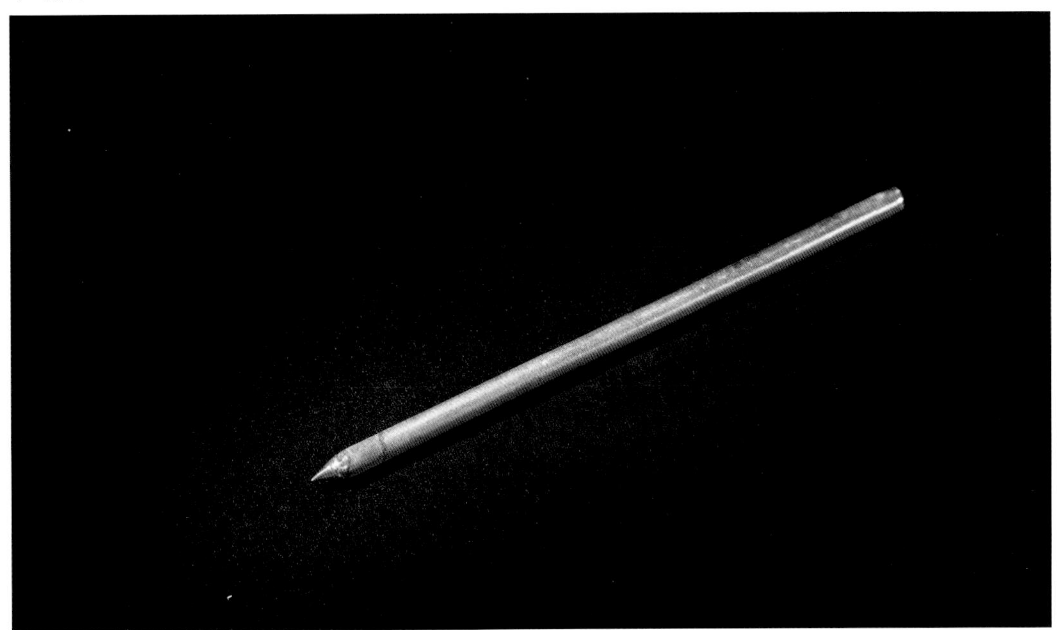

划针

划针是用来在工件表面画线条的坚硬笔状物，常与钢直尺、角尺或画线样板等导向工具一起使用。划针主要是在铜板表面划出需要做工的痕迹，方便后续制作。

▼ 钢直尺

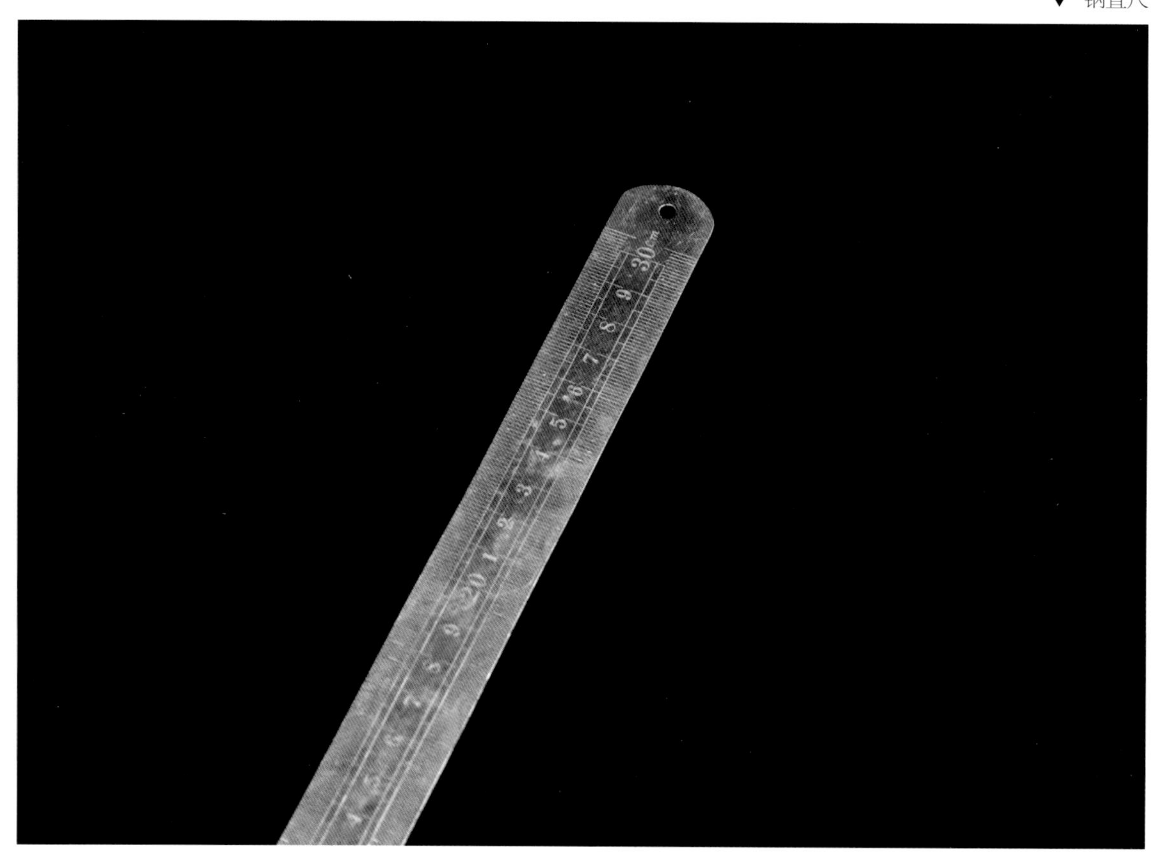

钢直尺

钢直尺是直尺的一种，也是较为简单的一种长度量具，它一般有150mm、300mm、500mm和1000mm四种规格。

在实际使用时，钢直尺的测量精度并不高，这主要是因为钢直尺的刻线间距为1mm，而刻线本身的宽度就有0.1～0.2mm，所以测量时读数误差是比较明显的。但对于过去铜匠这个行业来说，已经可以满足其使用需求了。

第十六章　下料工具

在铜匠工艺中，所谓下料指的是根据前期已经画好的样，用相应的工具裁剪原材料，这一步主要用到的是各种剪子。

▲ 铜匠下料

▲ 弯剪

弯剪

弯剪主要用来剪铜板，其刃口较小，柄部较长，手柄握持部位一部分为弯曲状，另一部分为直平状。弯剪子在具体使用过程中，有时需要将其放置于地面上，脚踩直平的部分，手持弯曲部分，剪裁时可以达到省力的目的。

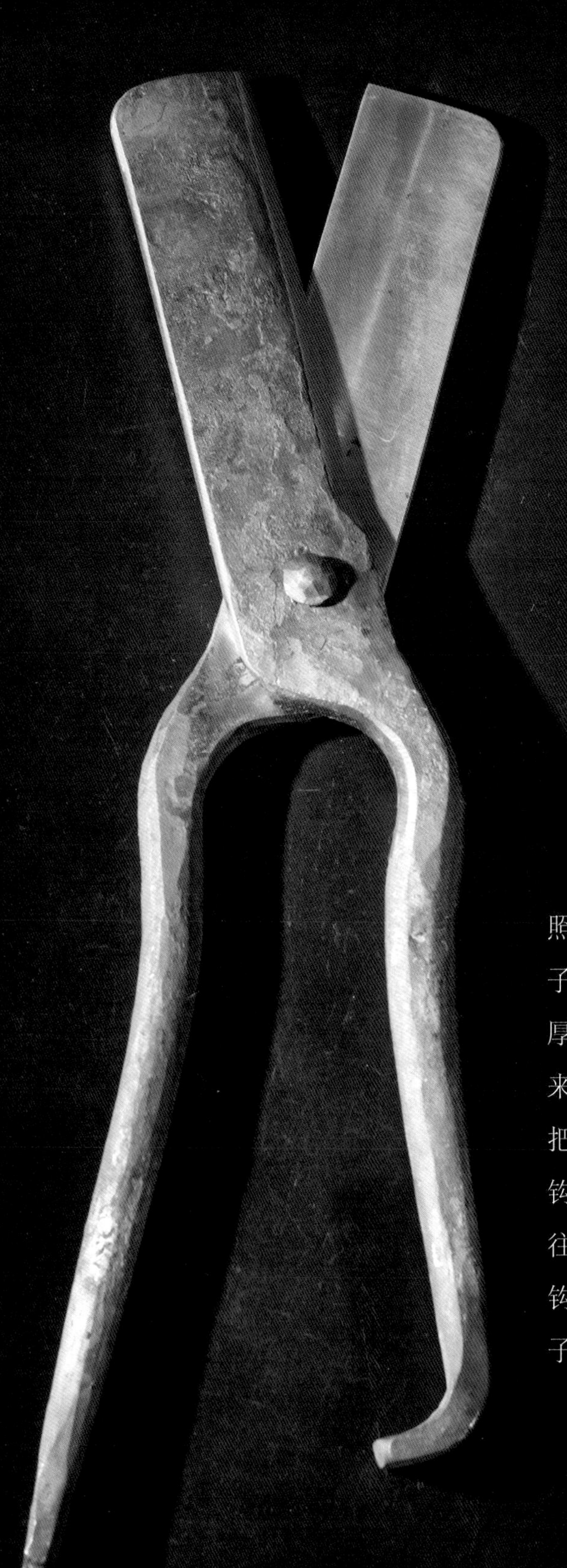

砸剪

砸剪是通俗的叫法，按照其功能特点，应叫作“铡剪子”更为合适。砸剪的刃部较厚，且刃口并不锋利，主要用来裁切较厚一点的铜板。它的把手一端较为直平，一端呈弯钩状，在实际操作中，师傅们往往用脚踩住平直一端，用弯钩状进行裁切，有时也配合锤子击打，会更省力。

▲ 座剪

座剪

座剪的弯把手柄固定在一条长木底座上，直把手柄下压用力，从而更加省力。座剪比砸剪和弯剪都大，再配合上底座，即使裁剪较厚较大的料也不费力。座剪通常为南方铜匠使用，在北方多用砸剪。

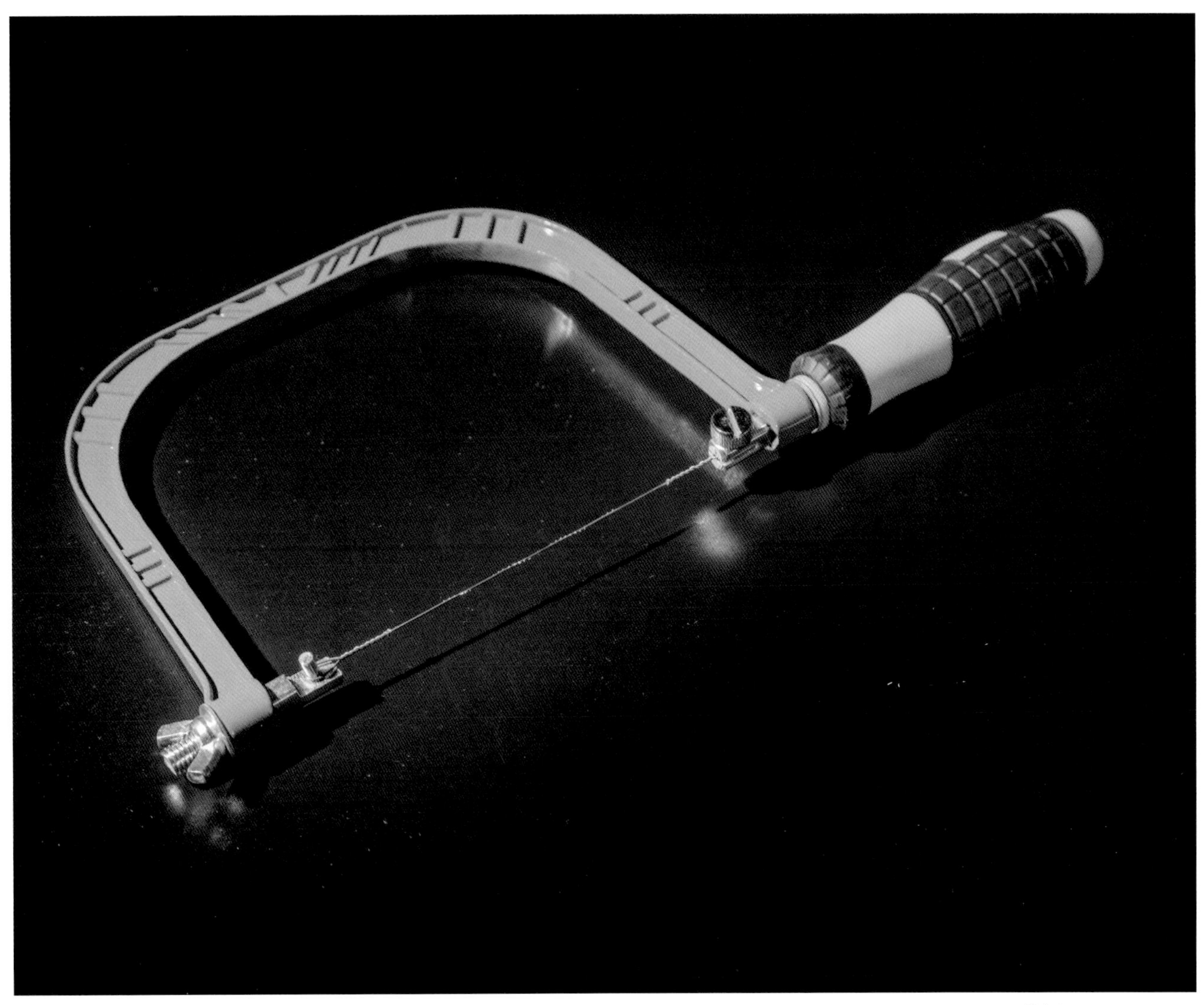

▲ 线锯

线锯

线锯又称“钢丝锯”“弓锯”，是利用绳锯木断的原理设计出来的一种对脆硬材料进行切割的锯，主要用以锯出曲线或不规则形状。

▲ 锉刀

锉刀

锉刀表面上有许多细密刀齿、条形，是用于锉切或锉光工件的手工工具。铜匠用锉，多用在铜料裁切后，对裁剪面做微量加工，使下料更精准。在锻打铜件时，它也用来进行精细加工，比如壶嘴的锉削。

▼ 半圆锉

▲ 方锉

▲ 板锉（平锉）

▼ 三角锉

▲ 圆锉

▲ 刀锉

砂纸

一种附着有研磨颗粒的纸，用于平整物品的表面，或去除物品表面的附着物，有时也用于增加摩擦力。砂纸根据粗糙程度分成不同的型号，一般是以“目”为单位。

▲ 砂纸

第十七章　锻打工具

锻打是铜匠工艺中最主要的一道工序，手作时代，那些精美的铜壶、铜盆、家具的镶嵌铜片，都是铜匠艺人锻打出来的。与铁匠的锻打工具不同，铜匠的锻打工具大多比较小巧精致，其型号也较多。其中以锤和砧居多。

▲ 铜片锻打

铜匠手锤

▲ 铜匠手锤

手锤

铜匠手锤的种类很多，一般分为硬头手锤和软头手锤两种。硬头手锤的锤头一般用碳钢制成。软头手锤的锤头是用铅、铜、硬木、牛皮或橡皮等制成的，多用于装配和矫正工作。最常用到的是硬头手锤，根据不同的器具、器形、部位以及铜匠师傅的偏好与熟练程度，铜匠手锤各种各样。

▲ 手锤

在所有锤类工具中，铜匠最常用到的是长嘴的卯锤，它的锤头较长，击打面也有多种形状。铜的质地较软，不用大力就能改变其形状，因此打铜器更注重“敲”而非“打”，长卯锤也是铜匠的一种标志性工具。

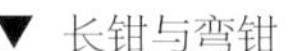

▼ 长钳与弯钳

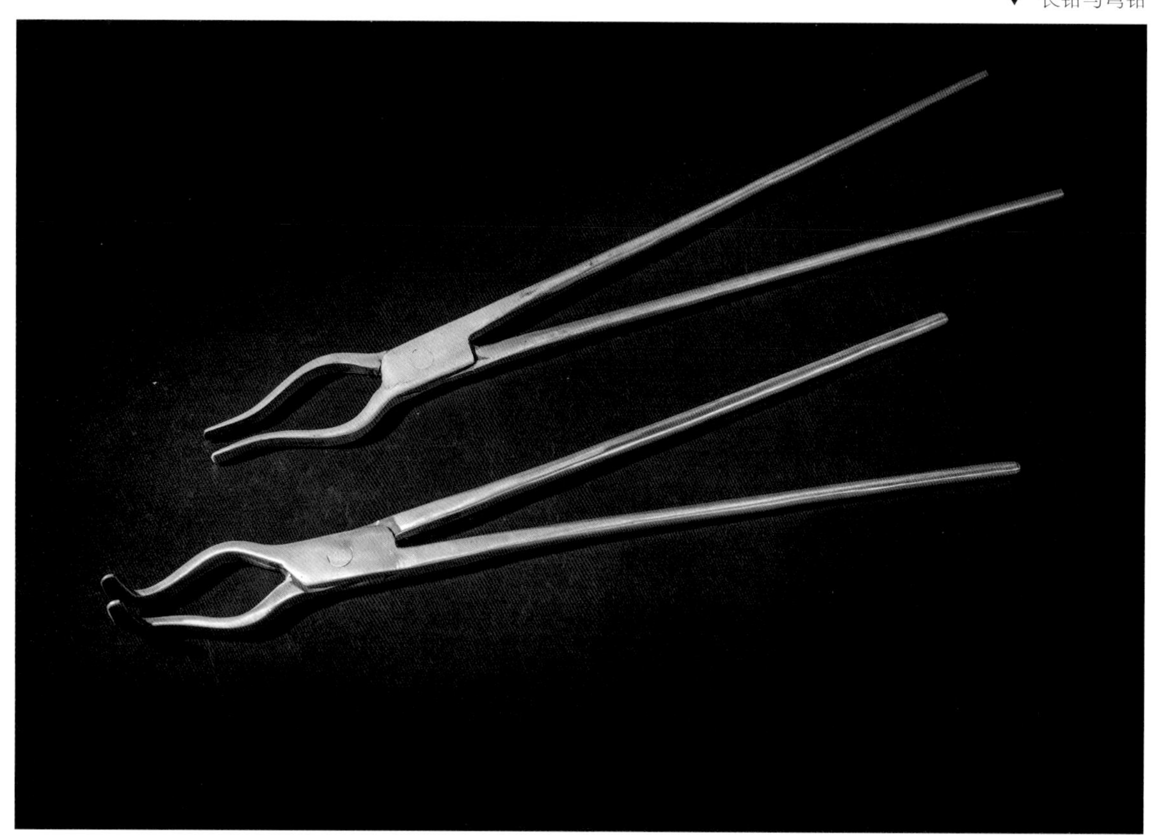

长钳与弯钳

长钳和弯钳是铜匠师傅用于夹住铜片、铜件、铜器具进行捶打、熔烧、淬火等操作的主要工具。

▼ 圆砧

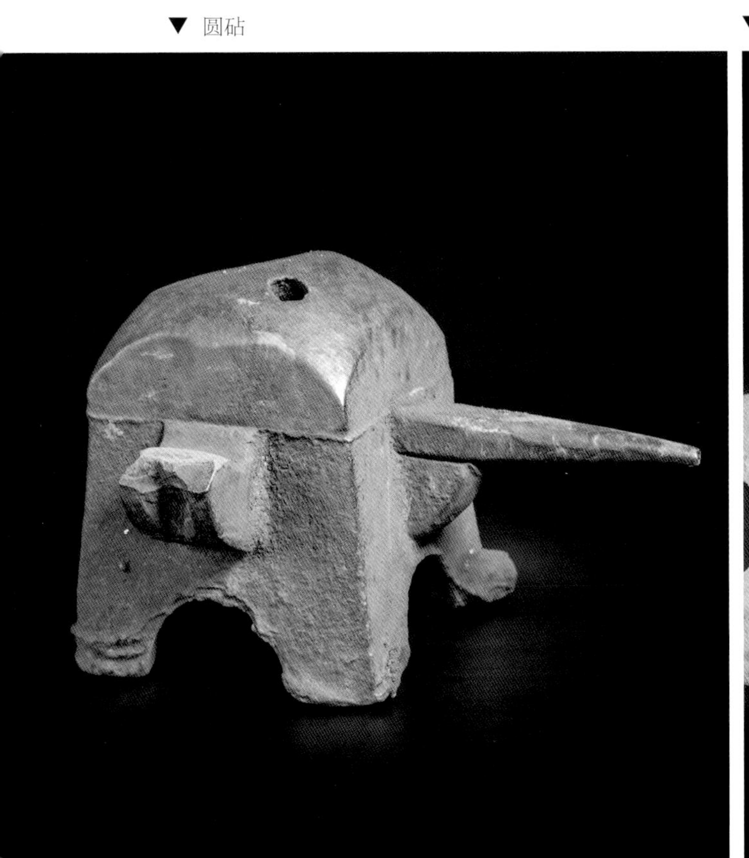

▼ 方砧

方砧与圆砧

铁砧通常是铜匠铺所使用的垫铁，其形状也是多种多样，最常用到的是方形铁砧。圆砧上圆下方，四周有方形的棱角凸起，还有构件的插孔。

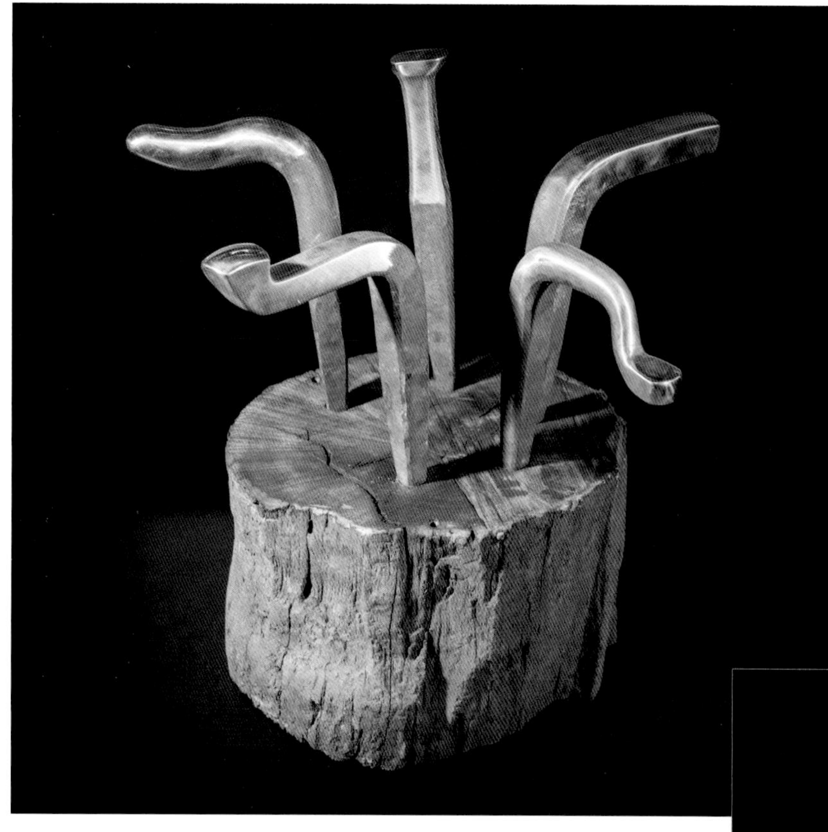

▲ 各种铁铮（一）

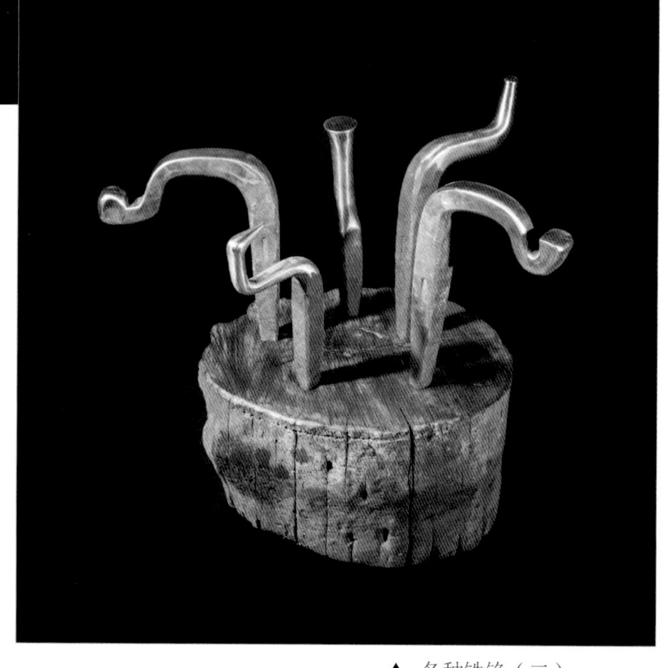

▲ 各种铁铮（二）

铁铮

铁铮是一种异型铁砧，但一般比铁砧小，且因锻打器具的不同造型、不同位置而形成诸多形态。

四角铁铮

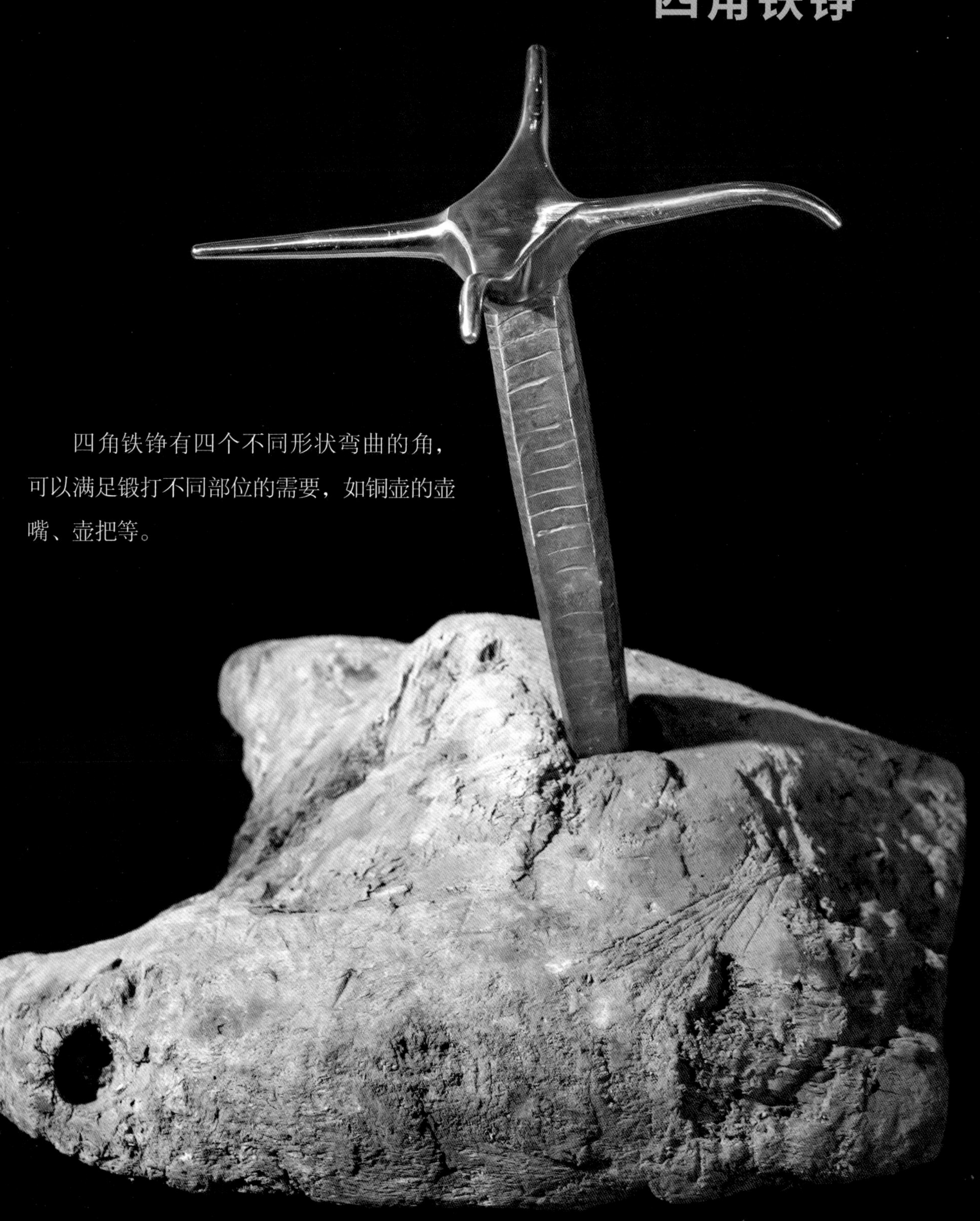

四角铁铮有四个不同形状弯曲的角，可以满足锻打不同部位的需要，如铜壶的壶嘴、壶把等。

▲ 台虎钳

台虎钳

台虎钳，又称虎钳，装置在工作台上，用以夹稳加工工件，为钳工车间必备工具。后世的铜匠有时用台虎钳夹持铜器具进行锻打。

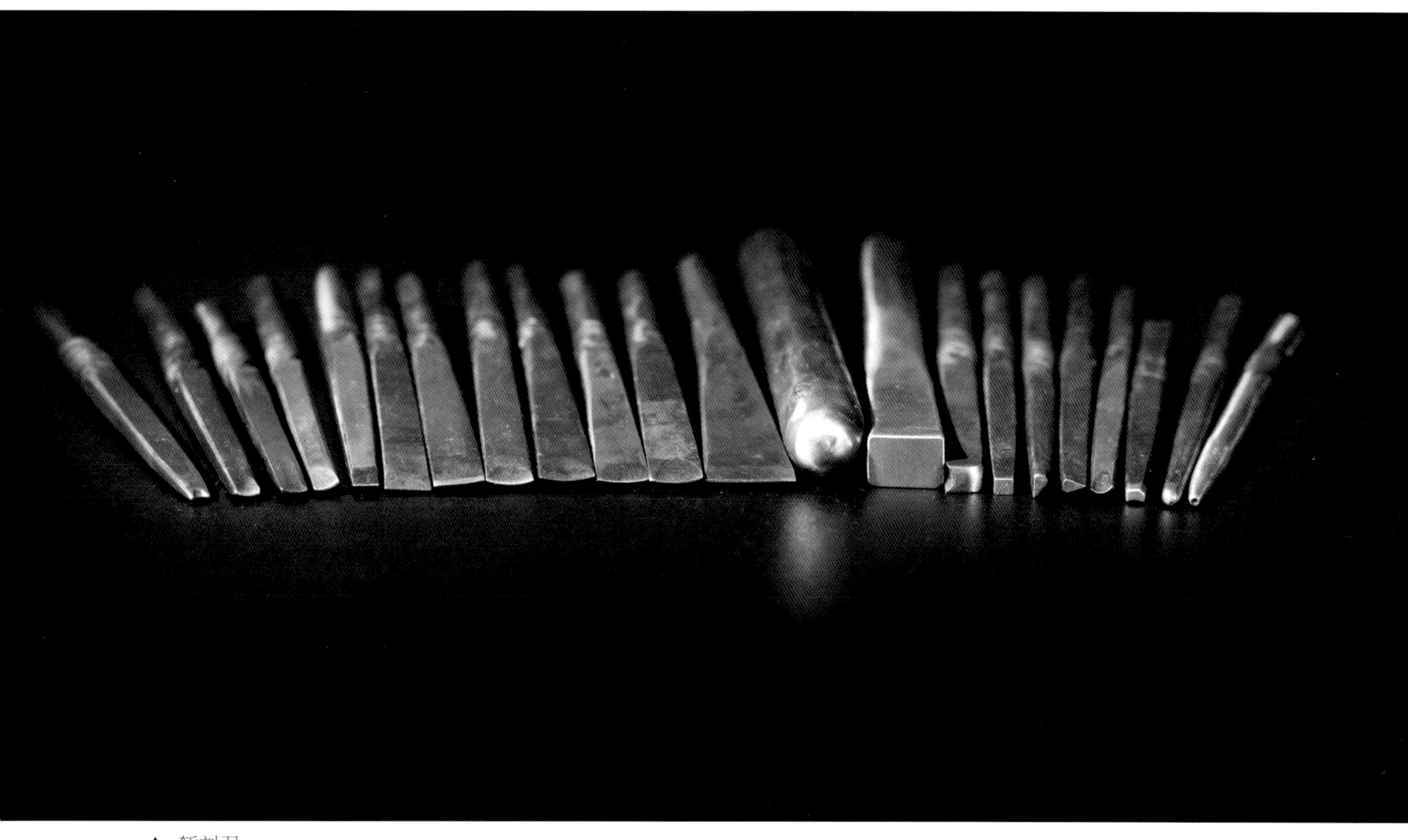

▲ 錾刻刀

錾刻刀

錾刻刀，俗称“錾刻仔”，用于錾刻、制作铜器便面的花纹图案，一般配合手锤使用。

鋬刻板是鋬刻时用以固定铜片的专用工具。

▼ 鋬刻板

鋬刻板

▲ 拉钻

拉钻

拉钻，也叫“车钻”，是一种老式的钻孔工具。铜匠主要用其打孔，如铜把手的固定孔等。

▼ 手电钻

手电钻

手电钻是一种携带方便的小型钻孔用工具，在铜器具制作过程中，手电钻的使用代替了传统的车钻，主要用于开孔、扩孔，比如茶壶的壶盖孔等。

▼ 铜壶

▼ 铜器

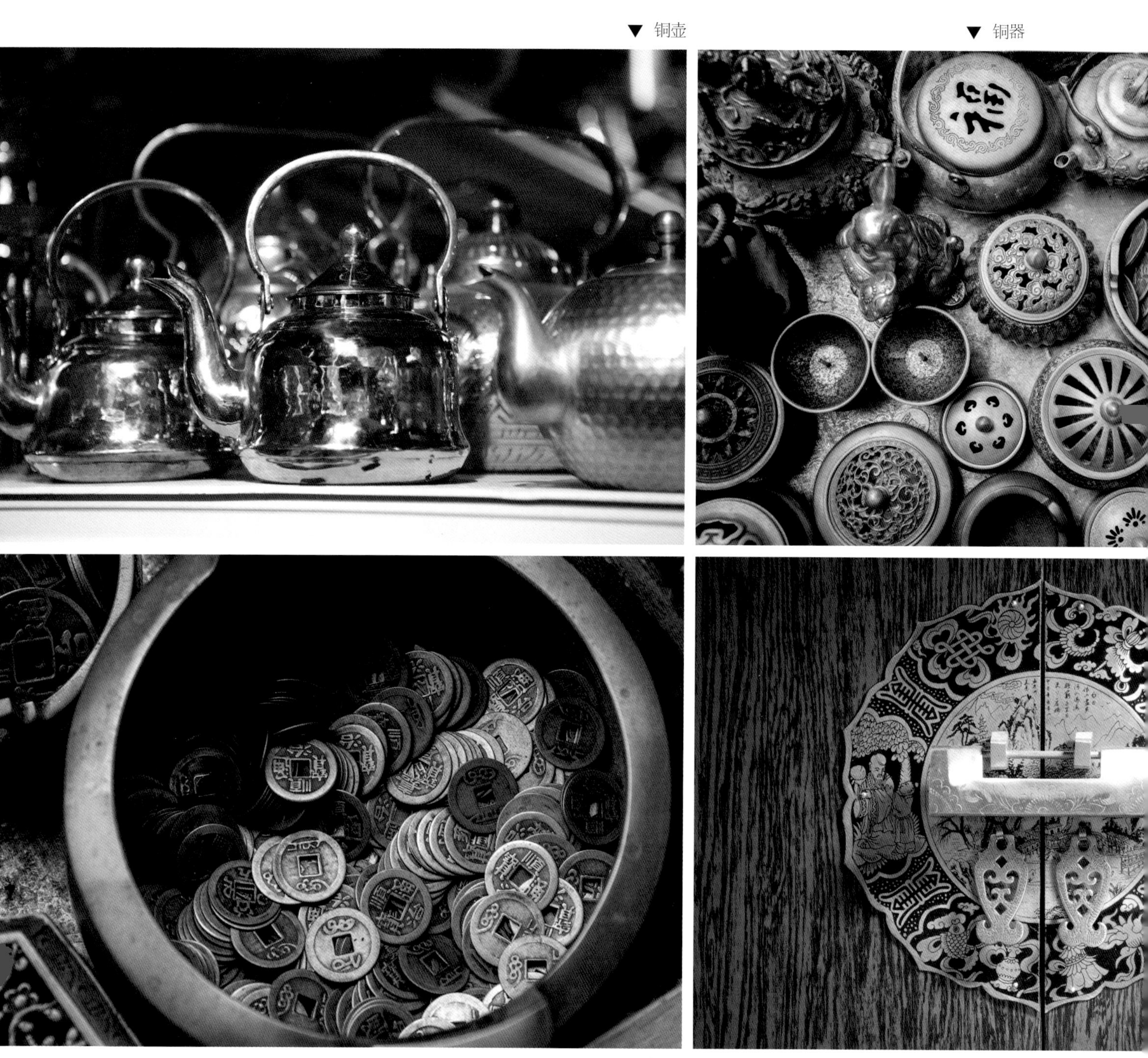

▲ 铜钱

▲ 铜门锁

附·錾花描朵 巧夺天工

“铜器”自古以来就在中国人的心中占有特殊的地位，中国古代有“铸九鼎，镇九州，立天下”之说，“九鼎”代表着王权至上、国家统一昌盛，因此也成了古代中国的代名词，其实九鼎就是一种铜器。铜器比铁器出现的早，曾广泛应用于武器、礼器、祭祀器制造等，因此备受统治阶级的推崇，也充满神秘色彩。在古代民间，铜比金银价格低且易获得，普通人家在用不起金银的时候，以铜为材料制作烟袋锅子、唢呐、木箱的包铜角、铜锁、铜壶等这些物件既满足了实用的需求，又经铜匠的巧手后精致美观，有的工艺品甚至精美绝伦，堪称巧夺天工。时至今日，铜器的工艺品、装饰艺术、雕塑作品等依然有广阔的市场。

对于拥有铜匠手艺的铜匠艺人，自古以来在传统匠作行业中也拥有一定的地位，按照“金银铜铁锡”的排行，铜匠是仅次于金银匠的手艺人，这些铜匠艺人往往一技多能，有的兼做金银匠、锔匠、锁匠的活计，这种现象在中国传统匠作行业中也是很常见的，一方面是为了生计，另一方面就体现在这些传统工具的通用性上，一把弯剪子可以剪铜片也可以剪白铁，一小卯锤可以钉锔钉，也可以打铜器。在科技落后的年代，手艺匠人正是用这些简单的工具錾花描朵，打制出了美好的生活。

第五篇

木匠工具

木匠工具

木匠是一种古老的行业。木匠以木为材料，他们伸展绳墨，用笔画线，锯割斧砍后，拿刨子刨平，再用量具测量，制作成各种各样的木构件、家具或工艺品。木匠从事的行业应用很广泛，除了家具制造，建筑行业、装饰行业、艺术品行业等也都离不开木匠。以建筑行业为例，中国古代建筑多为土木结构，其主要框架，如梁、枋、檩、椽等皆由木作制成，诸如小木作，如门、窗、藻井、隔断等也要通过木匠来设计制作。所谓木匠工具，指的是传统木匠所用的各种手工工具。根据一般木作的工序，我们可以将木匠工具归纳为：测量与画线工具、解斫工具、平木工具、穿剔工具等。

第十八章　测量与画线工具

中国古代建筑作业也被称为“土木之功”，影响建筑造型、承重、规制等整体形象和主要作用的，均是由内部“木框架”所决定的，这在宋代被称为“大木作”，其他如门、窗、藻井、隔断、家具等统称“小木作”。大小木作承担了建筑家居中的技术部分，因此木匠的测量定向工具即是传统建筑测绘的主要工具。中国古代传统测量定向工具，主要有规、矩、准、绳、墨斗、圭表、罗盘、指南针等。

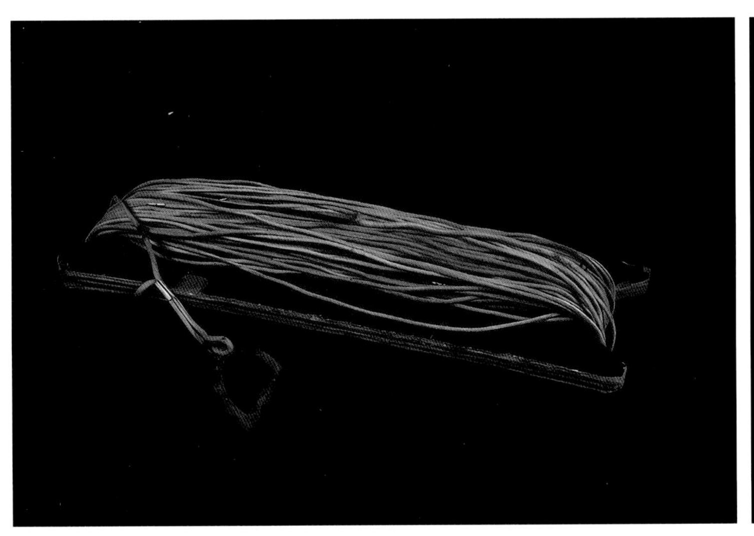

▲ 线绳

▲ 麻绳

绳

绳是古代一种测量距离、引画直线或定平用的工具，是早期度量及校正工具之一。绳很早就应用于木作，战国时墨子说“直以绳”，即工匠取直要以拉紧的直线为标准。因绳子质地不易保存，古代线绳基本不可见，据推测古代放线绳子应多以麻、草、丝等绞合而成。

规与矩

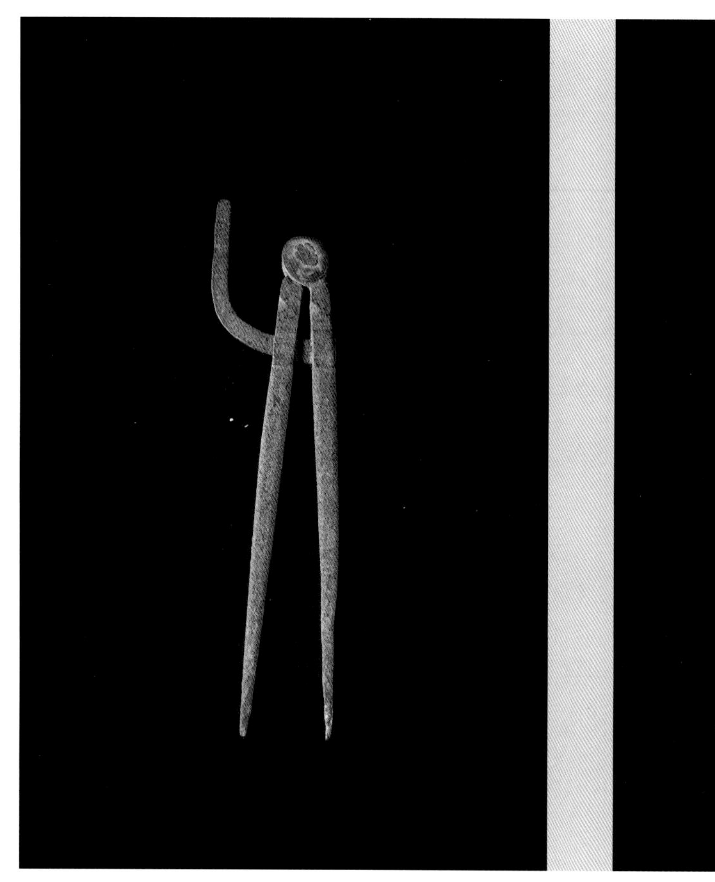

▲ 近世木匠用的两脚规

▲ 近世木匠用的直角尺

规与矩的确切发明年代目前仍然无法考证，但从殷商出土的甲骨文中已经发现有“规、矩”的记载。汉代壁画中多次出现伏羲、女娲持规、矩的图像，其形象与近世的圆规、直角尺类似。规画圆，矩画方，天圆地方是古人朴素的一种观念，规矩也被后世引申为“法则、章程、制度及应遵守的标准等”。

▼ 直角曲尺

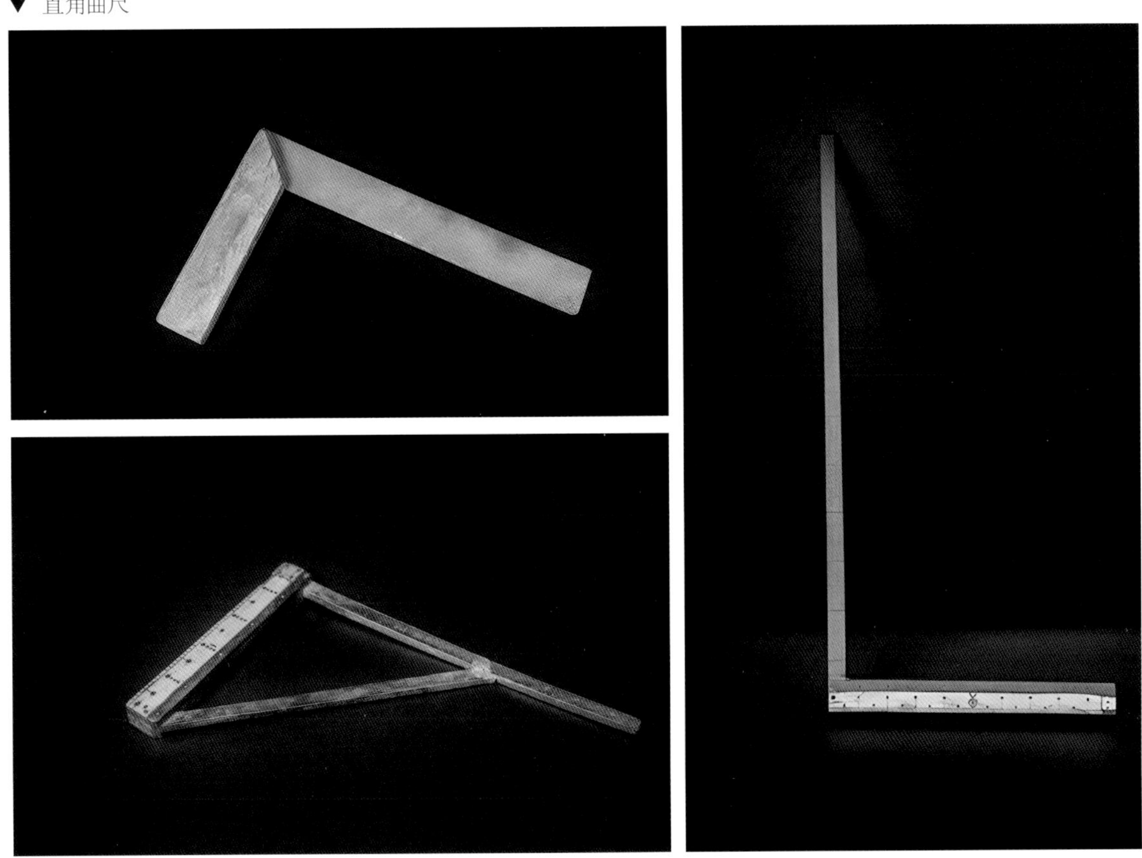

▲ 三角曲尺

▲ 直角曲尺

曲尺

曲尺，也称“角尺”，俗称“拐尺”，是木工的常用工具。曲尺多为一边长一边短的直角尺，但也有较为特殊的圆弧曲尺。

曲尺可以画线、卡刨光木料的方正和量方等。曲尺是一种构造简单、功用多样的工具，直到现在仍然广泛应用于各类匠作行业中。

▼ 折尺

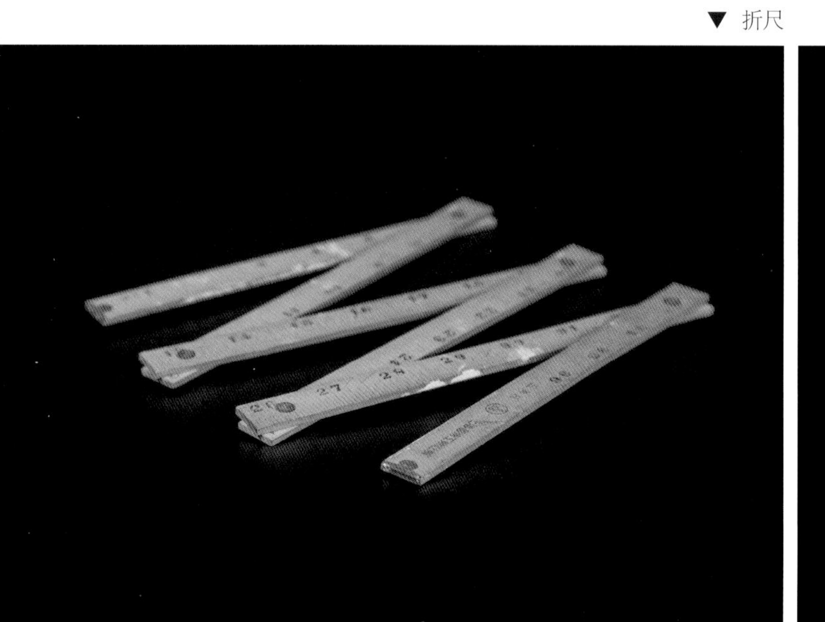

▼ 合尺

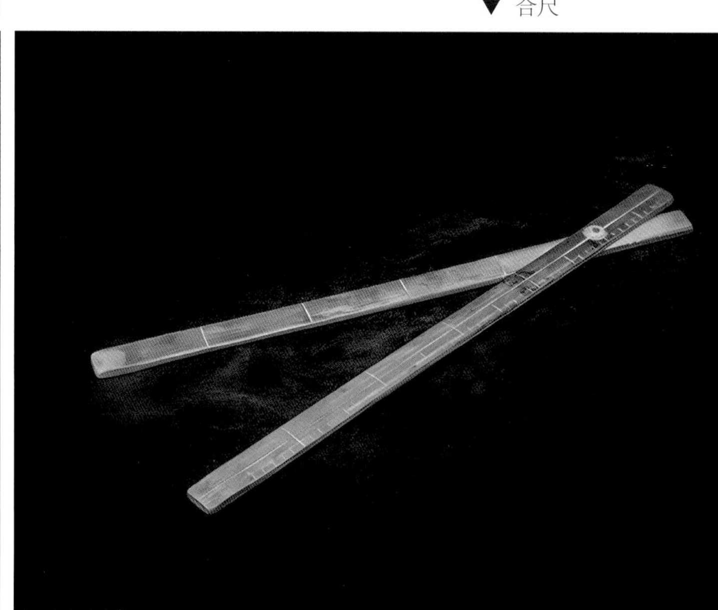

折尺与合尺

折尺原特指四折对开的一种木尺，是丈量木材及画线，加工制造家具常用的一种量具，也是常用的教学用具。有的折尺仅为两条，俗称“角度尺”“合尺”，使用时，任意一个直尺都能够量取长度。合尺展开后为一尺（十寸）。

▼ 鲁班尺

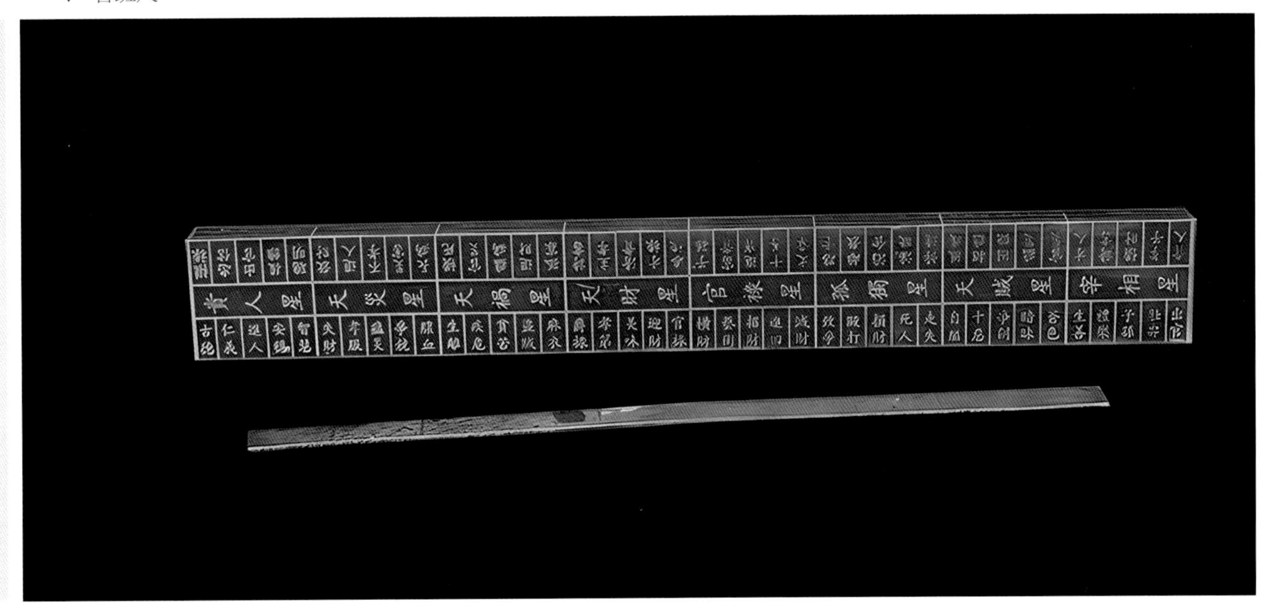

鲁班尺

鲁班尺，全称“鲁班营造尺”，为建造房宅、门窗时所用的测量工具。鲁班尺长约46.08cm，相传为春秋鲁国公输班所作，后与堪舆融合，用以丈量房宅吉凶，并呼之为“门公尺”。鲁班尺实际是结合了古代传统营造度量经验而产生的一种模数化度量器具。

清代晚期墨斗

民国时期墨斗

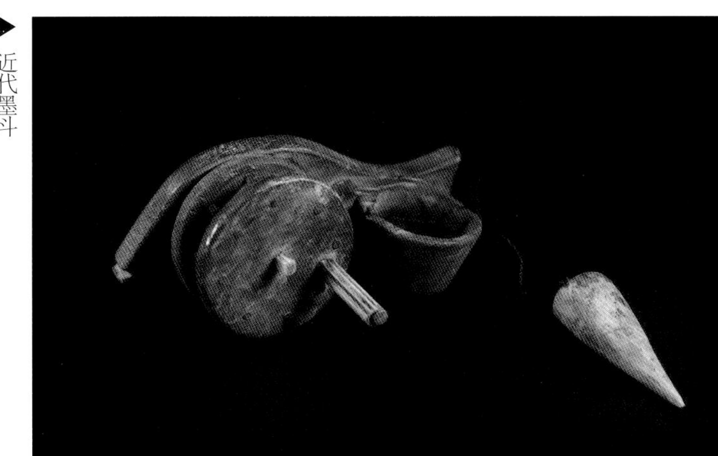
▶ 近代墨斗

附·墨斗的传说

墨斗的墨线端部有个线坠儿，木匠师博却称它为“替母”，也有叫“班母”的，据说这是鲁班为了纪念其母亲发明的。

据说，当年鲁班师傅还没有娶媳妇，收徒弟的时候，平时干木工活，总是叫老娘给他拽着线头弹墨线。老娘年岁渐渐大了，七十多岁每天替鲁班拽线，一会儿东，一会儿西，忙得气喘吁吁的。鲁班不仅对人好，为人也孝顺。他有意不想请老娘拽线，可又想不出什么好办法来。

有天，鲁班到河边去洗菜，看见人家蹲在芦苇丛中钓鱼。没一会提鱼竿了，一拎，线头上的鱼钩，钓了一条大鲫鱼，活蹦乱跳，怎么蹦，怎么跳，也溜不掉。鲁班见后动了心，忙不迭跑回家，照鱼钩样子，做了一个“r”形小铁钩，木工师傅却称为线坠儿。线坠儿扣在线头上，要弹线了，把它往顶头一钩，一戳，线拉过来轻轻一弹，行了。从此，鲁班弹线再也不用麻烦老娘了。

还有一种说法是，老娘嫌麻烦，折了个小树杈拴上墨线，往木材上一钩而成，于是有了“替母”“班母”的说法。

▲ 清代墨斗

附：木匠的祖师爷——鲁班

▲ 鲁班像

鲁班，姬姓，公输氏，名般，又称公输子、公输盘、班输、鲁般。春秋时期鲁国人。“般”和“班”同音，古时通用，故人们常称他为鲁班。大约生活在春秋末期到战国初期，出身于世代工匠的家庭，从小就跟随家里人参加过许多土木建筑工程劳动，逐渐掌握了生产劳动的技能，积累了丰富的实践经验。

大约在公元前450年以后，他从鲁国来到楚国，帮助楚国制造兵器。他曾创制云梯，准备攻宋国，墨子不远千里，从鲁国行十日十夜至楚国都城郢，与鲁班和楚王相互辩难，说服楚王停止攻宋。

木工师傅们用的手工工具，如钻、铲子、曲尺，画线用的墨斗，据说都是鲁班发明的。而每一件工具的发明，都是鲁班在生产实践中得到启发，经过反复研究、试验出来的。

2400多年来，人们把古代劳动人民的集体创造和发明也都集中到他的身上。因此，有关他的发明和创造的故事，体现了中国古代劳动人民的集体智慧。

▼ 线坠

线坠

线坠，也叫铅锤，是指一种由金属（铁、钢、铜等）铸成的圆锥形物体，主要用于物件的垂直度测量，多见于建筑工程。

线坠采用的是“悬绳取正”的原理。悬绳取正在春秋战国的文献中多有记载，墨子说百工“正以悬”，说明当时的工匠在测量垂直时，要以悬垂的直线为标准。

第十九章　解斫工具

“解斫”也作“解木”，这里讲的解木也包括伐木。中国古代伐木主要靠斧和斤（锛），近世解木主要靠锯，虽然早在新石器时代就出现了锯齿状的工具，但通过考古实物发现，锯用于木作应该不早于唐代。大框锯发明以前，解斫工具主要是斧和石楔，工序主要有析、片、判、裁、剖，是一种裂解技术。汉代时出现了一种工具叫“镌”，形似今天的凿子，也是一种解木工具。唐代以后，解木广泛采用大框锯。

▼ 不同型号的框锯

锯的发展，经历手锯、刀锯、弓形锯、框锯四个阶段。秦汉以前使用刀锯，汉代以后出现了弓形锯，而由弓形锯变为框锯，大约在南北朝时期。

大框锯

大框锯又称“二人抬”，民间也叫“大锯”主要用于锯销大木料，使用时需要两人拉扯，一般用来解圆木，民谣中“拉大锯，扯大锯，姥姥门口唱大戏”，说的便是这种锯。

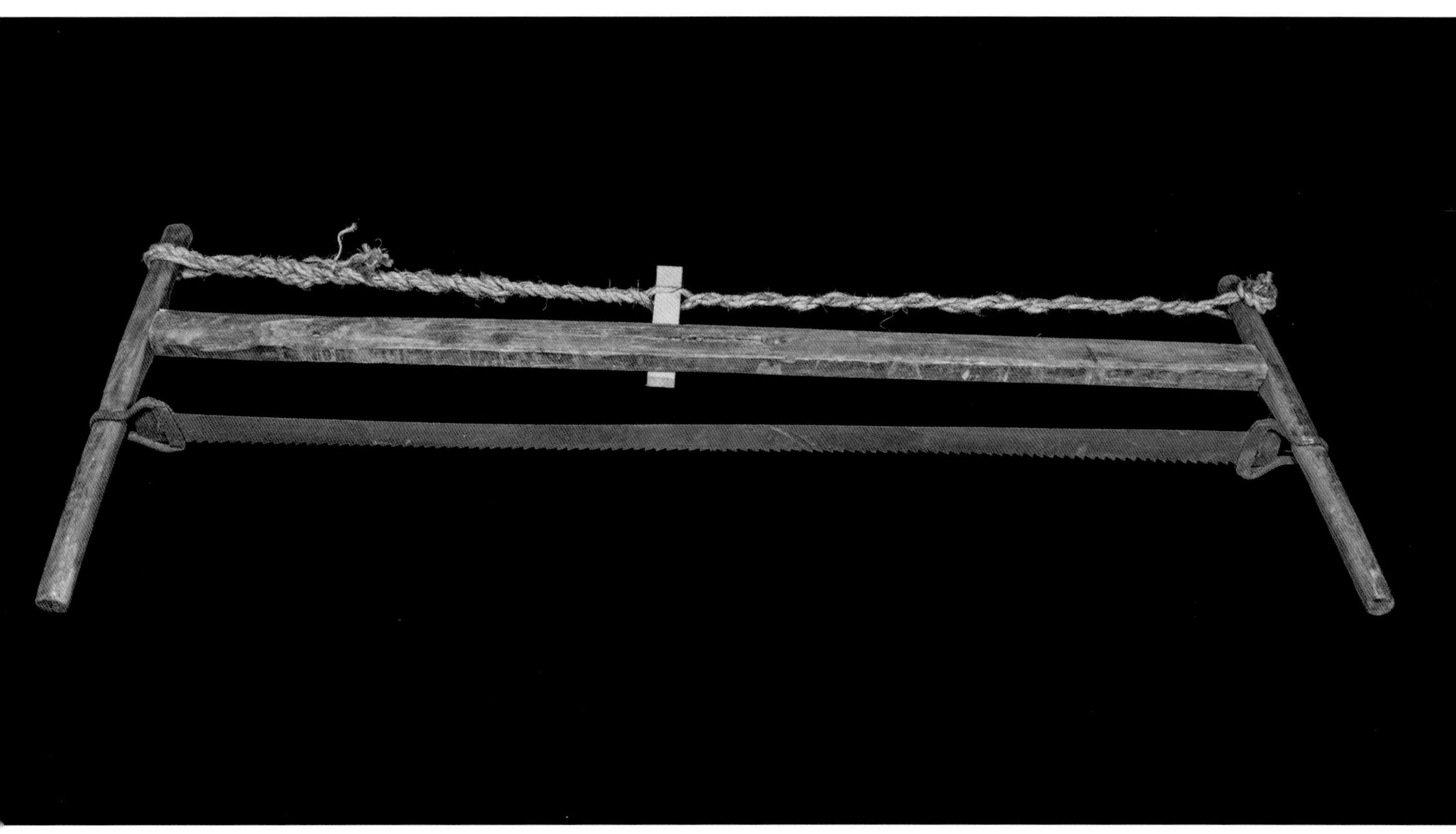

▲ 大框锯

中框锯

木框锯主要由锯手、锯梁、扭柱、锯条、锯绳和锯绞等构成。中框锯，山东沂蒙地区俗称“大边锯”，主要用来将木料锯削成方木。

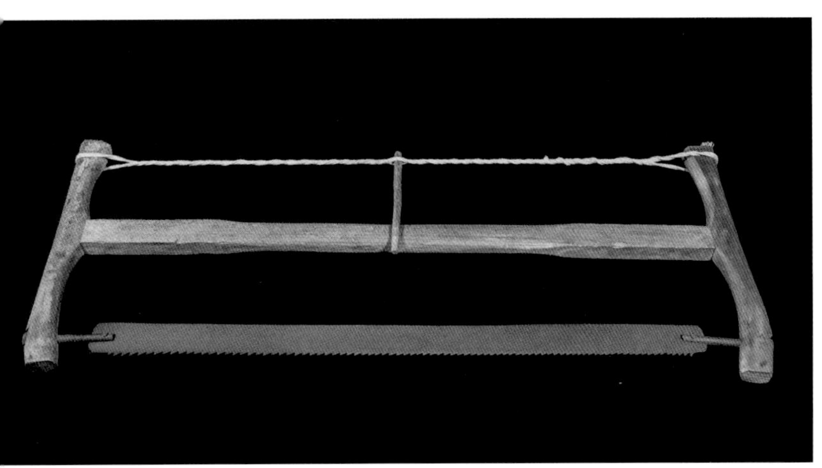

▲ 中框锯

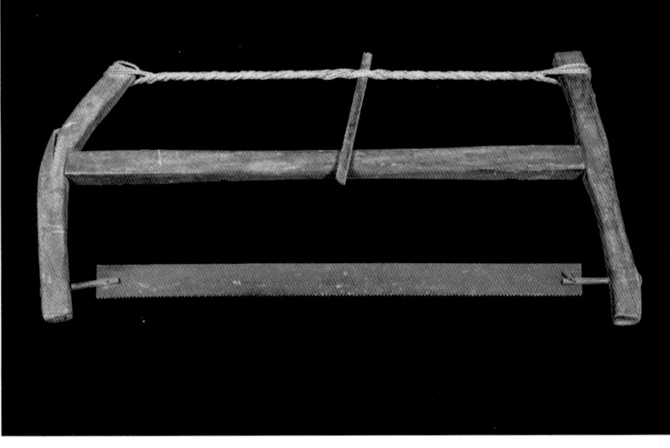

▲ 小框锯

小框锯

小框锯有细齿锯和密齿锯两种，密齿锯小于细齿锯。小框锯主要用于较薄木板和胶合板等的纵横直线锯削。由于锯齿较细，锯削精密、光洁。是截榫肩、开榫及精密制作的小型锯。

▲ 异形框锯

异形框锯

异形框锯用于截原木、方木。弧形的锯条可以锯透木材，主要用于狭窄空间，操作方便。

拾料扳手

▼ 拾料扳手

框锯锯齿的高度、走向、倾斜度都影响着锯子的实际使用。锯子由于锯割目的不同，还要对锯齿进行不同形式的分岔处理，从而形成齿刃左右分开，呈或宽或窄的“锯路”,向外倾斜的程度又叫“料度”。对锯齿的调整，北京地区叫“拨料”，山东地区叫“拾料”，拾料扳手就是用来调整“锯路”“料度”的一种辅助工具。

马子锯

马子锯，也称“过山龙”，俗称“大锯”。是一种伐木工具，最长的有3m，双头有把，需要两人来回拉扯，初拉时需中间一人扶平。

▼ 弯把锯

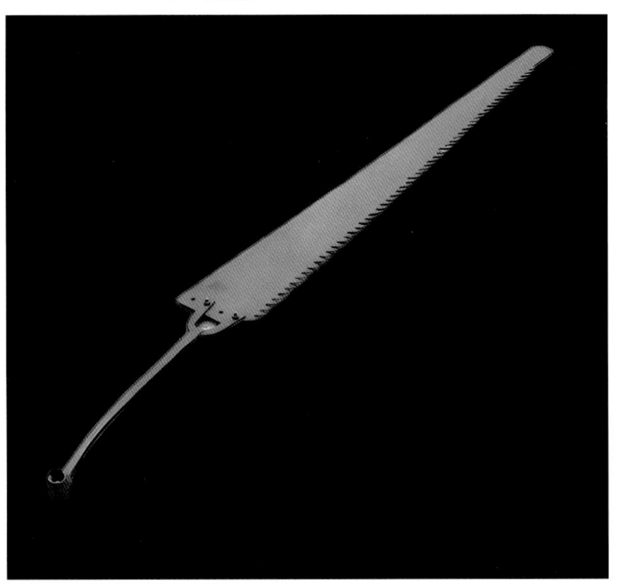

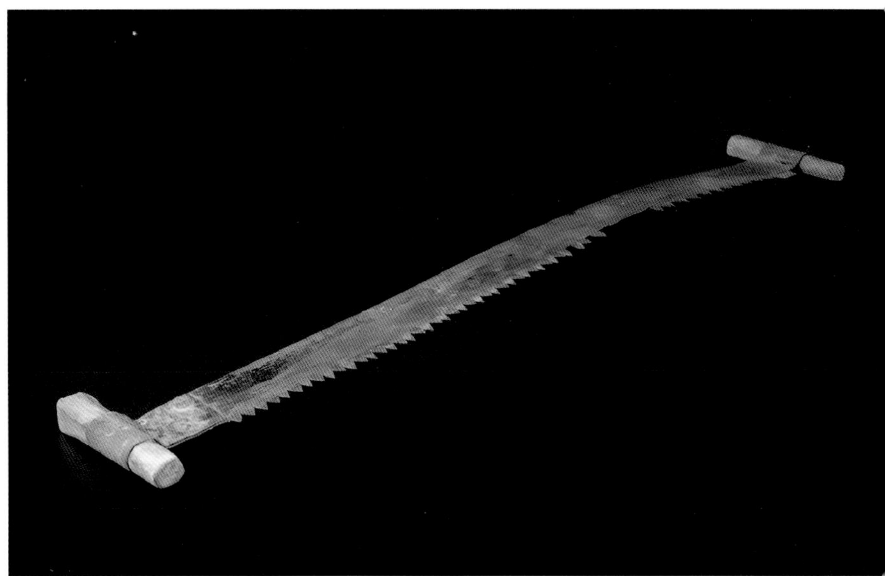

▲ 马子锯

弯把锯

20世纪50年代前后，弯把锯用于我国东北林区，主要用来解原木。弯把锯可以一人或两人操作。

刀锯

刀锯是小型带柄锯的统称，按刃面可分为单面、双面、夹背刀锯等。单面刀锯一边有齿刃，根据齿刃不同，可分纵割和横割两种；双面刀锯两边有齿刃，一般是一边为纵割锯，另一边为横割锯。夹背刀锯的锯齿较细，主要用来锯割榫头及木构件细部处理。

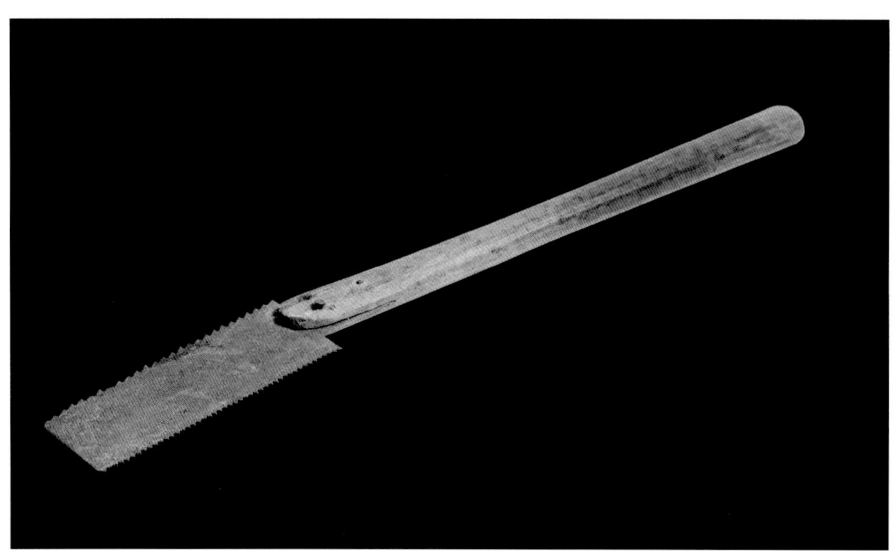

◀ 双面刀锯

双面刀锯

双面刀锯主要用来锯断树木的枝干或木板。

槽锯

槽锯，也称为割缝锯，俗称“镂锯子”。主要用于在木料上开槽、锯割榫头等。具有锯料小，操作方便，而且锯成的尺寸准确等优点。

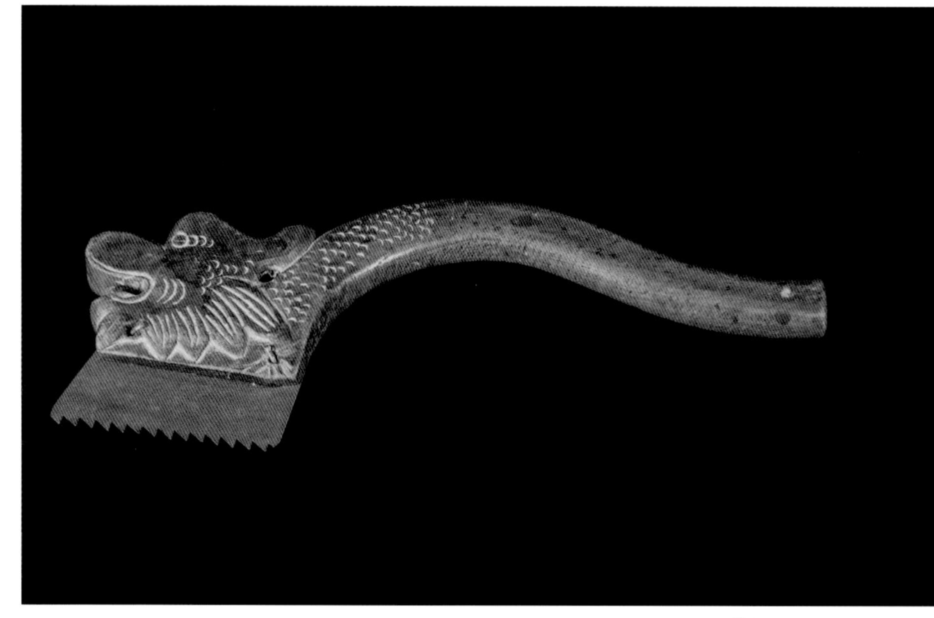

▲ 槽锯

▲ 夹背刀锯

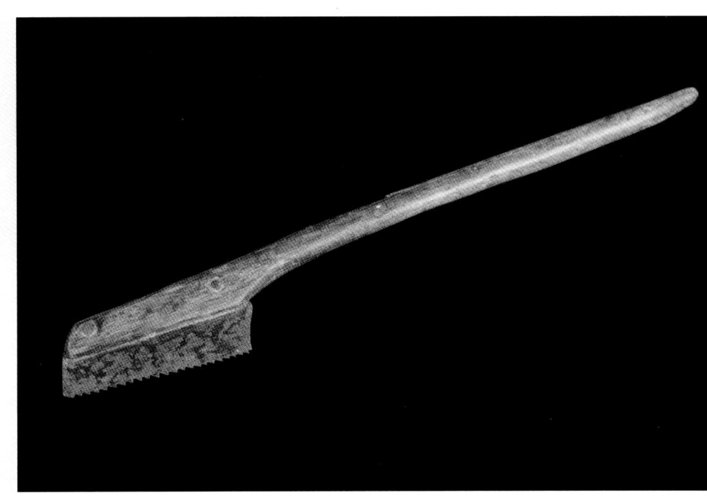

▲ 小刀锯

▼ 弓锯

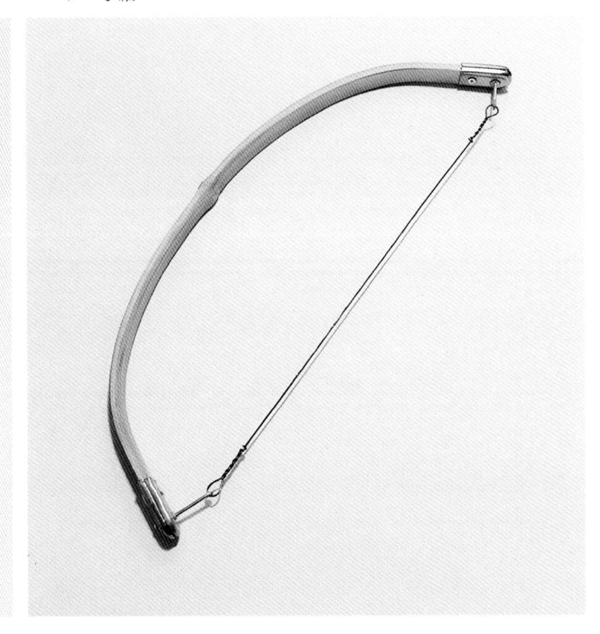

弓锯

弓锯，也叫钢丝锯。传统弓锯是用竹片弯成弓形，两端绷装钢丝而成，钢丝上剁出锯齿形的飞棱，利用飞棱的锐刃来锯割。可以用来锯割复杂的曲线或扩孔。

楔

这里所说的“楔”，并非起固定与衔接作用的木作构件，而是一种解木工具，其形状与“楔子”类似，由两个斜面组成，上宽下锐，上部靠捶打后进入木材，靠侧击分裂木材。在日本的一张古图上，人们还发现了用“铁楔”解木的景象，这说明除了“石楔”，古代解木可能会用到“铜楔”或“铁楔”，但考古实物目前尚未发现。

用石楔解木，被称为“楔裂法”。

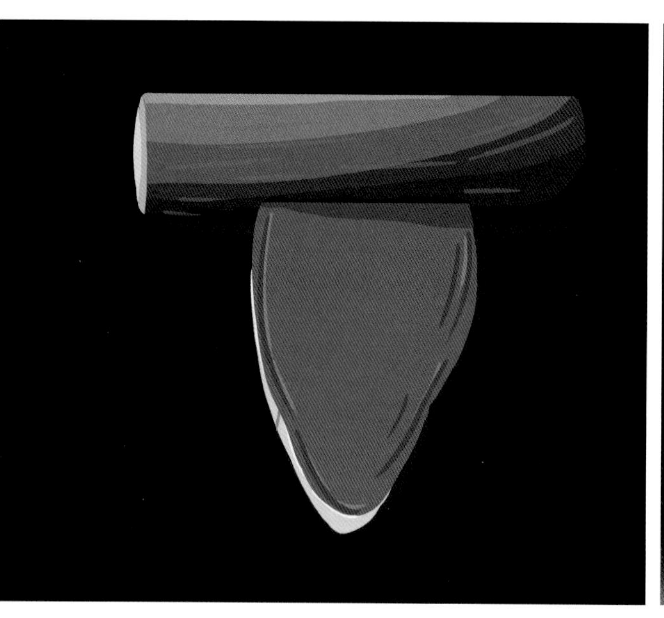

▲“石楔”复原图

▲ 斧

斧

斧，在古代主要有三种用途，一为刑具，二为礼器，三为工具。斧子是一种多用途工具，砍、劈、削、解、平等都会用到斧子，木匠斧子一般是单刃斧，刃的一面只作为砍削使用。木工斧子的斧顶比较大，顶部方形，兼做锤子使用。

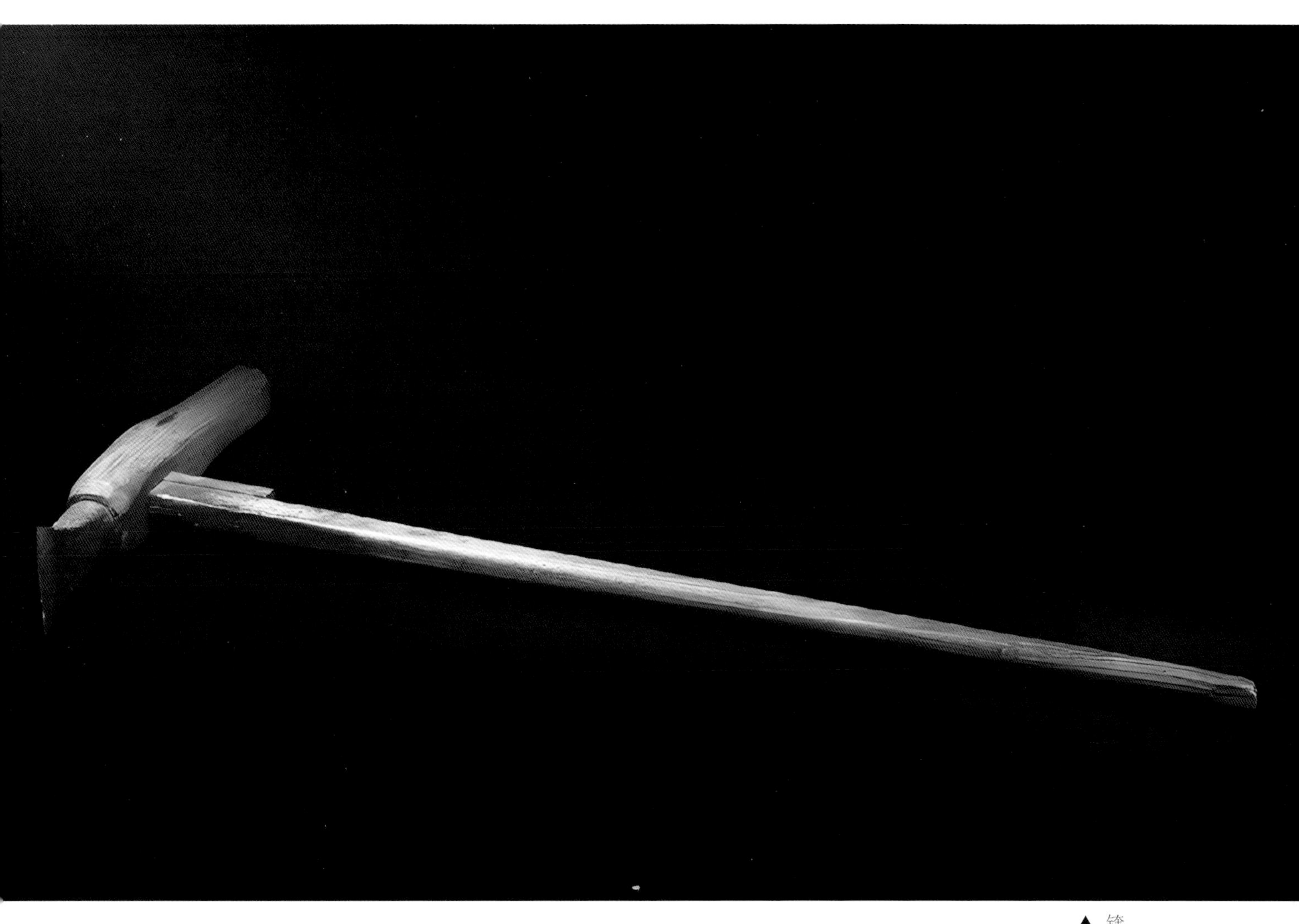

▲ 锛

锛

锛的前身是“斤”，早在新石器时代就发明了与锛形似的“石斤”，无论是“斤”或是“锛”，主要作用是制断和砍斫，因此是一种粗平工具。

锛一般是双刃，一刃是横向的，用于削平木材，另一刃是纵向的，用于劈开木材。常用于去除树皮或粗糙加工。

第二十章　平木工具

就木作而言，平木工序包括粗平、细平、光平三个粗细等级。南北朝以前的解木工具主要是楔、凿等，留下的粗、细工及平木工作量是巨大的。南北朝以后有了平推刨，后有了线刨，由于平推刨特有的对刨木的光滑作用，很快它就成为主要的平木工具。

▲ 刨木场景

弯刨

◀ 弯刨

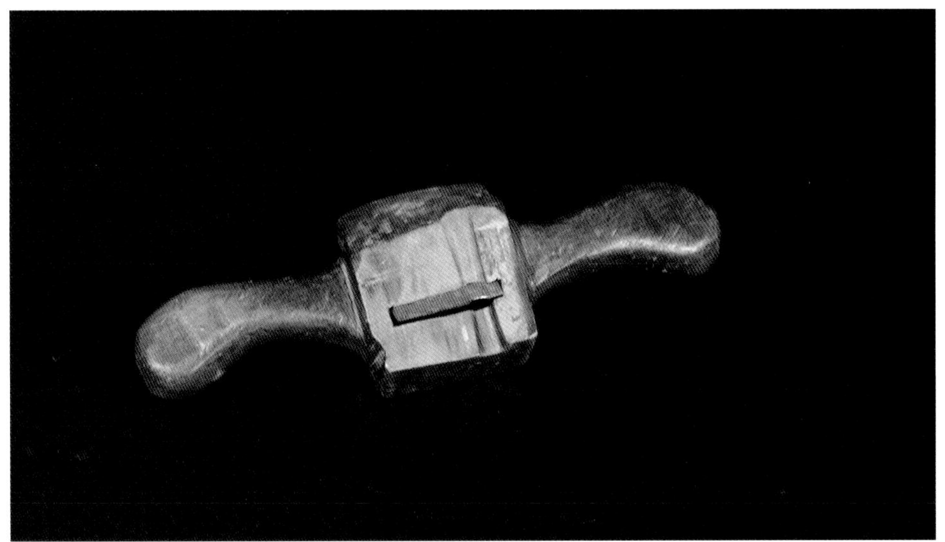

◀ 弯刨（不同角度拍摄）

弯刨也称一字刨，俗称“鸟刨”“蟹刨”。刨底分平底和圆底，根据需求可以选择使用。弯刨主要用于制作木构件的曲面、圆弧或倒角。过去，一些走街揽活的木匠一般都带有弯刨，因它体型小巧，便于携带，在制作锤柄、锄柄等圆木手柄时使用较为方便。

刨子

刨子是传统木作中的一种常用工具，由刨刃和刨床两部分构成。刨刃是金属锻制而成，刨床是木制的。刨削的过程，就是刨刃在刨床的向前运动中不断切削木材的过程。把木材表面刨光或加工方正叫刨料。木料画线、凿榫、锯榫后再进行刨削叫净料。全面刨

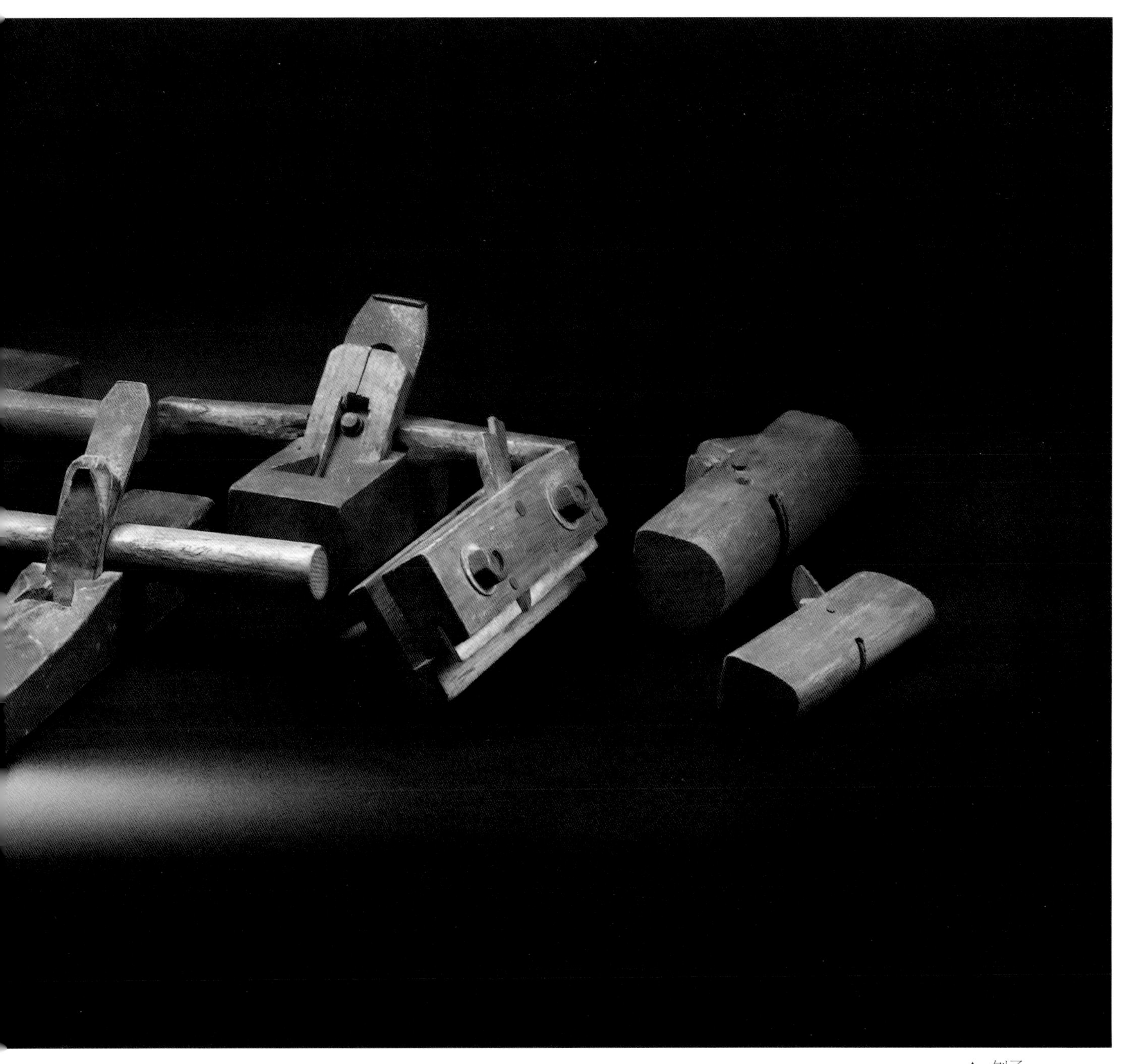

▲ 刨子

削平整叫净光。按刨身长短、形状、使用功能可分长刨、中刨、短刨、光刨、弯刨、线刨，槽口刨、座刨、横刨等。

光刨

光刨俗称短推刨，民间也叫“小刨”“净刨”。短推刨分刨软质木材和硬质木材两种。主要用来刨板和表面光平用。

▲ 光刨

▲ 光刨（不同角度拍摄）

◀ 长刨

长刨

长刨（严缝刨）主要用于刨长料和面积较大的木板，长度一般在40cm以上，主要用于对缝和取直，是刨子中的一种找平工具。

中刨

中刨，长度在长短刨之间，可用作粗刨，如柱、梁、枋等。因为用短刨容易有扭曲，用长刨太费力故用中长刨、中刨比较适宜，门窗、家具制作安装等小木作主要用中刨。

▲ 中刨

▼ 凹底刨　▼ 凹底刨底面

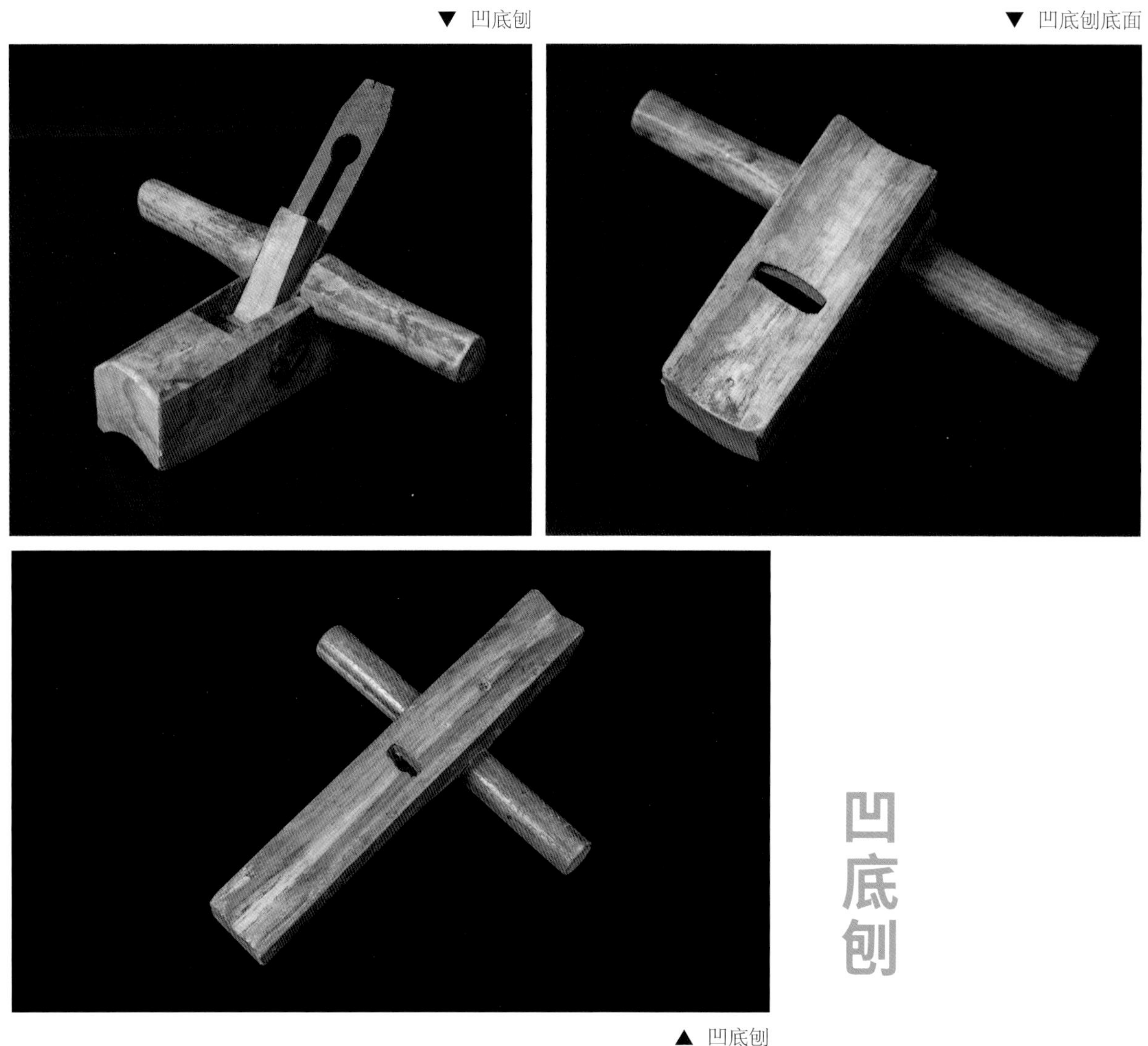

▲ 凹底刨

凹底刨

“凹底刨”也叫“阴刨”“内凹圆刨”，是槽刨的一种。专用来刨圆形的构件，如柱子、桁条、梁、椽子等。刨底圆弧可按不同的圆径做成几种。一般阴刨刨底的圆弧半径要比所刨圆木的半径大。在用它之前要把所刨的圆木做成多角形状，再用粗刨去角，然后用阴刨刨圆，刨刀可配盖铁使用。

凸底刨

◀凸底刨

◀凸底刨（不同角度拍摄）

凸底刨，也称“凸圆刨”“凸底圆刨”，槽刨的一种，刨底前后一样平，中间刨口凸起成圆弧，专用来刨弯里口木、弯楣檐、弯摘檐板和轩弯椽。

▼ 直凹线刨

凹线刨

▲ 圆凹线刨

凹线刨用来刨凸线条，比如过去大门门口迎风边框线条齐线。

凸线刨主要用于制作曲面凹槽的线条，过去门窗、家具及一些小型木质物件，为了体现外观灵动丰富，一般通过线条的变化来呈现，凹、凸线条搭配使用，既是合用的需要，也是审美的诉求。

凸线刨

▲ 凸线刨

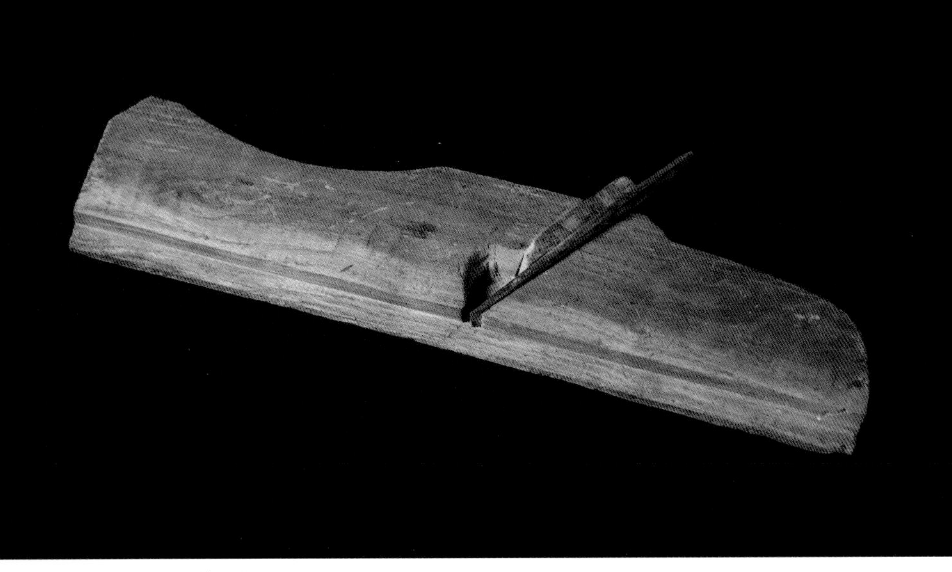

▲ 单线刨

单线刨

窗扇和镜框需制作安装玻璃的木口，要使用裁口刨子裁木口，单线刨子把裁好的口进一步修方、修正。

裁口刨

裁口刨子与单线刨外表上看比较类似，一般裁口刨只用于裁口，就是裁台阶出来，配合框子上的槽。单线刨子的使用场合就多一些。除了裁口之后清角，还可以用于清理板上的穿戴槽，用刀锯锯开，用铲去掉主要余量之后，可以用单线刨快速平底。单线的刨刃和槽刨的刨刃，一个是上宽下窄，一个是上窄下宽。

▲ 裁口刨

▲ 槽刨

槽刨

槽刨主要用来刨制内凹槽，例如过去北方堂屋的门，下部一般是装门板的，将木板嵌入带卡槽的边框中，这类“卡槽”即是由槽刨制作。再如过去的茶盘、食盒都是做框带槽装木板，在钉和胶并不丰富的年代，木匠师傅通过榫卯的工艺解决了拼装组合问题，既结实耐用又美观大方。

◀ 座刨

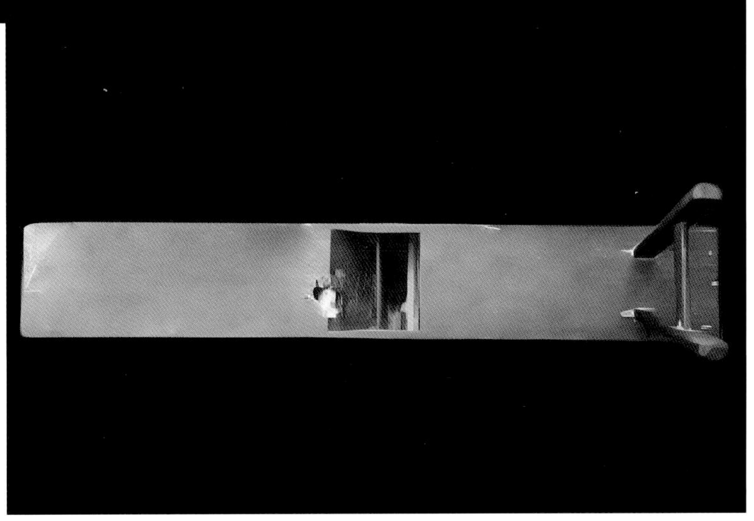

▲ 座刨底面

座刨

座刨俗称“板凳刨”。其形如板凳，只不过板凳有四条腿，而它只有两条腿，是制作洗澡桶、水桶、马桶等圆形木质生活用品的专用刨子，是过去箍桶木匠的专用工具。

卯锤

卯锤也叫铆钉锤，是一种钉铆钉的锤子，广泛应用于各类匠作行业，虽然中国传统木作很少用到钉子，但榫卯结构的木作也是需要钉榫接卯。卯锤一般是一头平直面，用于钉榫接卯，平板对缝；一头斜尖面可以起铆钉。

▲ 卯锤

▲ 木槌

木槌

木匠用的木槌主要用于拼板、对缝等，相较于铁锤来说，木槌更为轻便，使用时力度更好掌握，因此可以更好地保护木构件或成品木作。

锉，也叫锉刀。种类很多，有方锉、三角锉、圆锉、平锉，木匠用的锉叫木锉，可以对木料、皮革等软质物品进行微量加工。

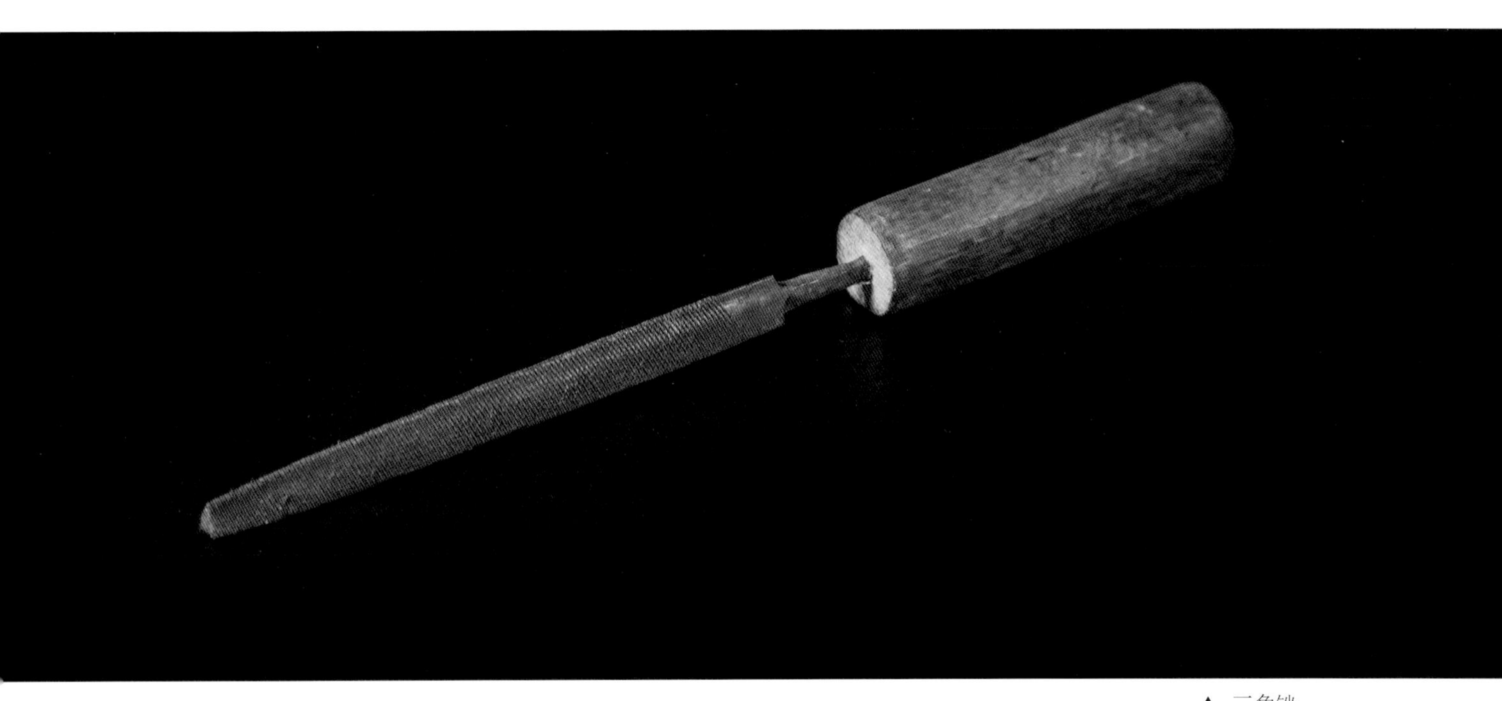

▲ 三角锉

三角锉

三角锉可以用来锉平面和曲面，锉曲面时，主要是锉圆柱、圆孔及凹凸弧面等。

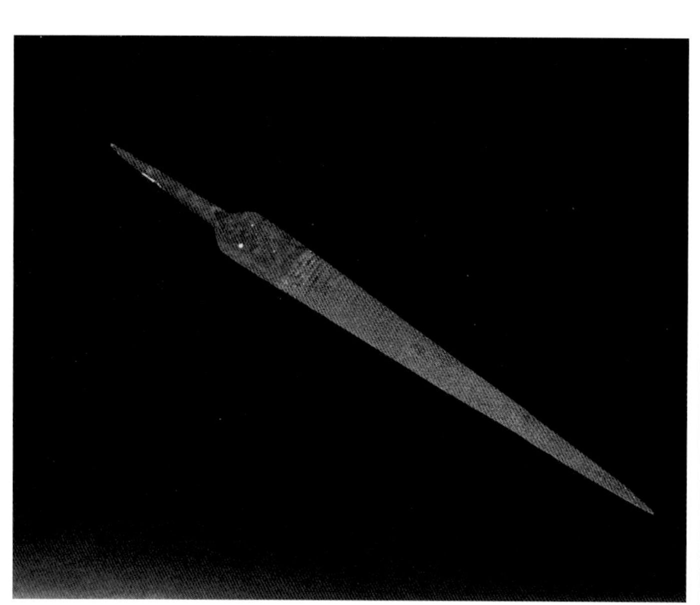

▲ 尖锉

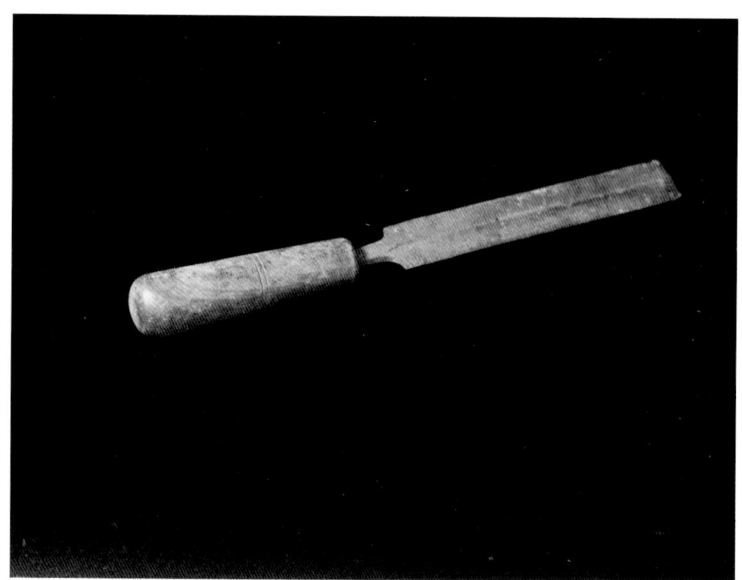

▲ 扁锉

尖锉与扁锉

尖锉可以用来锉削木构件的孔眼、棱角、凹槽或修整不规则的表面。在使用时都装有木柄。扁锉，也叫“板锉”。无论何种锉，在锉木头时，要顺着木纹锉，才能使表面光洁，反之则容易倒毛。

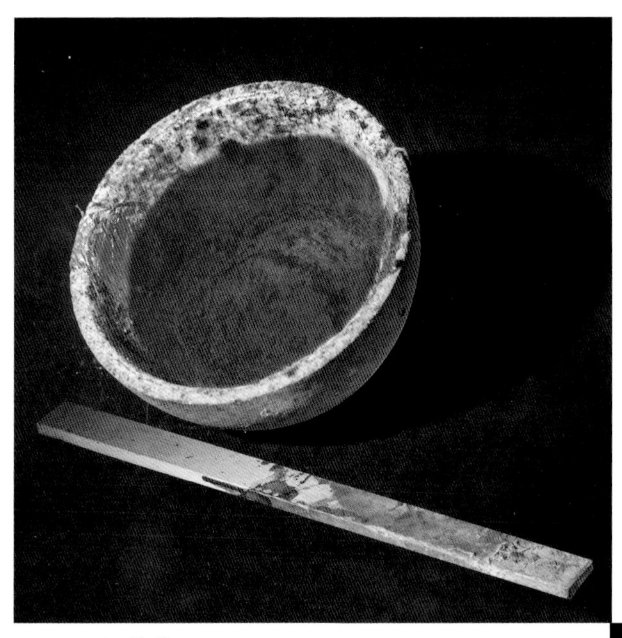

▲ 胶盆

胶盆

胶盆是传统木工胶加热完成后，盛胶的容器。

▶ 鳔胶桶

鳔胶桶

传统木工胶使用时需提前加热。这种鳔胶桶分为内外两层。外桶有沿装水，内桶坐在外桶的口沿上，下部泡在热水里，上面有提梁，胶加热后可以拎起拿走。

第二十一章　穿剔工具

从石器时代就已经开始使用的穿剔工具如凿、钻、锥等，其使用贯穿整个木作工具发展史。它们使人类用工具制造工具的能力增强，从而加速了工具史的进程。穿剔工具促进了木作的节点由原来的绑扎法向榫卯结合法的转变，改进了人类居住载体的质量，从而奠定了我国土木建筑的基础；穿剔工具通过对器物的雕刻、切削，使人的审美意识得以发挥，也促进了文明的进程。

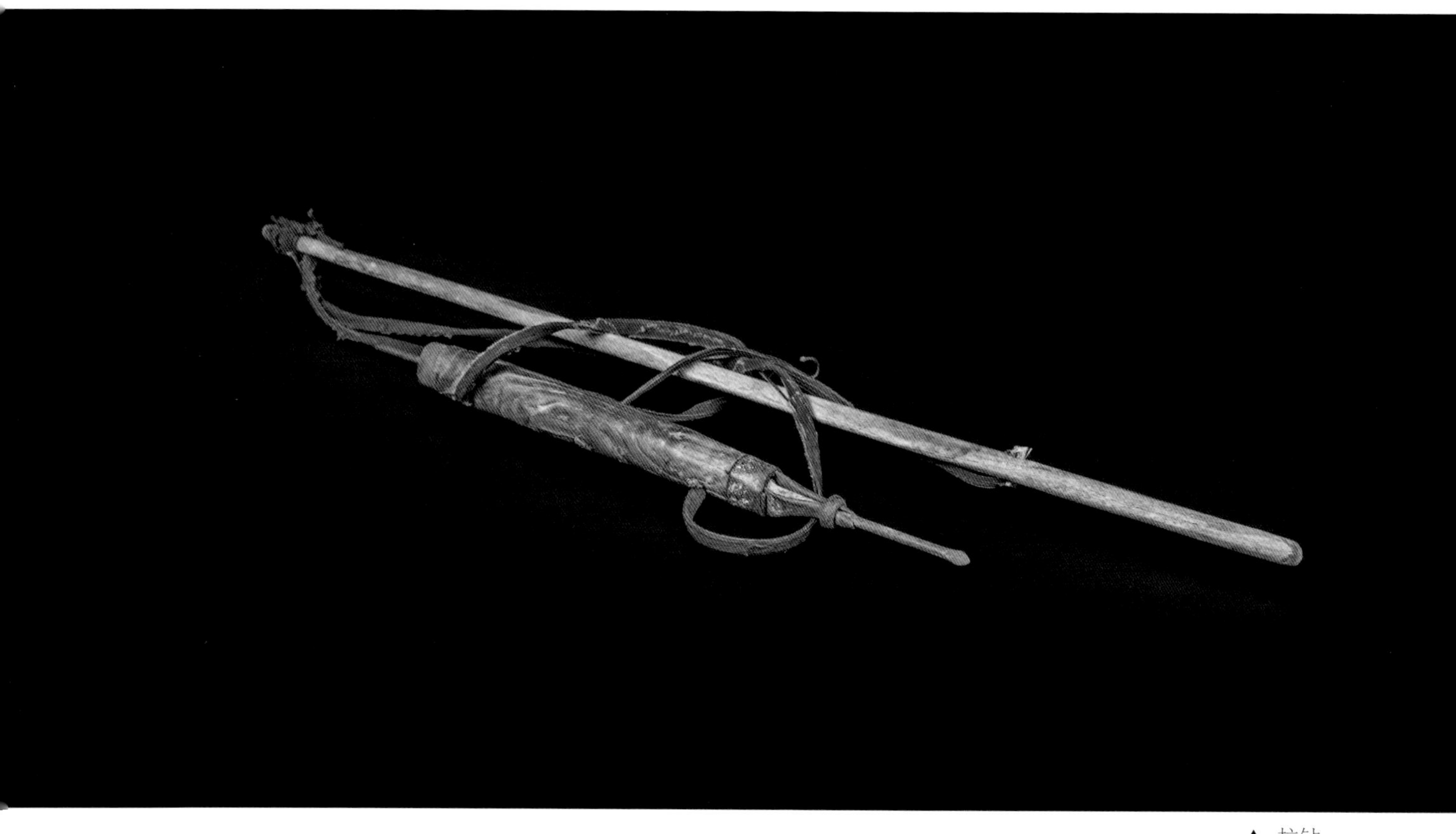

▲ 拉钻

凿

木匠用的凿子，一般都装有木柄，这是从商代开始的，当时的人们发现装有木柄的凿子在使用时更有弹性，操作时更灵活准确，虽然后世的凿子在材质、刃部有所变化，但基本样式就此定下，因此也是一种比较古老的木匠工具。

凿子根据不同用途，可分为：平凿、斜凿、圆凿和菱凿等，且每种凿子都有各种大小型号，适用于不同工作需求。

使用凿子打眼时，一般左手握住凿把，右手持锤，在打眼时凿子需两边晃动，目的是不夹凿身，另外需把木屑从孔中剔出来。所谓“一凿三晃荡，一看是木匠”便是这个道理。

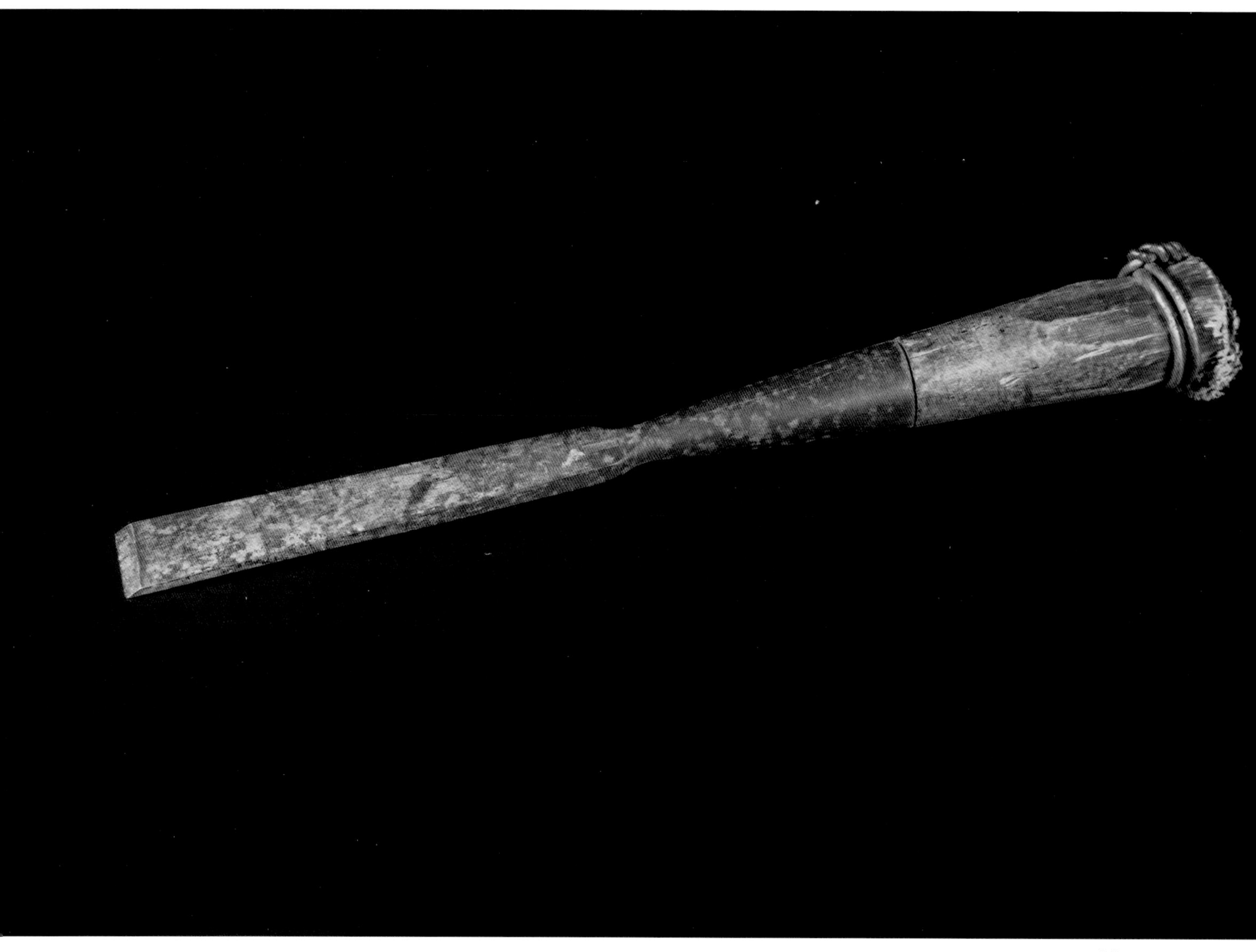

▲ 平凿

平凿

平凿刃口呈平状，刃口与凿身呈倒等腰三角形，主要用在开凿或修葺四方形孔。

▲ 斜凿

斜凿

斜凿常分大小两种，大的斜凿刀口较宽，一般用于大木的扦平、倒大棱角或用作手铲；小的用于装修中的扦铲、倒小棱角用。其刀口呈45°，刀口与凿身呈倒直角三角形，主要用来修葺，多数用于雕刻。

▲ 圆凿

圆凿

圆凿主要用来开挖弧线与圆孔。

成语：方枘圆凿

战国·楚·宋玉《九辨》："圆凿而方枘兮，吾固知其鉏铻而难入。"

人们在用木料制作器具时，凿出的卯眼叫作凿，削成的榫头叫作枘，凿和枘的大小形状必须完全一致才能合适地装配起来（方形的榫头不能固定在圆形卯眼里），后来用此成语比喻双方意见不合，不能相容，配合不好，格格不入。跟它相反的一个词叫作"丁是丁，卯是卯"，（丁指榫头）讲的是做事严肃认真，一丝不苟。

宋玉用圆凿方枘这个形象化的比喻来说明屈原远大的政治见解同谗佞小人的鼠目寸光必然是无法相融的。

扎凿

扎凿是一种无锋口的钢凿。半榫眼在正面开凿，而透眼需从构件背面凿一半左右，反过来再凿正面，直至凿透。凿眼变深以后，可以改用扎凿继续深入，有时也用来凿撬或凿钉。

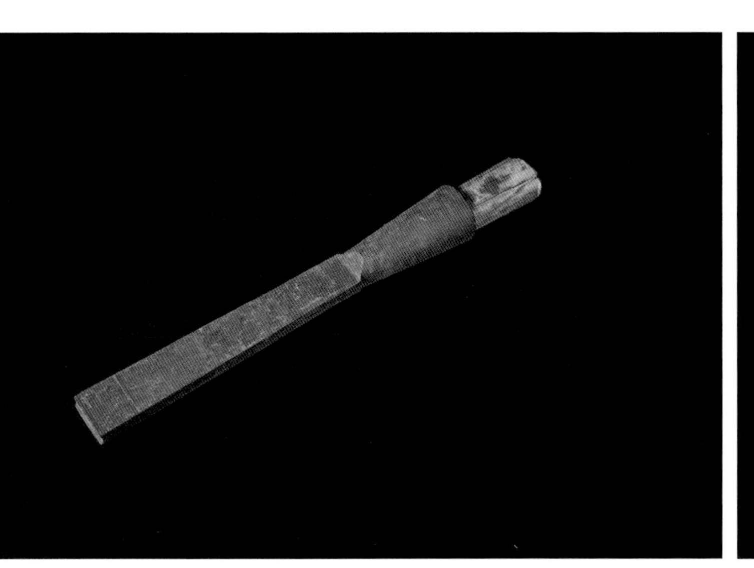

▲ 扎凿

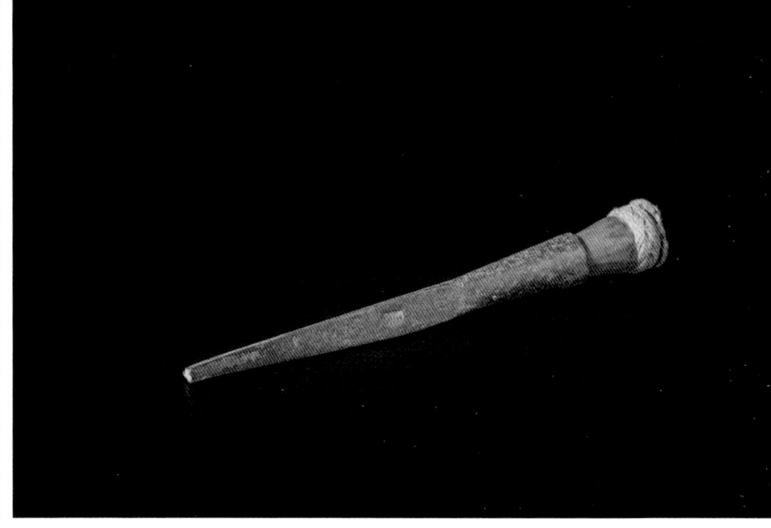

▲ 三角凿

三角凿

三角凿刃口呈三角形，左右两个侧边碾成锋面。它在清朝后期才被选用，主要用来凿三角形凹坑，常用于细木作和木雕。

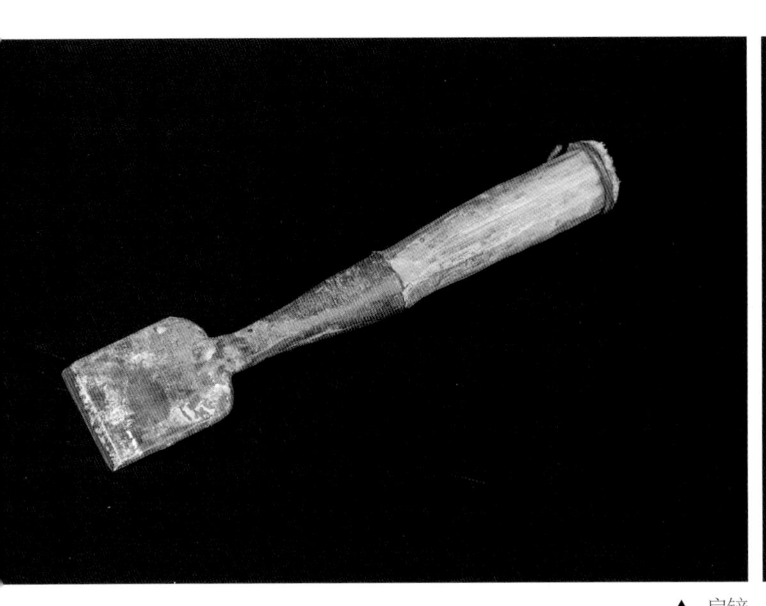

▲ 扁铲

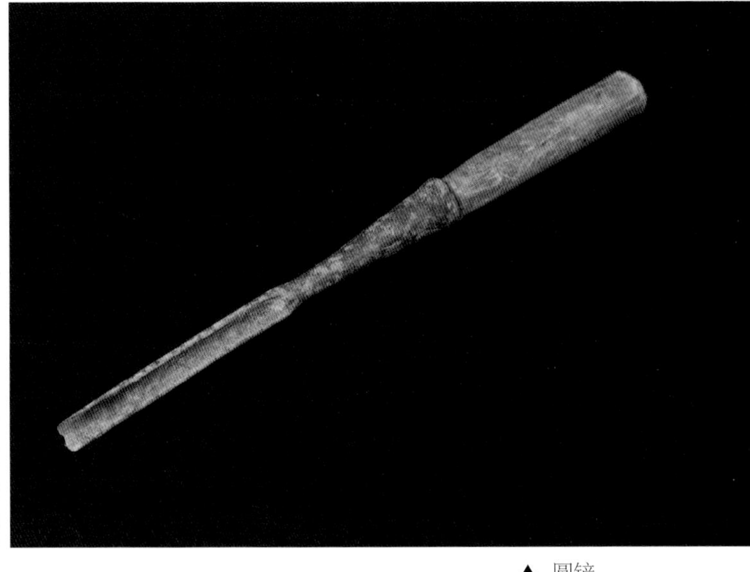

▲ 圆铲

铲

木工用的铲和凿往往具有一定的相似性和通用性，两者混用的情况也比较多。就使用地区而言，日本的木匠多用“铲”，主要是源自中国唐代“铲”的普遍使用，而中国的木匠多用“凿”。“凿”一般要配合其他捶打工具使用，是锤击加力；而“铲”的手柄也较凿长一些，是手推加力，可以独立使用。形制方面，“铲”的刃面较大，也更锋利，在去料、削平作业中更有优势，因此在木雕、家具、窗花制作中常用“铲”；而一般木作，挖孔、开卯多用“凿”。

▼ 皮绳拉钻

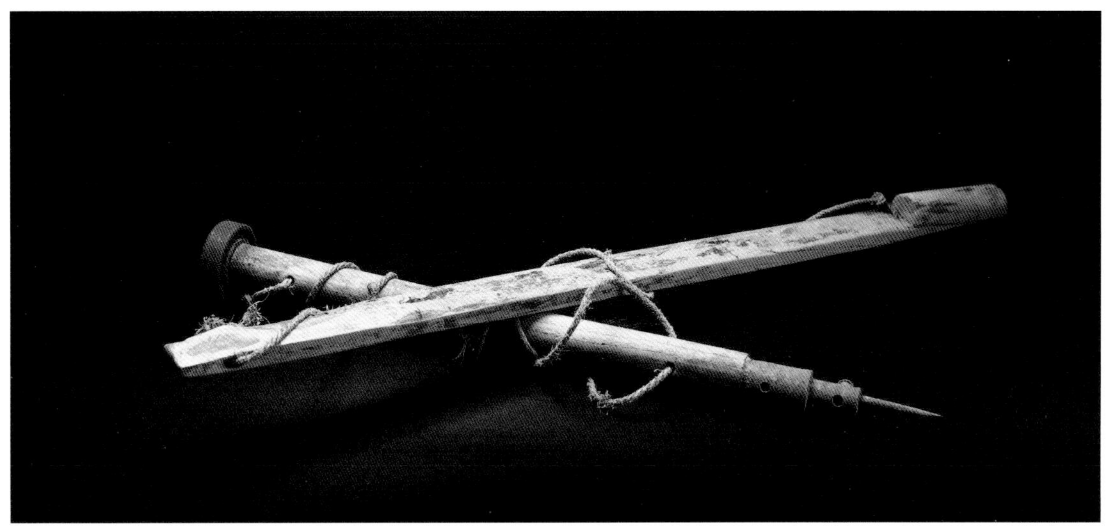

▲ 麻绳拉钻

拉钻

拉钻由握把、钻杆、拉杆和牵绳等组成。上端部制有圆榫，方便与握把配合；握把内有圆孔，用两瓦状竹片与钻杆顶部圆榫相接，可自由转动；拉杆两端有固定牵绳用的孔。使用时，左手拿住握把，右手拉动拉杆，因事先缠绕在钻杆上的牵绳被拉动后，通过牵绳与钻杆之间产生的摩擦力，带动拉杆的往复拉动，从而起到钻孔的作用。

午钻

午钻也叫“舞钻”“砣钻”，是常用打孔工具。其形制是一根圆钻杆，顶端有一固定的圆形大小木轮，其作用是储存转动惯量，保证圆钻杆的转动有力。圆钻杆下端可安钻头。圆钻杆套入一根压杆，压杆两端各拴一根细皮绳，两根细皮绳固定圆钻杆上。使用时，转动压杆，细皮绳便缠绕在圆钻杆上，再往下压按压杆，细皮绳便会带动圆钻杆旋转，最终完成打孔。

▼ 午钻

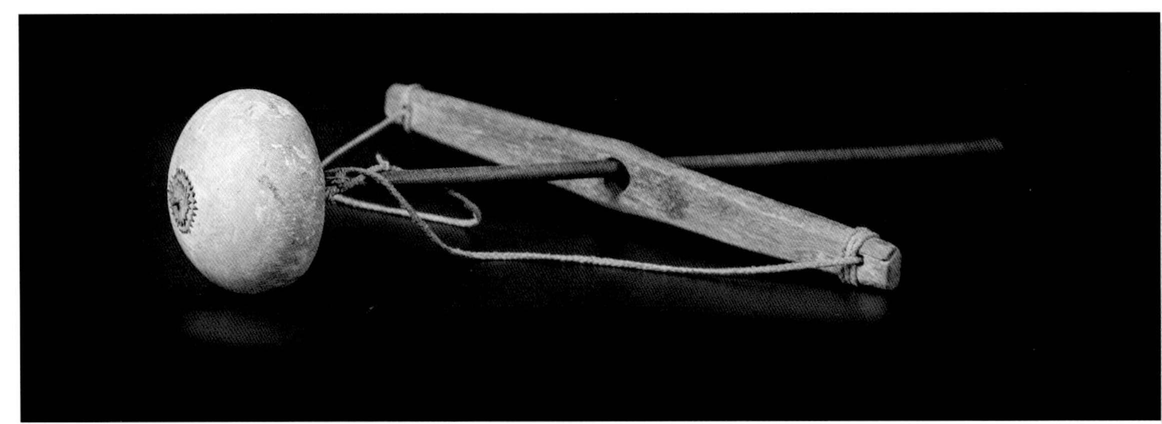

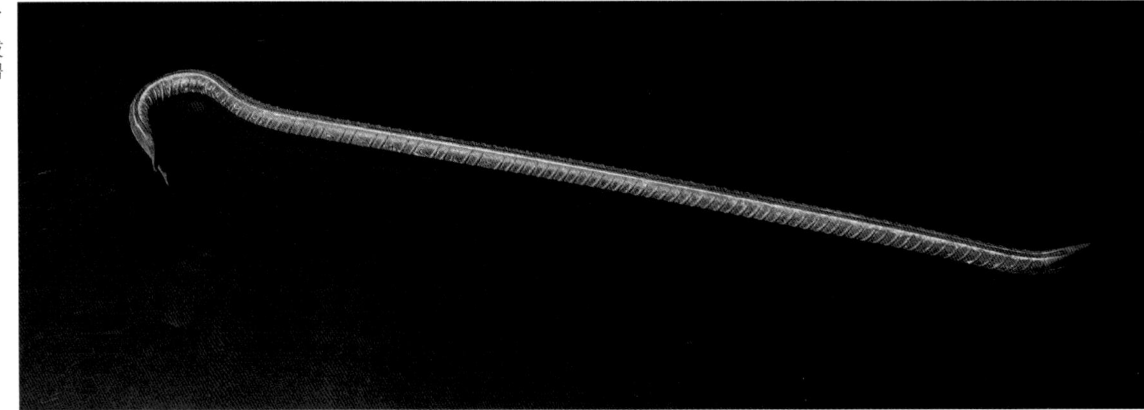

▶ 拔撸

拔撸

拔撸是一种俗称，属于撬棍的一种，是利用杠杆原理撬动较大木料和起大钉用。与一般撬棍一头平、一头尖不同，拔撸一头平、一头弯曲并有类似羊角锤的分叉，用于起大钉。

▼ 麻花钻

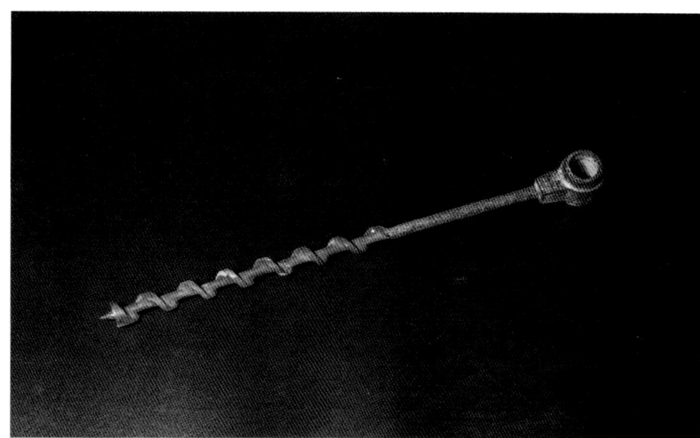

▲ 带木把麻花钻

▲ 麻花钻钻头特写

麻花钻

麻花钻也叫拧钻，主要用于大木料的钻眼。一般用于房框架，如制作檩条扣眼、梁顶夹板钻眼上拧螺栓，形成“叉手”。

在没有机械助力的年代，过去使用麻花钻钻孔是极费力的，因此有“木匠出汗，砍锛转钻”一说。

第六篇

木雕工具

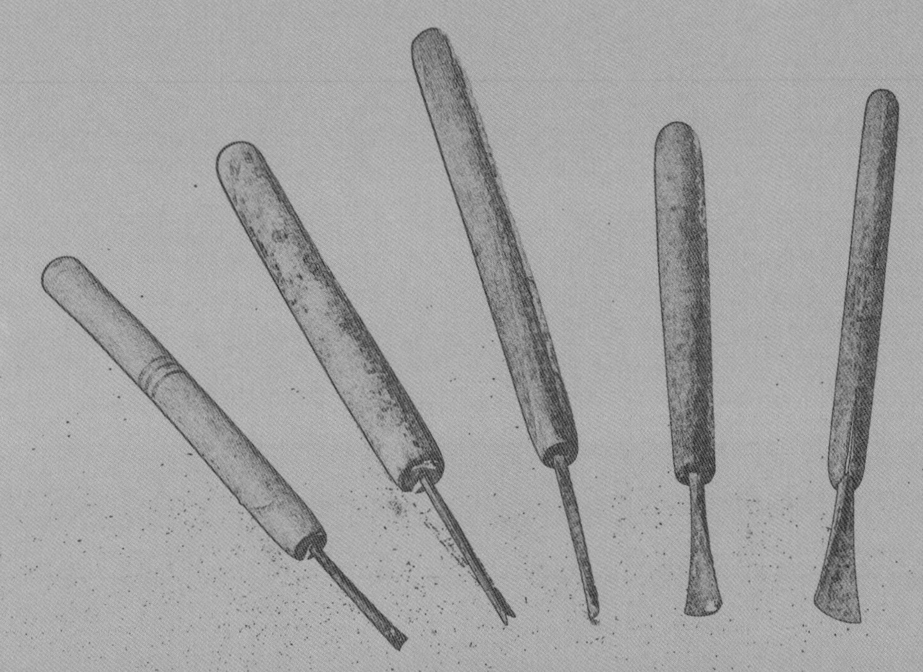

木雕工具

木雕与建筑是密切联系的，中国木雕技术起源较早，远在金、石雕刻之前。在七千多年前的浙江余姚河姆渡遗址中就发现了多件木雕器用，以后雕刻的范围不断扩大，从商代开始木雕不仅与漆器融合，并开始运用于棺椁、车具及生活器具上。据文献记载，周代的宫殿建筑多有雕刻，但仅限于周天子，后代逐渐逾制，直到汉魏时期，建筑木雕才“飞入寻常百姓家”。春秋战国时期雕刻盛行，这一时期出土的案几、床及大量漆器即为证明，楚国木俑衣饰带有彩绘，施彩木雕标志着古代木雕工艺达到相当高的水平。唐代木雕工艺趋于完美，许多保存至今的木雕佛像，是古代艺术品中的杰作。木雕技术到了宋代，已发展惊人，大型的组雕、圆雕、浮雕、透雕等各类技法相当成熟，所雕刻的内容也是惟妙惟肖、生动逼真。唐宋两代许多保存至今的木雕杰作，具有造型凝练、刀法熟练流畅、线条清晰明快、赋彩华丽高雅的工艺特点，成为当今海内外拍场和艺术市场上的重器瑰宝。明清两代的木雕是最有代表性的，艺术水平达到了一个前所未有的高峰，这一时期形成了以地域为中心的木雕流派。除此之外，微雕技法也在《核舟记》《核工记》等文学作品和历史文献中记载详尽。木雕工具主要包括：测量工具、凿坯工具、修光工具等。

第二十二章　测量工具

木雕的测量工具，主要有墨斗和各种尺等。

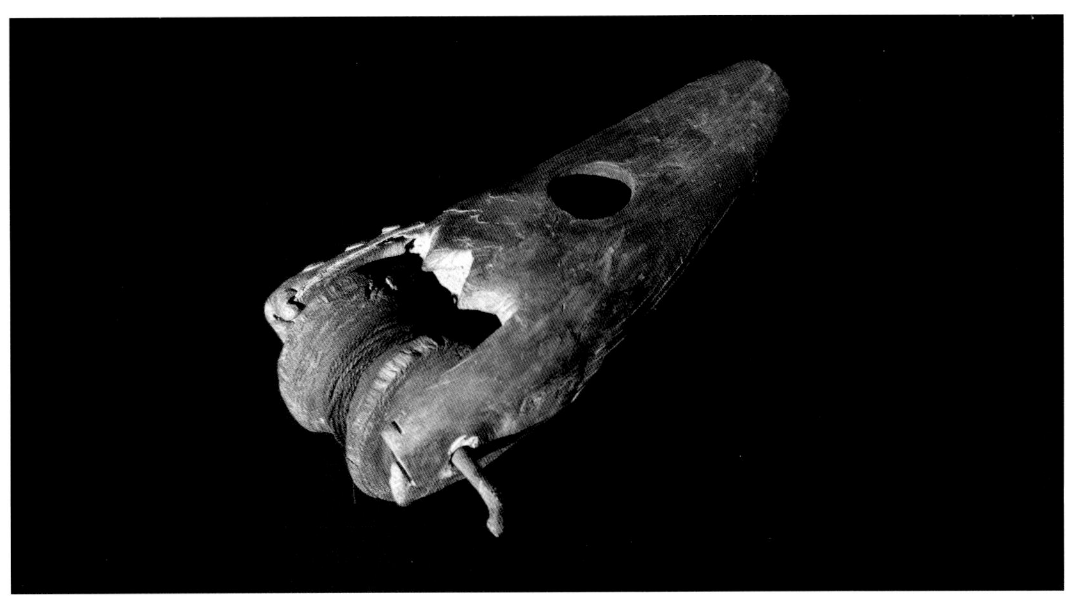

▲ 墨斗

墨斗

墨斗是中国传统木工行业中的常见工具，其用途有三个方面：①作长直线。方法是将濡墨后的墨线一端固定，拉出墨线牵直拉紧在需要的位置，再提起中段弹下即可。②墨仓蓄墨。配合墨签和拐尺用以画短直线或者做记号。③画竖直线（当铅坠使用）。

三角尺、拐尺、卷尺

拐尺与三角尺是木匠常用的量具之一，木雕师傅一般在取料时会用到量具，先用尺子测定一下木材的大小，然后或画样或开凿打坯，又或者根据原有的图稿去取材。卷尺是现代常用的量具之一，用以测量长度。

▼ 三角尺

▼ 卷尺

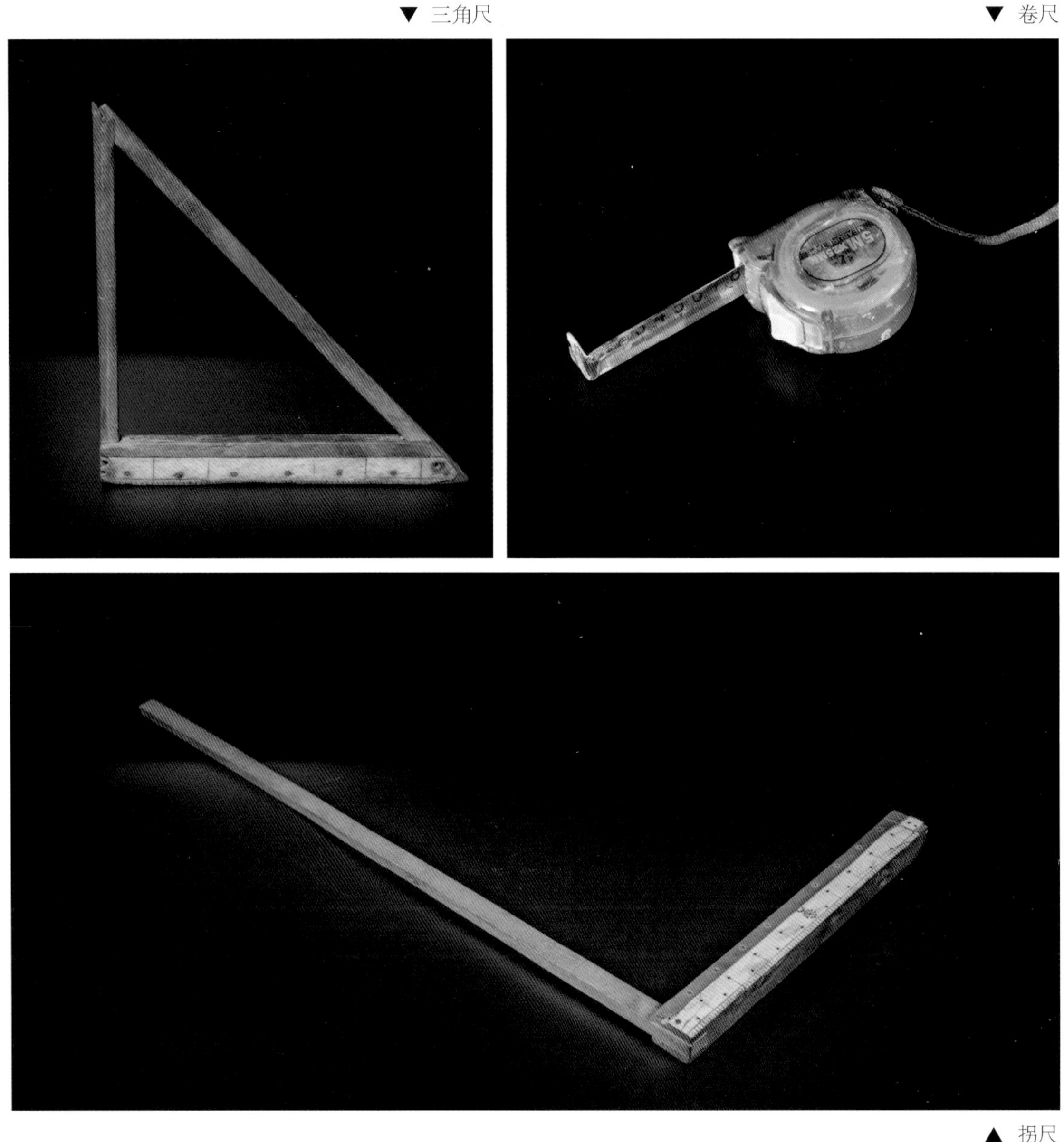

▲ 拐尺

第二十三章　凿坯工具

木雕工艺的第一步是凿坯，也叫打坯。打坯其中也包括了选料、画样、平底、凿坯等环节。打坯是整个木雕工艺环节中最基础也是最重要的一步，坯样决定了整个作品的走向、风格及艺术水平，它集合了木雕师傅对作品的整体构思与规划。过去一些大、中型的工艺品厂，打坯一般由经验老到的师傅来操作，修光一类的细活则由女工来做，因为打坯着重力道、手法和构思，修光需要细腻、耐心与滑爽。

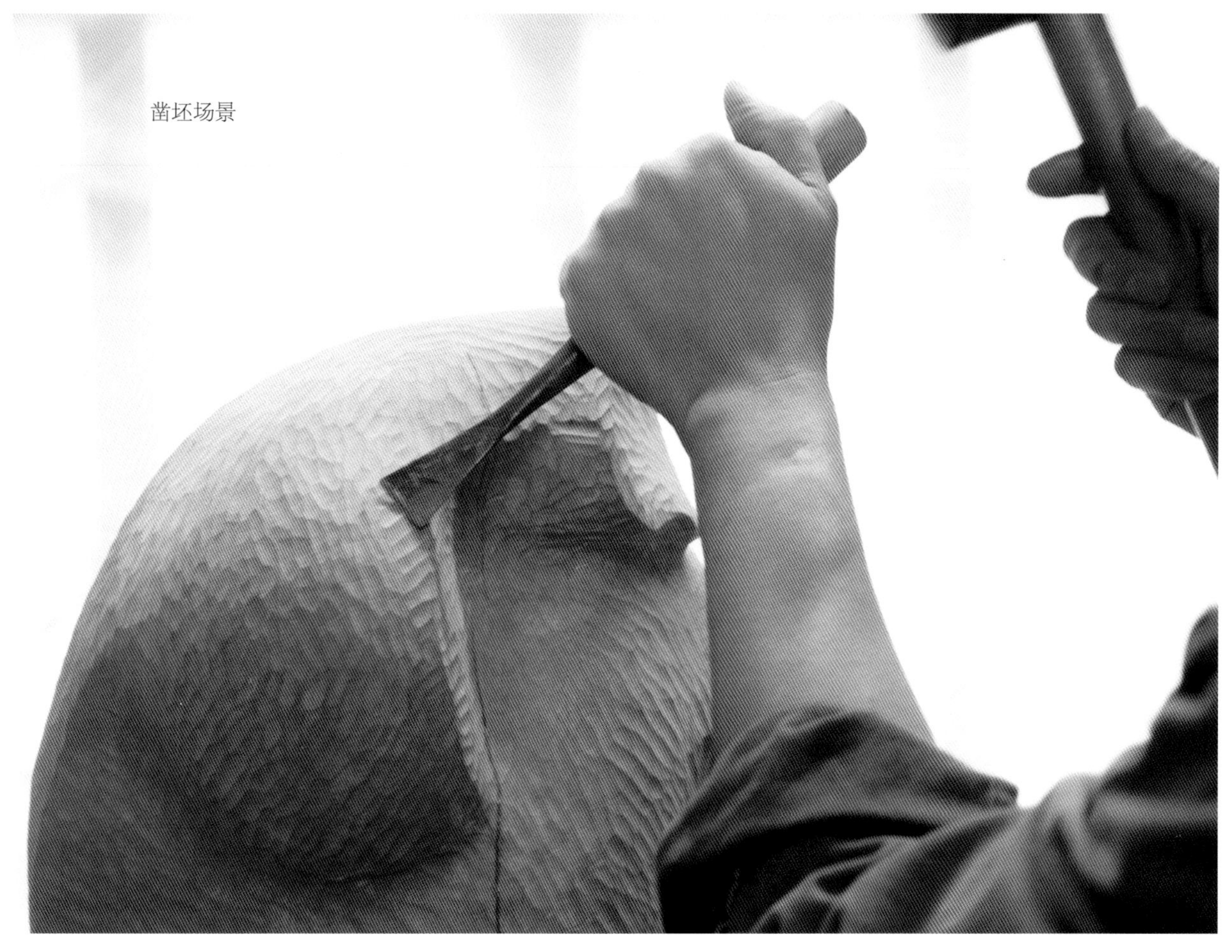

凿坯场景

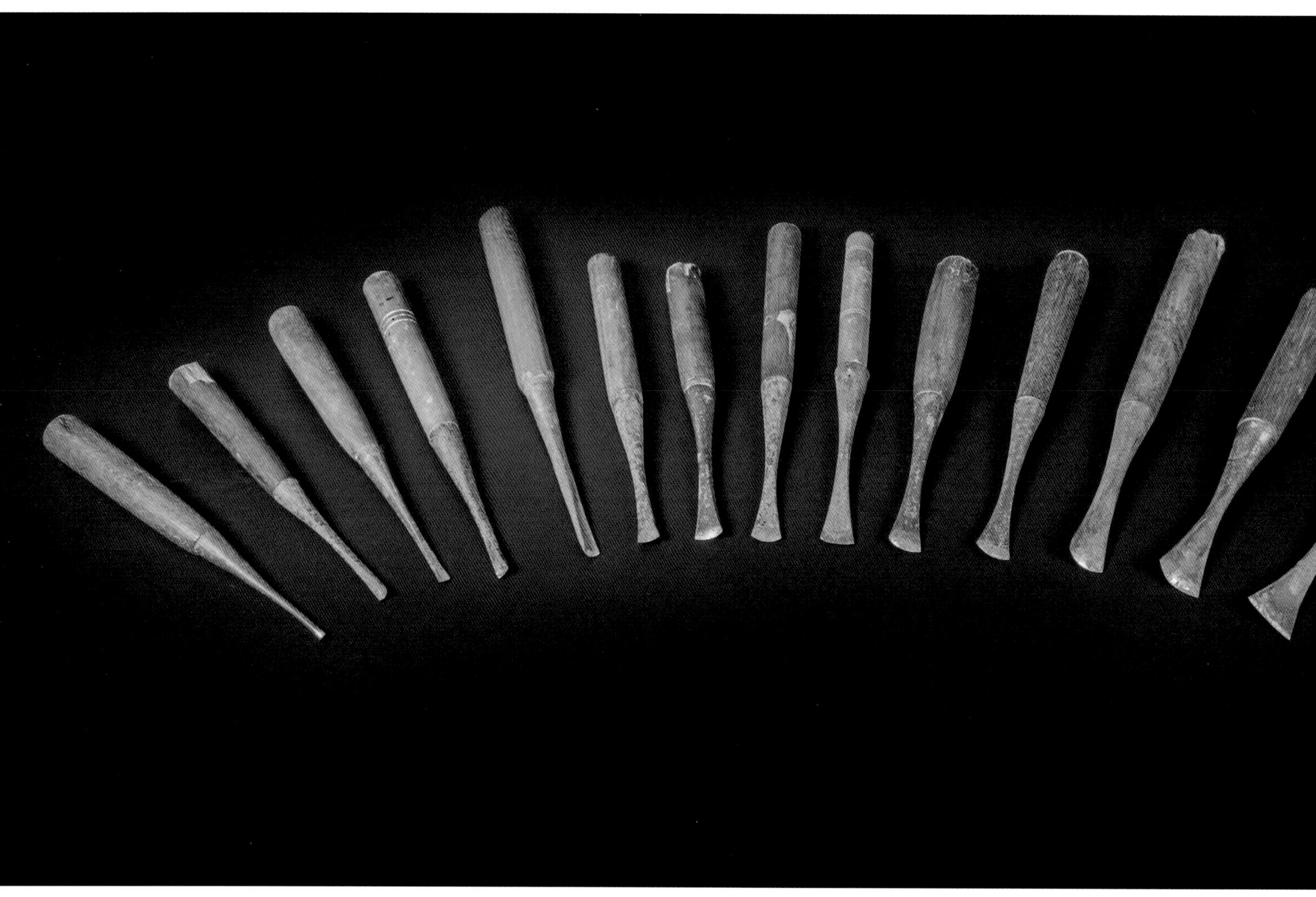

▲ 不同型号的毛坯刀

毛坯刀

毛坯刀也叫“打坯刀”“坯刀”。多配合锤子、木板使用，也可以直接手持，是一种对木材进行削减的工具。主要用于雕刻坯样，木雕师傅一般按刃口进行分类，主要有：平凿、圆凿、斜凿等几类。

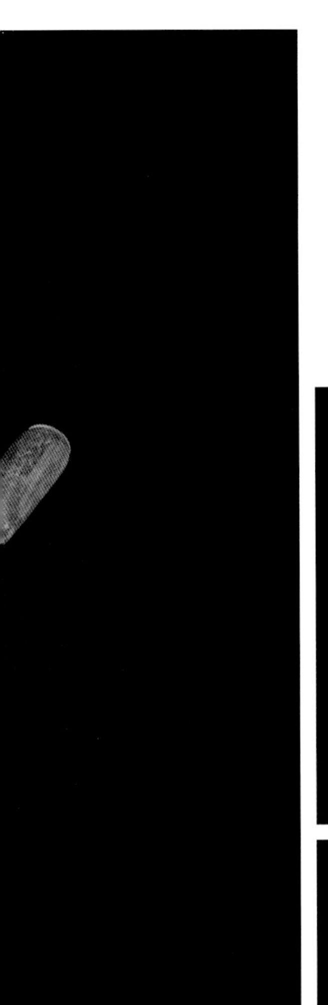

磨刀石

▼ 磨刀细石

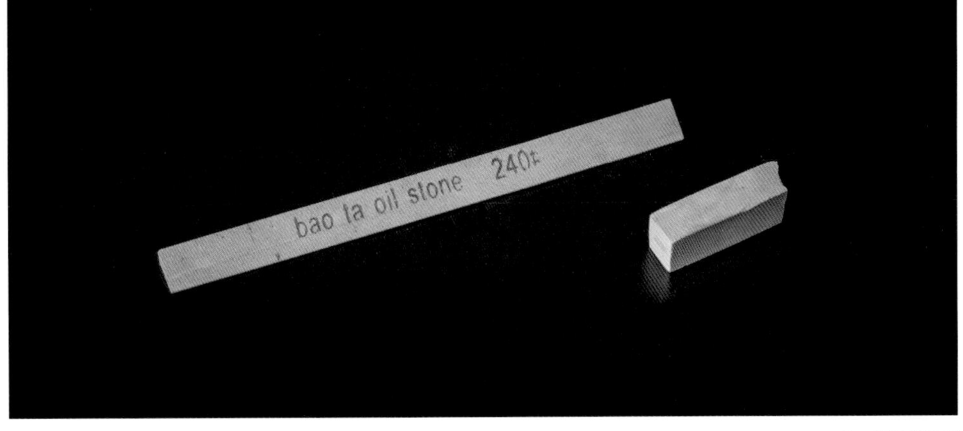

▲ 磨刀粗石

磨刀石是打磨刀具的磨石，一般是砂岩制成。木雕刀具其刃口种类较多，且每种刃口的刀，从大到小又有多种型号，所以不同的雕刻刀有不同的磨法，一般是平刀、斜刀前后磨；圆刀左右滚磨。磨刀石也分粗细不同型号。

凿粗坯

掘细坯

▲ 凿粗坯场景

▲ 掘细坯场景

一件木雕的正式开始创作，要从打坯开始，而打坯也常常分为打粗坯和掘细坯两步。粗坯是整个作品的基础，它以简练的几何形体概括全部构思的造型，要求做到有层次、有动势，比例协调、重心稳定、整体感强，初步形成作品的外轮廓与内轮廓。掘细坯要先从整体着眼，调整比例和各种布局，然后将具体形态逐步落实并成形，要为修光留有余地。这个阶段，作品的体积和线条已趋明朗，因此要求刀法圆熟流畅，要有充分的表现力。

▲ 敲槌

敲槌

木雕中敲槌常与坯刀配合使用，用来敲打坯刀进行凿坯。敲槌质地较轻，因此更为灵活轻便，更好掌控力度。深凿时，可用敲槌的上下面进行敲打；轻凿时，可改用侧面轻敲。

▲ 不同型号的圆刀

圆刀

圆刀，刃口呈圆弧形，多用于圆形和圆凹痕处，在雕刻传统花卉上有很大用处，如花叶、花瓣及花枝干的圆面都需用圆刀适形处理。

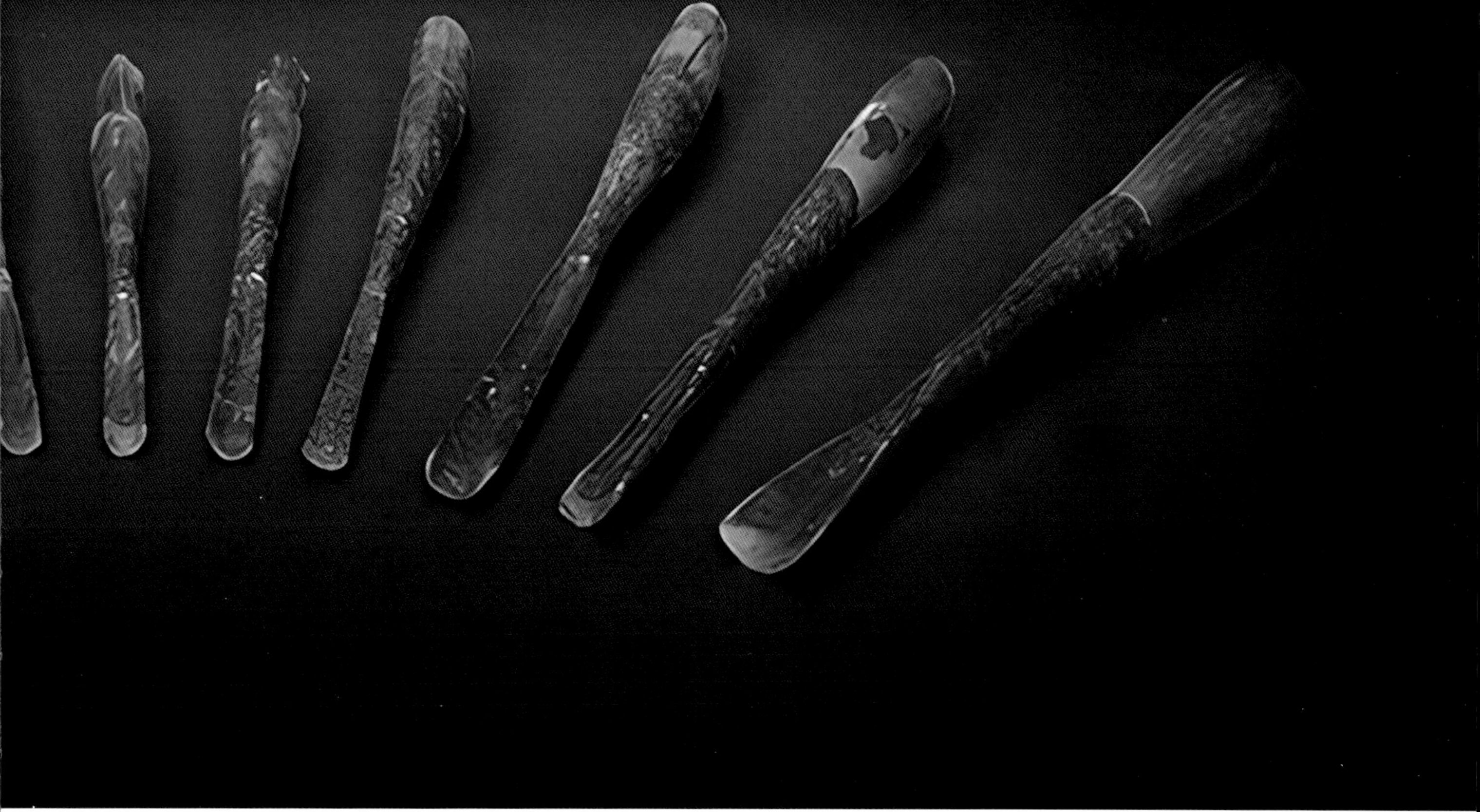

正口圆刀

圆刀有正反之别，斜面在槽内、刀背呈挺直的为正口圆刀，它吃木比较深，最适合做圆雕，尤其是在出坯和掘坯阶段。

▲ 正口圆刀

反口圆刀

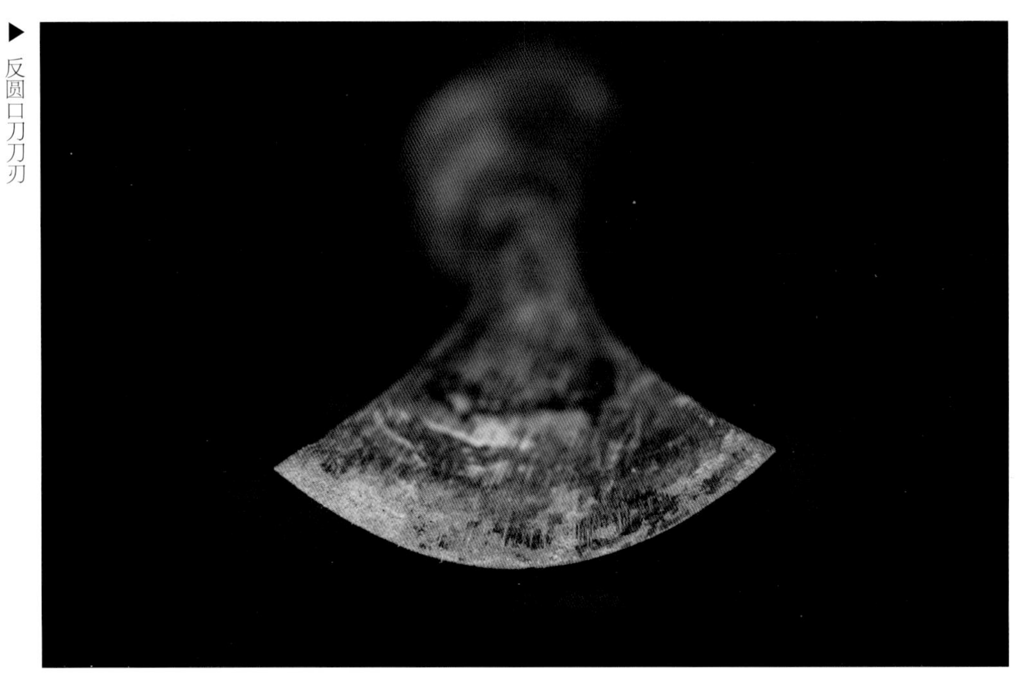

▶ 反圆口刀刀刃

斜面在刀背上，槽内呈挺直的为反口圆刀，吃木比较深活，能平缓地走刀或剔地，在浮雕中用途更大。

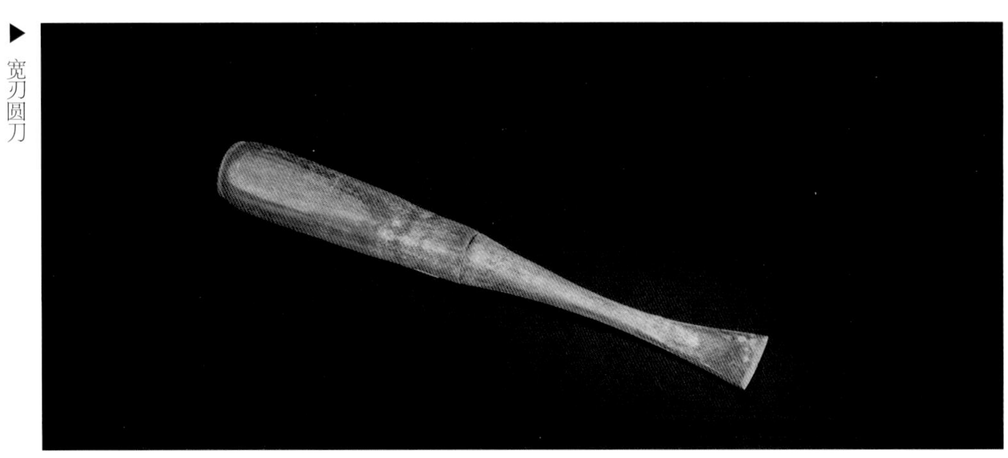

▶ 宽刃圆刀

附：圆刀雕琢法与排列法

▼ 大圆刀

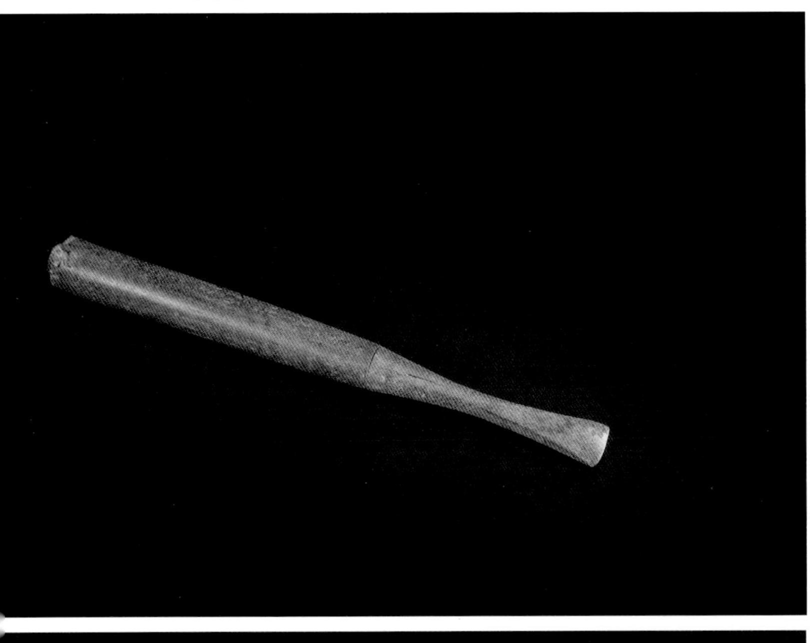

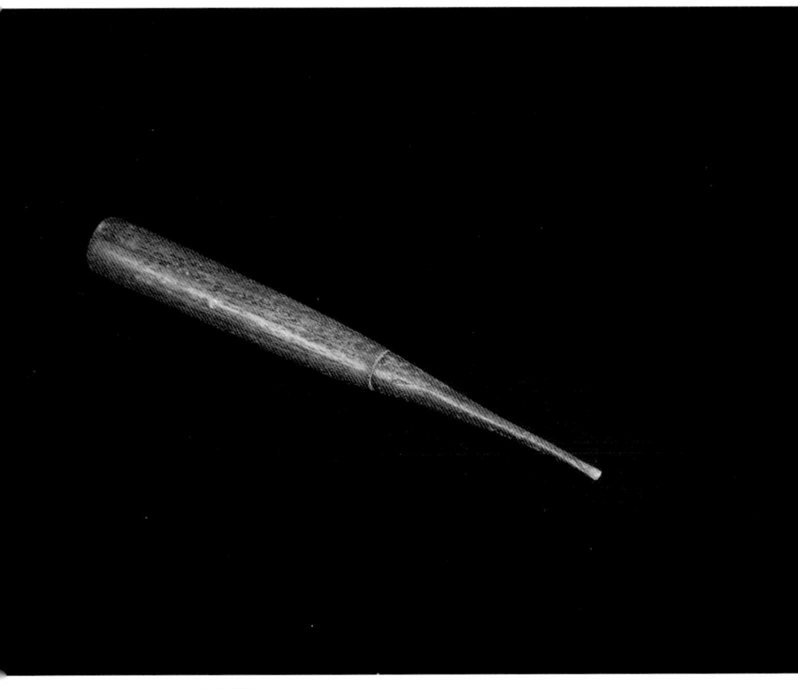

▲ 小圆刀

▼ 使用圆刀雕刻场景

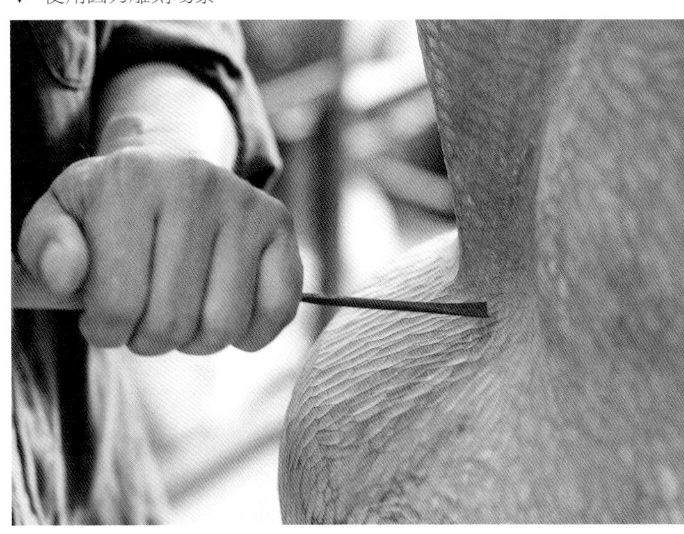

由于圆刀刀法不肯定，刻出的形体轮廓比较含糊，产生的凹凸感又比较清晰，所以很适合探索表现各种物体的质感和肌理效果，作为浮雕的底面处理，俗称“麻底子”，也是一种极好的起衬托作用的表现手法。圆刀雕琢法是以大大小小不规则的凹凸形成体积，并在表面造成自然、浑厚、拙朴的美感。倘若与平刀结合起来，一方面是光滑细腻，如人的皮肤；一方面是粗糙毛涩，如人的发鬓、衣饰等，那么两者会形成强烈的质感对比，使作品产生丰富有趣的表现力。

▲ 平刀组合

平刀

平刀，刃口呈平直，主要用于劈削铲平木料表面的凹凸，使其平滑无痕。型号大的用来凿大样，有块面感，运用得法，如绘画的笔触效果，显得刚劲有力，生动自然。平刀的锐角能刻线。

▼ 宽刃平刀

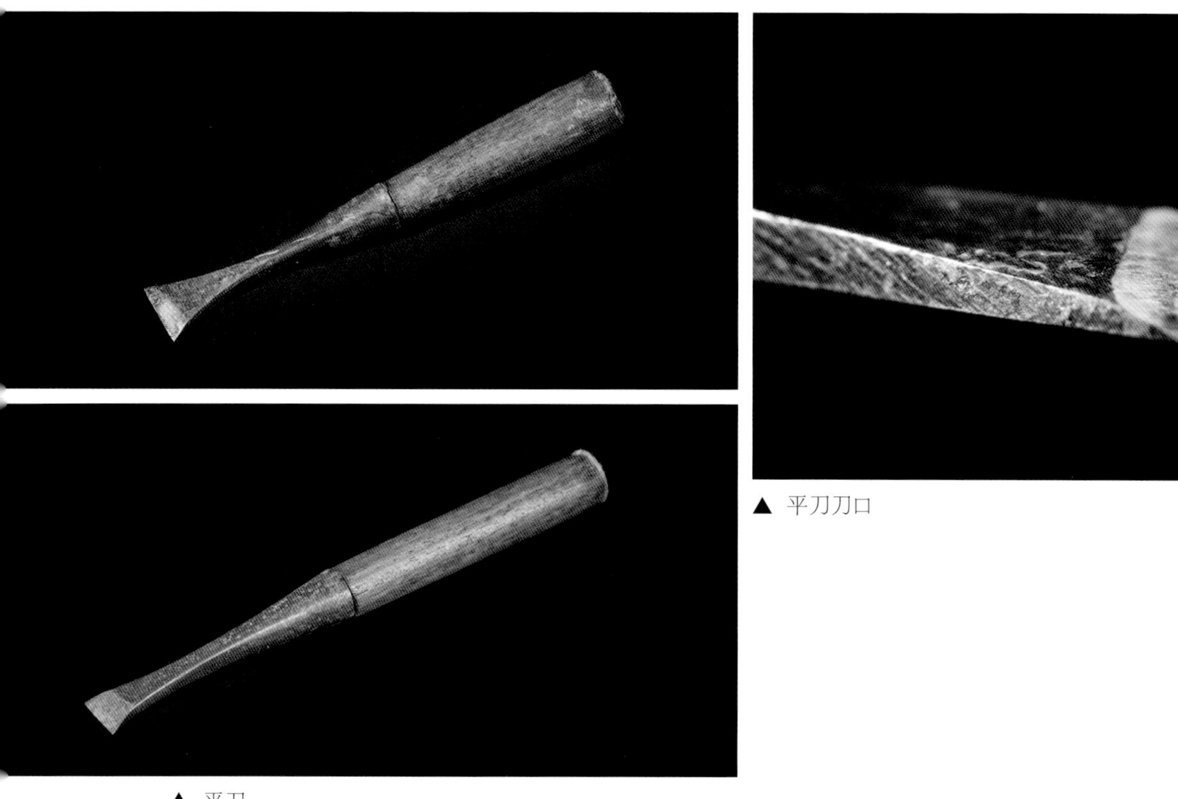

▲ 平刀刀口

▲ 平刀

附：平刀块面法

平刀块面法主要是在凿坯时用平刀大块面地切削出作品的轮廓和结构，使其产生粗犷有力的斧劈刀削感。平刀块面法的运用过程实际上也是用简单抽象的几何形体概括各种复杂形体的造型过程，因此对作者的造型基本功要求较高一些。平刀块面法可以结合圆刀的一些技法贯穿于雕刻的全部过程，以形成最后的艺术效果；也可以只运用在雕刻的初级阶段做大样的处理，然后再用其他刀法做由方到圆的细腻刻画。

▲ 斜刀刀口

斜刀

斜刀，刀口呈45° 左右的斜角，主要用于作品的关节角落和镂空狭缝处作剔角。如刻人物眼角处，斜刀更好用。

斜刀又分正手斜与反手斜，以适合各个方向。在上海的黄杨木雕中刻毛发丝缕通常使用斜刀，用扼、拧的方法运刀，刻出的毛发效果比用三角刀刻得更为生动自然。

刨、锛、斧、锯

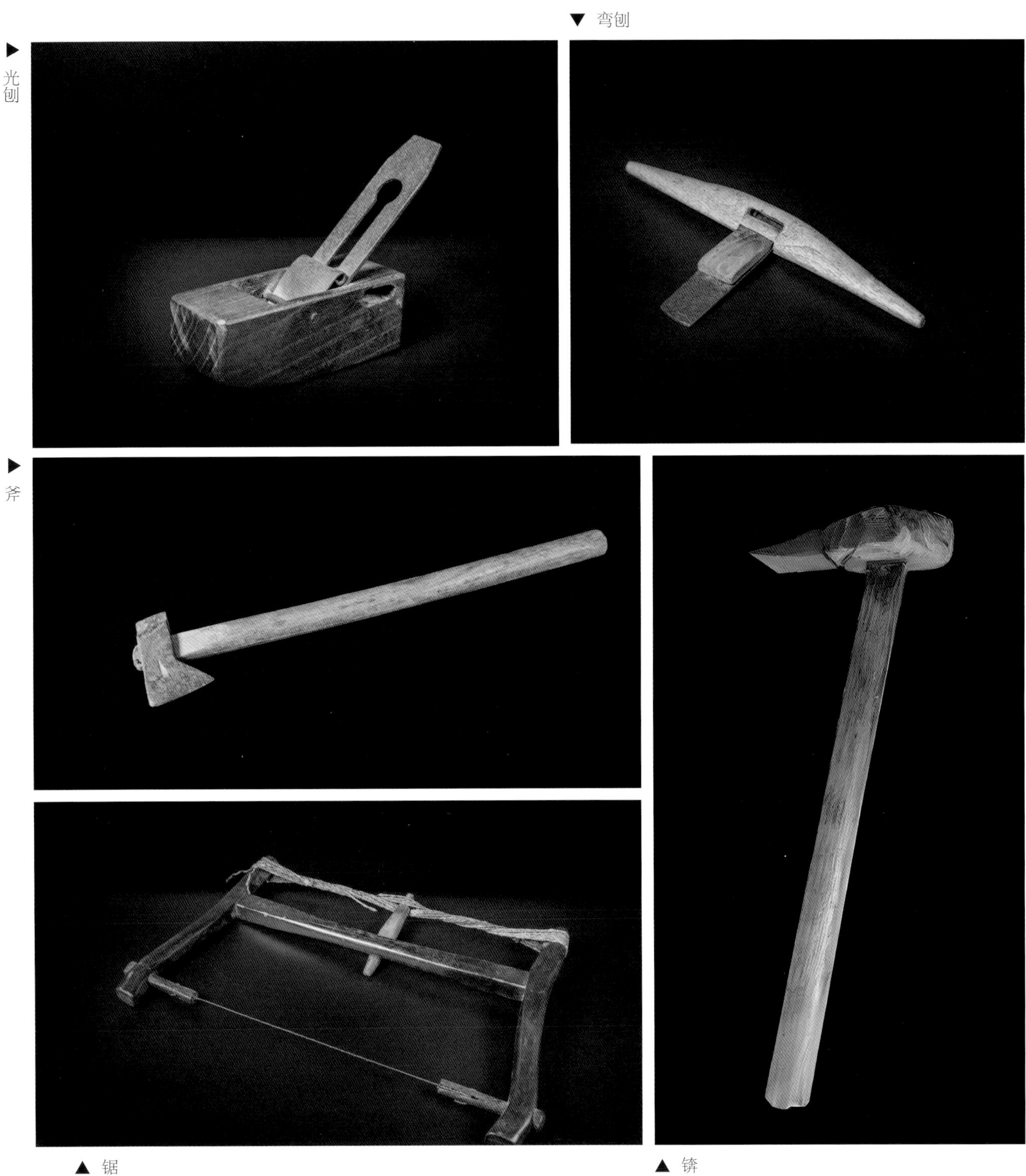

▼ 弯刨

▶ 光刨

▶ 斧

▲ 锯

▲ 锛

▶刀锯

选择合适的木料后，要根据雕刻的需要，对木料进行大块的删减处理，这就要用到斧、锯一类的解斫工具，这个时候主要是使木料成为适合雕刻、便于操作的大小及形状。

锛和刨都是平木工具，木雕在凿坯前，有时候需要进行平板处理，这就需要锛、刨这类的工具。需要平板的木雕，主要是浮雕、半浮雕或镂空雕。

第二十四章　修光工具

木雕的第二步是“修光”，修光也叫“出光”，可以简单地理解为对作品的进一步精细加工，比如人物的毛发、衣饰，叶片、花瓣的纹理、脉络，房屋的门窗、瓦片，水流的波纹等；总的来说，就是运用精雕细刻及薄刀法修去细坯中的刀痕凿垢，使作品表面细致完美。这一步就需要用“修光刀”进行。

▲ 修光刀雕刻场景

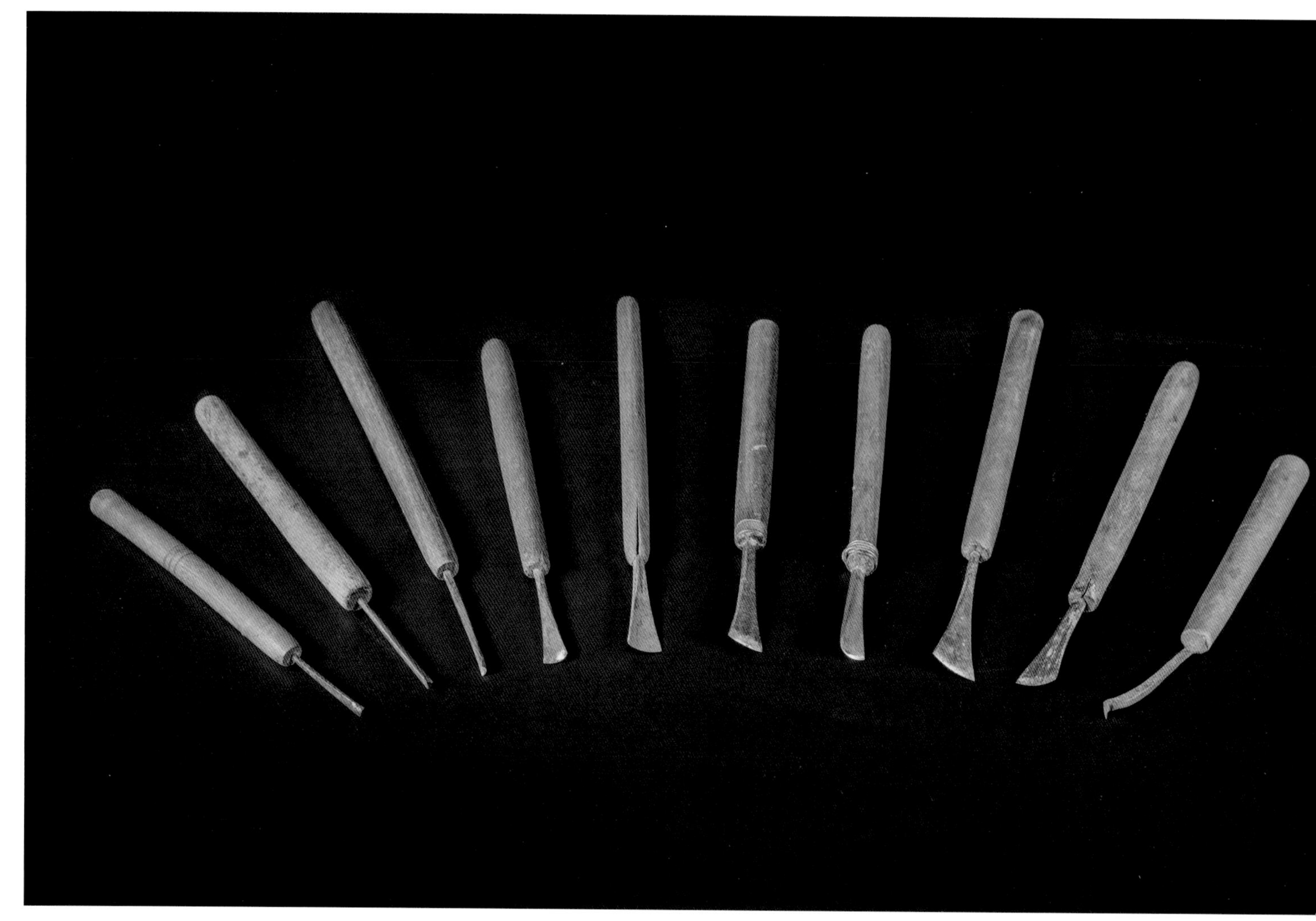

▲ 修光刀组合

修光刀

修光刀是对木雕坯样进行精细雕刻的一种雕刻刀，俗称“光刀”。它形似传统的钻杆，其木柄部分较长，便于持握，刀头安装在木柄内。其刃部较薄，也较为锋利，一般直接手握即可。按其刃部分类，主要有：圆刀、平刀、斜刀，其作用与坯刀类似，只不过坯刀主要用来出样，光刀进行细部刻画。其型号也有大小不同。

▼ 修光圆刀刀刃

▼ 修光圆刀组合

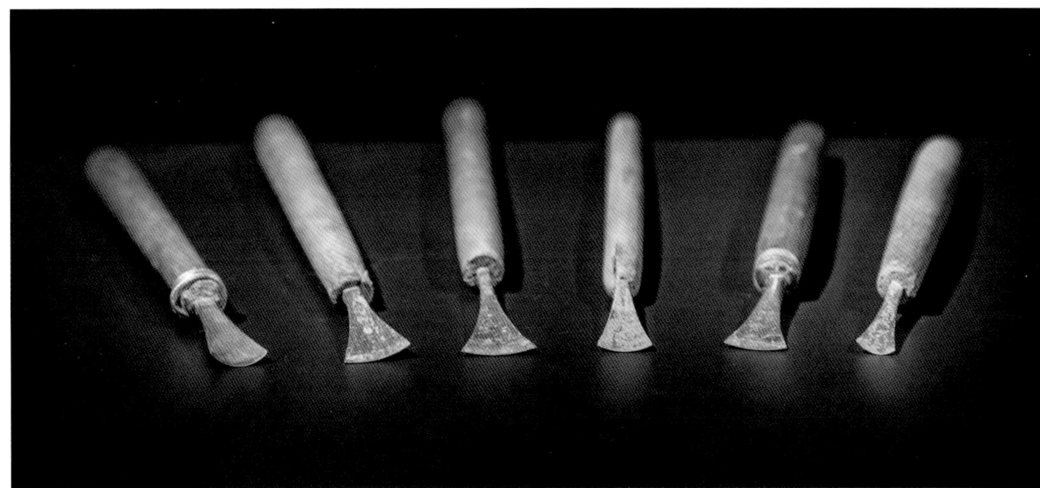

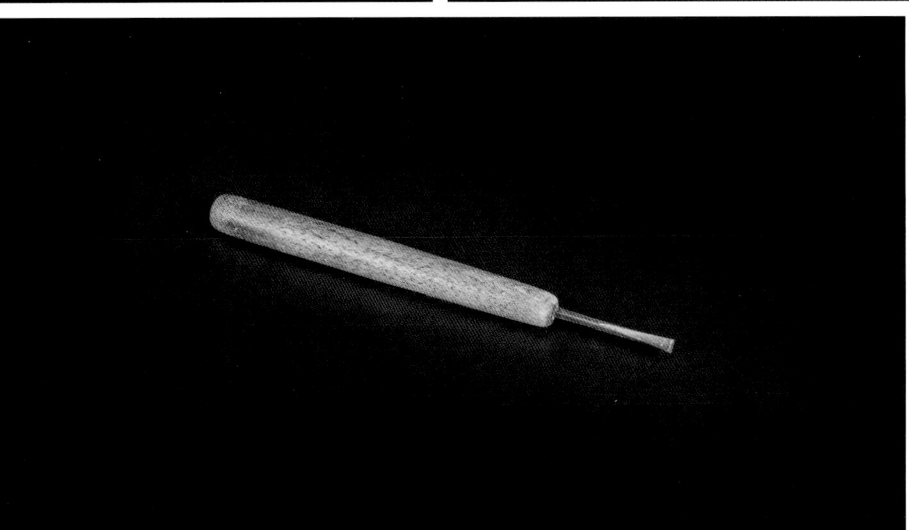

▲ 修光小圆刀

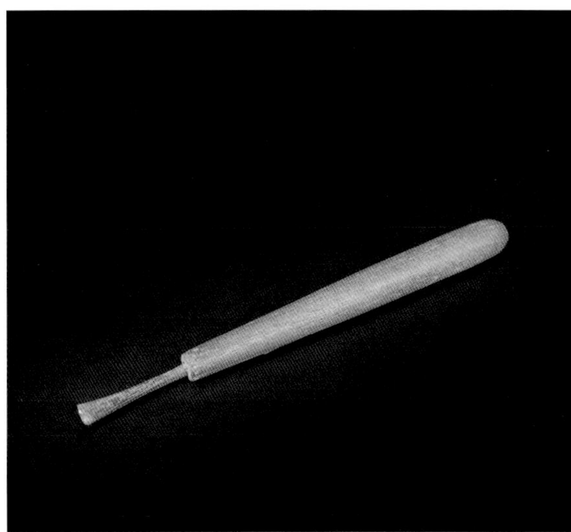

▲ 修光中圆刀

修光圆刀

修光圆刀，与圆坯刀作用类似，主要处理圆弧类的线条，如花瓣、叶片等，还可以雕刻动物的鳞片，如龙鳞、禽类腿部鳞状肌理等。

▼ 修光平刀组合

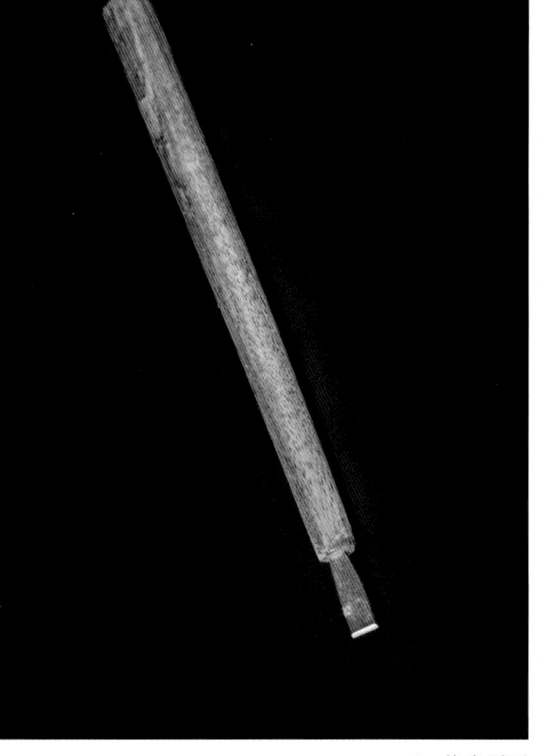

▲ 修光平刀

▲ 修光平刀使用场景

修光平刀

平刀修光主要是对块面、线条的处理，简单说来，就是利用平刀的刃部，使该深的地方深下去，该平的地方修整平滑，使雕刻内容呈现凹凸有致的立体感、层次感。

▲ 修光斜刀

修光斜刀

斜刀主要用于剔角和刻自由弧线用，如花瓣、叶片的脉络。雕刻人物时的“开脸”，斜刀雕刻眉眼角也比较好用。

▶ 玉婉刀

玉婉刀

玉婉刀，俗称“和尚头”“蝴蝶凿”，刀口呈圆弧形，是一种介乎于圆刀与平刀之间的修光刀，分圆弧和斜弧两种。在平刀与圆刀无法施展时，它们可以代替完成。特点是比较缓和，既不像平刀那么板直，也不像圆刀那么深凹，适合在起伏凹面上使用。

▼ 小锄刀刀头

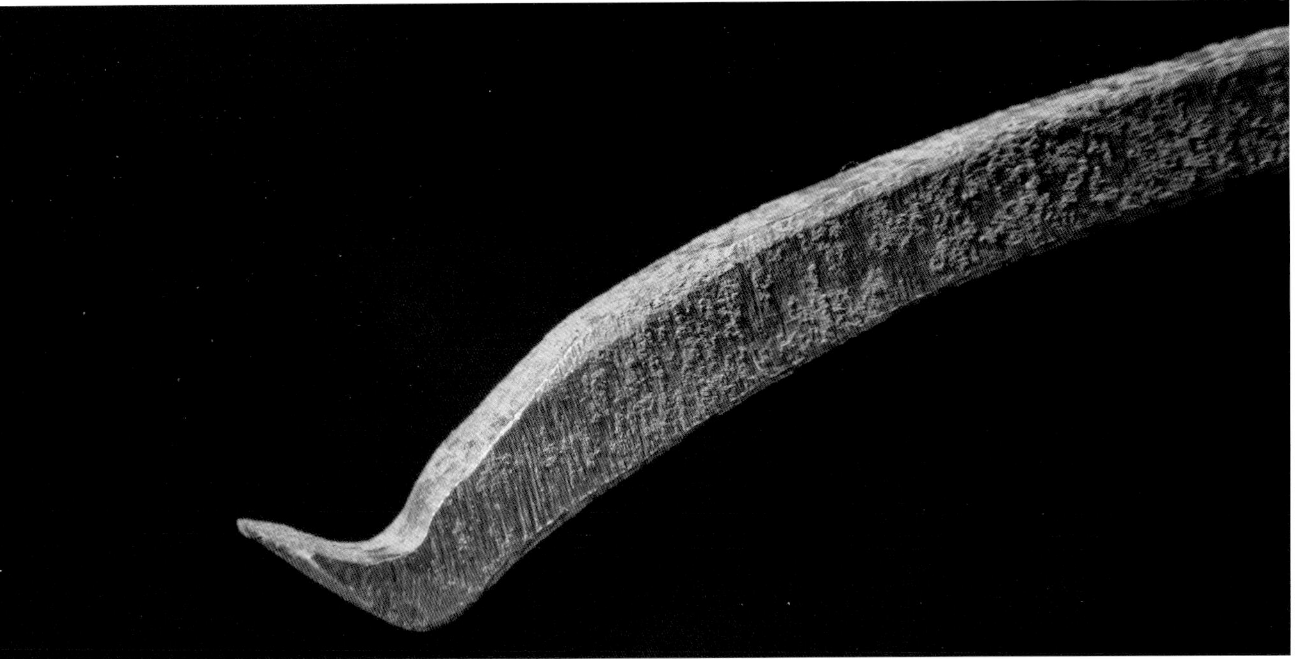

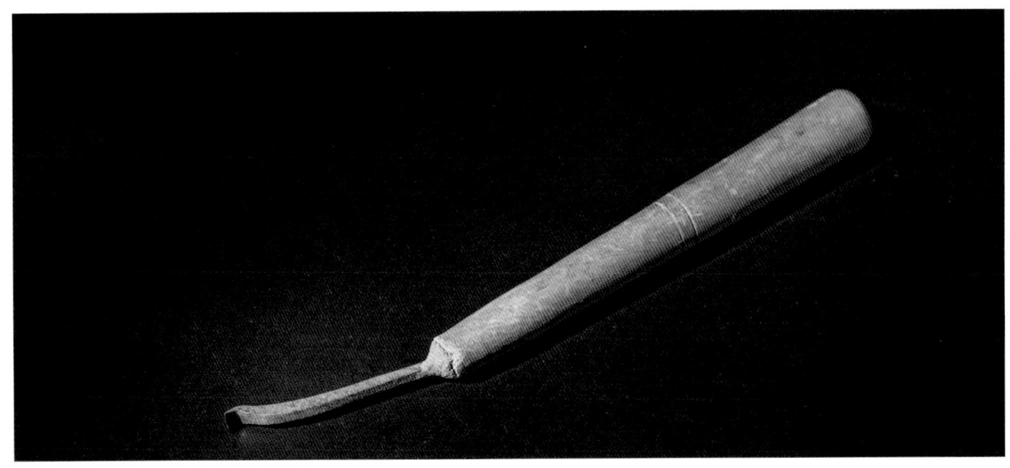

▲ 小锄刀

小锄刀

锄刀，是修光刀的一种，主要用于深雕、处理底部等，一般刻1~3cm深。过去雕刻屏风、门窗，常常用到这种锄刀，因体型较小，俗称“小锄刀”。浮雕、镂空雕常用到小锄刀。

▼ 中钢刀（一）

▼ 中钢刀（二）

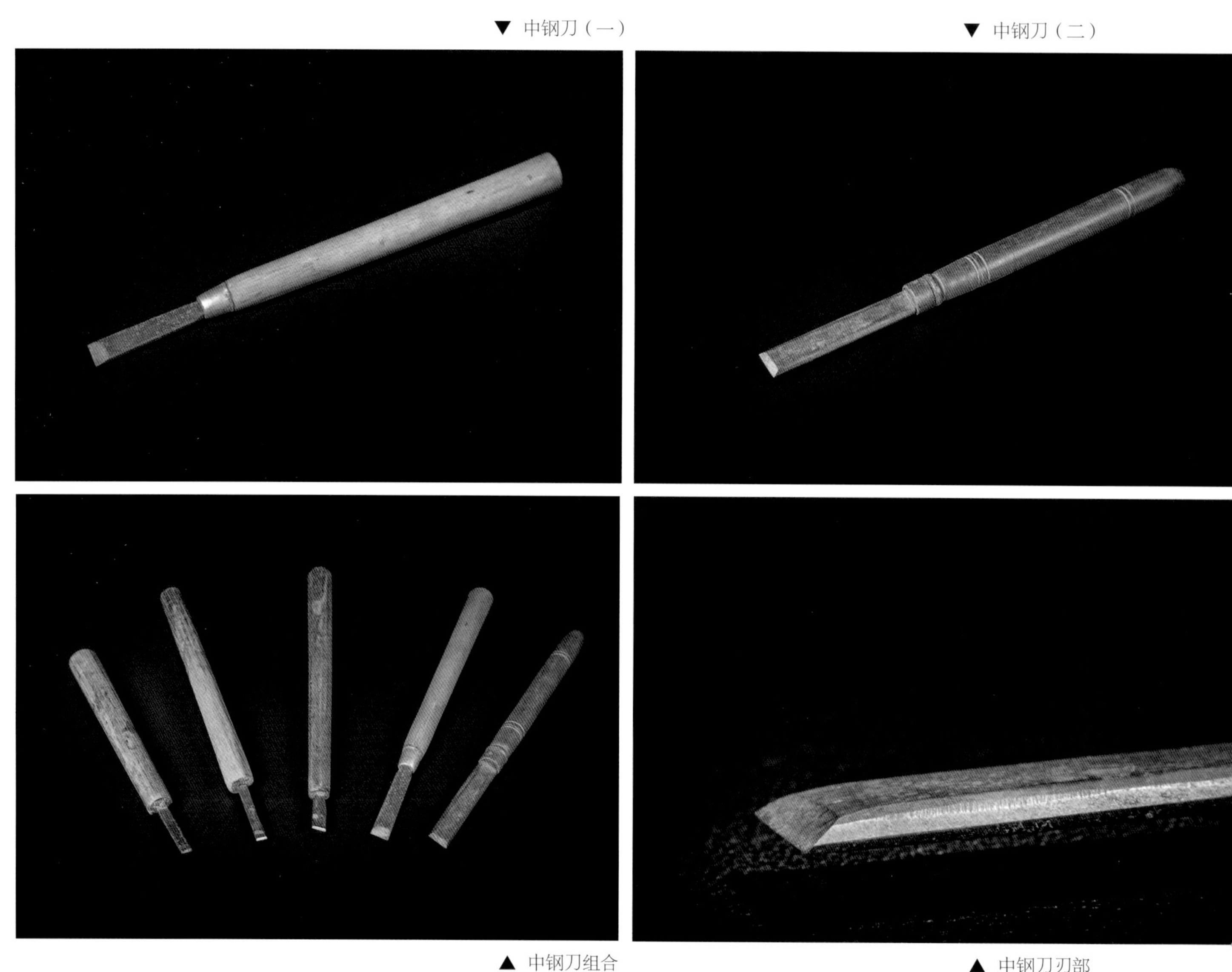

▲ 中钢刀组合

▲ 中钢刀刃部

中钢刀

中钢刀刃口平直两面都有斜度，也称“印刀”。传统雕刻认为：中钢刀锋口正中，用它打坯可保持锋正直往，使周围保留部分不受震动。中钢刀还用于印刻人物服饰及道具上的图案花纹。

▼ 三角刀刀头　▼ 三角刀

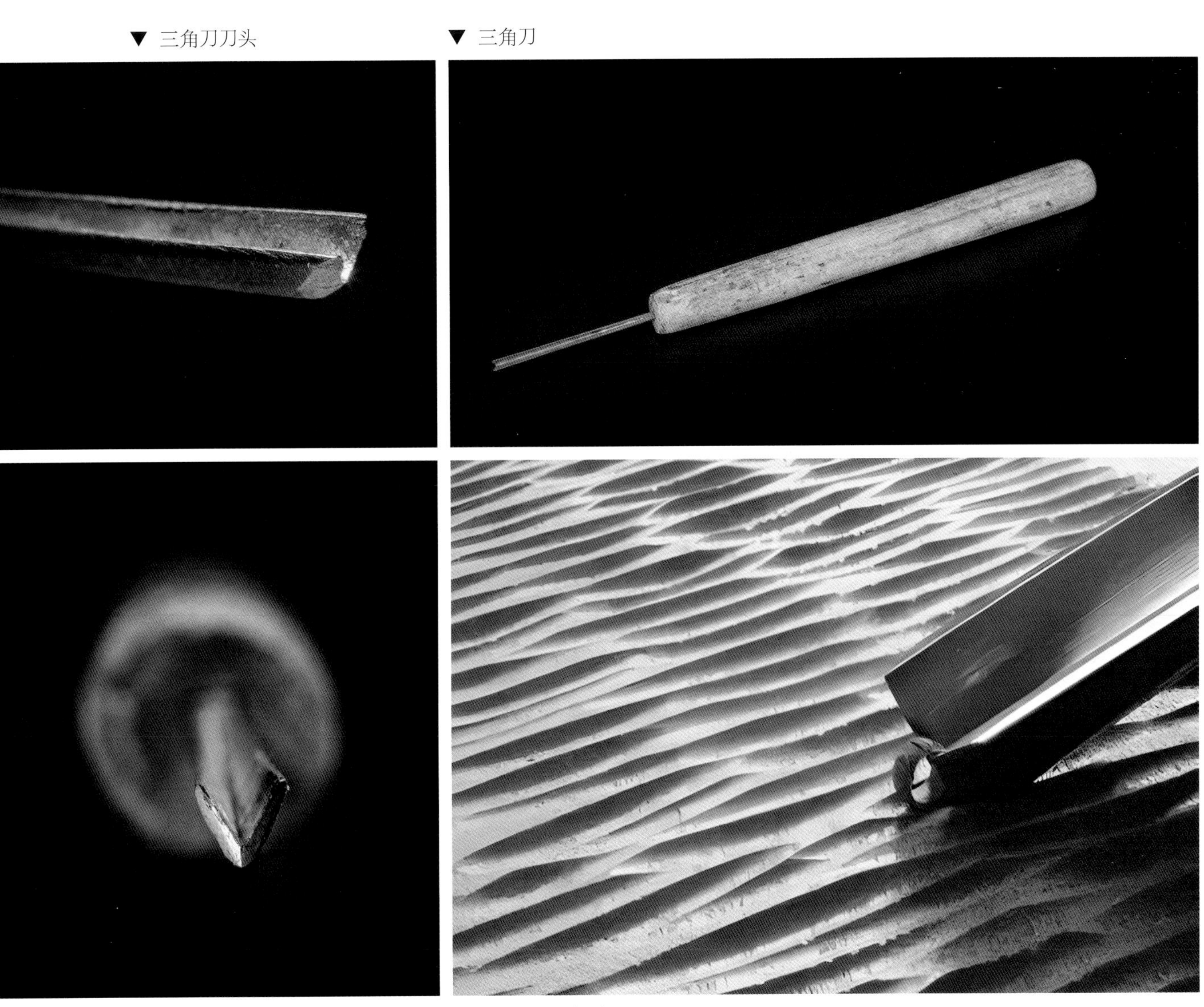

▲ 三角刀刀头（不同角度拍摄）　▲ 三角刀雕刻场景

三角刀

三角刀，也称“V形刀”，刃口呈三角形，因其锋面在左右两侧，锋利集中点就在中角上。在处理线条，比如松树松针、牡丹的叶尖、人物头发、衣服角等常使用三角刀。

▼ 右勾刀刀头

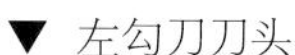

▼ 左勾刀刀头

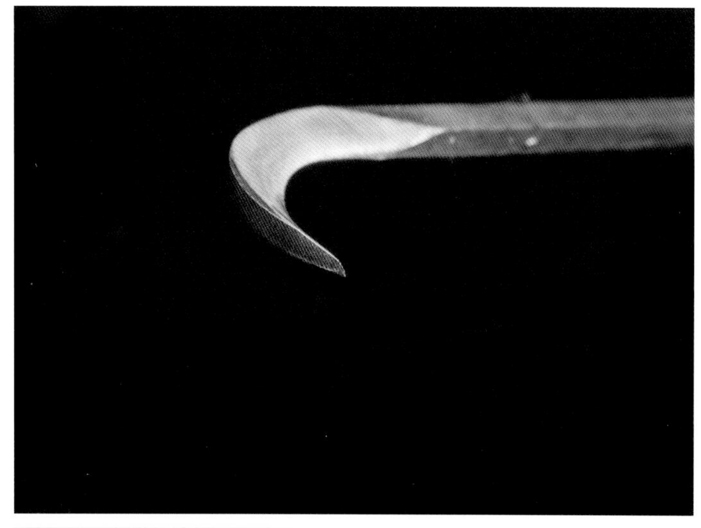

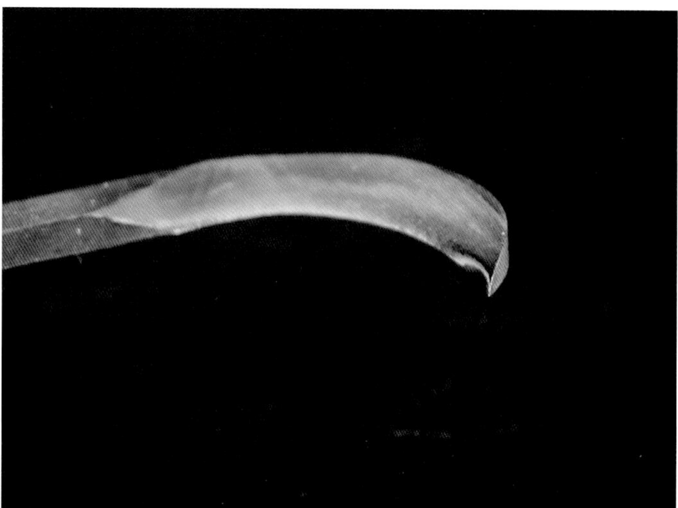

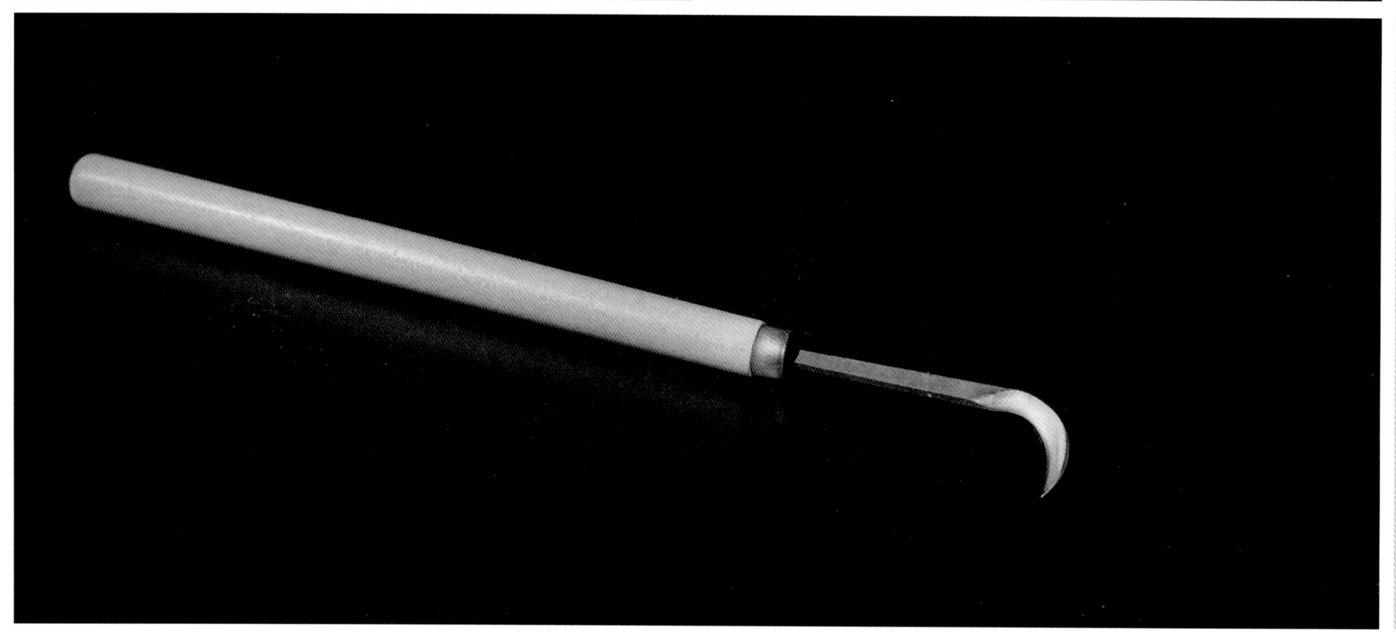

▲ 勾刀

勾刀

木雕“勾刀”，也叫“弯刀”，主要用来刮皮、剔地、刻线、勾缝，在处理圆弧状内容时也能用到。勾刀在根雕技艺中常常用到，因根雕材料一般是自然形状，不太规则，用来处理表皮、剜割去料比较方便，分左、右手，各一件。

▼ 木雕雕刻场景

▲ 使用雕刻刀进行雕刻场景

▲ 雕刻完成的木雕作品

◀ 雕刻完成的木雕作品

清代门楣花板

清代花斗拱

清代门楣花板细部

木雕画样，一般有两种方式。一种方式是将带有纹样或自画的画纸直接附着于木料表面，然后开始制坯雕刻，随着雕刻的进行，画稿不复存在，这就需要木雕师傅将图案了然于胸，做到心中有样；另一种方式是直接在木料上画样，古代一般用勾线笔、竹签蘸石墨粉、木炭等，后来用粉笔、铅笔，现在有的还用马克笔。当然，一些经验丰富的雕刻师傅“胸有成竹”，不需画样，也能做到下刀即刻。

第七篇

锔匠工具

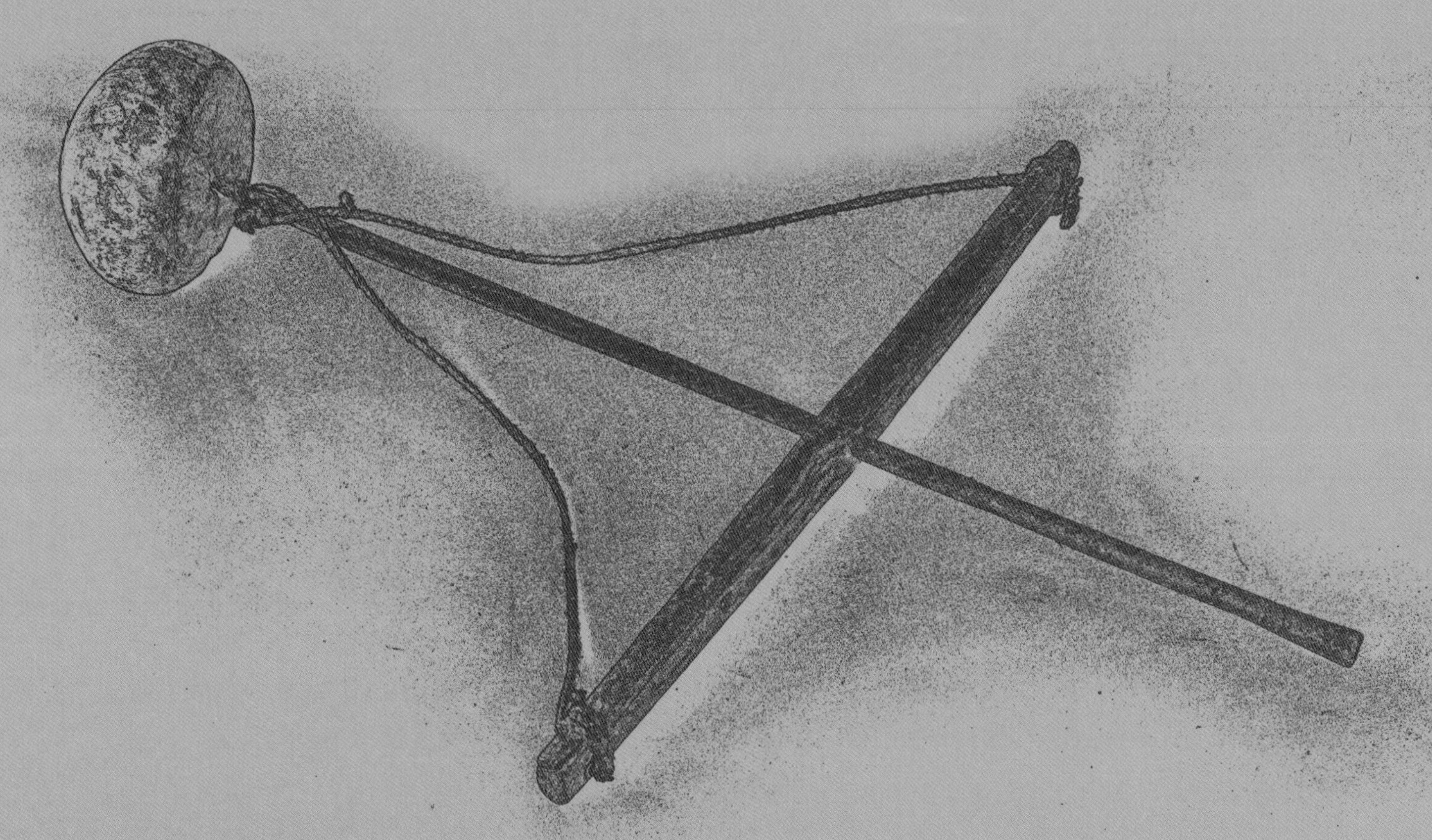

锔匠工具

民间有句老话，叫“没有金刚钻，就别揽瓷器活”。这句话就是从锔瓷这一行当里来的。锔瓷是一门古老的手艺，宋代张择端的《清明上河图》中就描绘了一个锔匠工作的场景，宋代是瓷器大发展的一个时代，五大名窑及各地民窑的出现，使原本只属于宫廷和王公贵胄的瓷器飞入寻常百姓家，锔瓷和锔匠是伴随着瓷器业发展而来，因此可以大胆地推断，宋代应该是锔瓷业大发展的一个时代。锔瓷手艺来源于对瓷器的修补，但又不仅限于瓷器，比如紫砂器、陶土器、铜器、铁器等，甚至过去的农具，修锁配钥匙，锔匠也能手到擒来，所以锔匠实际上是一种修补匠，俗称“锢匠”“锢炉子”。

锔瓷按照工序，大致可分为“找碴接缝、定位点记、打孔与锔钉、调和补漏”等几步。每一步，所用到的工具也不同。

第二十五章　找碴接缝工具

锔瓷匠人在收到一件器物时，首先要对器物的破损程度进行观察，观察破裂的程度，残片的数量以及有没有暗缝，然后对破损的物件进行组装，组装之后要看器物是否贴合紧密，是否还有缺失。这一步叫“找碴接缝”，而“找碴”这个词也是从锔瓷这个行业中来的。有的师傅会把组装起来的器具放在手里反复观察琢磨，思考如何进行更合理、更美观的修复方案，这个过程叫“捧瓷”。捧瓷，一般用来修补一些比较珍贵的文玩或主人十分珍爱的物件，因此锔瓷行业里，有一类师傅也被称为捧瓷匠人。

▲ 锔匠挑子

锔匠挑子

▲ 锔钉锔过的茶壶

细绳与小棍

将破损的器物拼接完成后需要用细绳和小棍对其进行捆绑固定，过去因麻绳造价低廉、易于取得，细绳一般用麻绳，后来常用棉线。捆绑的方式及力度要看器物破损的程度，绑得太紧容易对器具造成二次损害，或者让器具变形，太松又起不到固定的作用。

绑好之后再用一根小棍将细绳绞紧，其力度也要靠师傅的经验。有的器物需要灌水检验，一是观察还有没有裂痕，二是通过小锤轻敲，将裂缝中的泥土震出来。

▲ 锔瓷接缝

第二十六章　定位点记工具

锔瓷的第二步是要定位点记，锔匠将捆绑好的器物沿裂缝处计算需要的锔钉数量、大小尺寸，以及需要钻孔的位置。有的瓷器表面有纹饰，锔匠师傅就要考虑不破坏纹饰，将图案和锔钉完美结合。然后在器物表面上用笔或锥做上记号，方便下一步打孔。

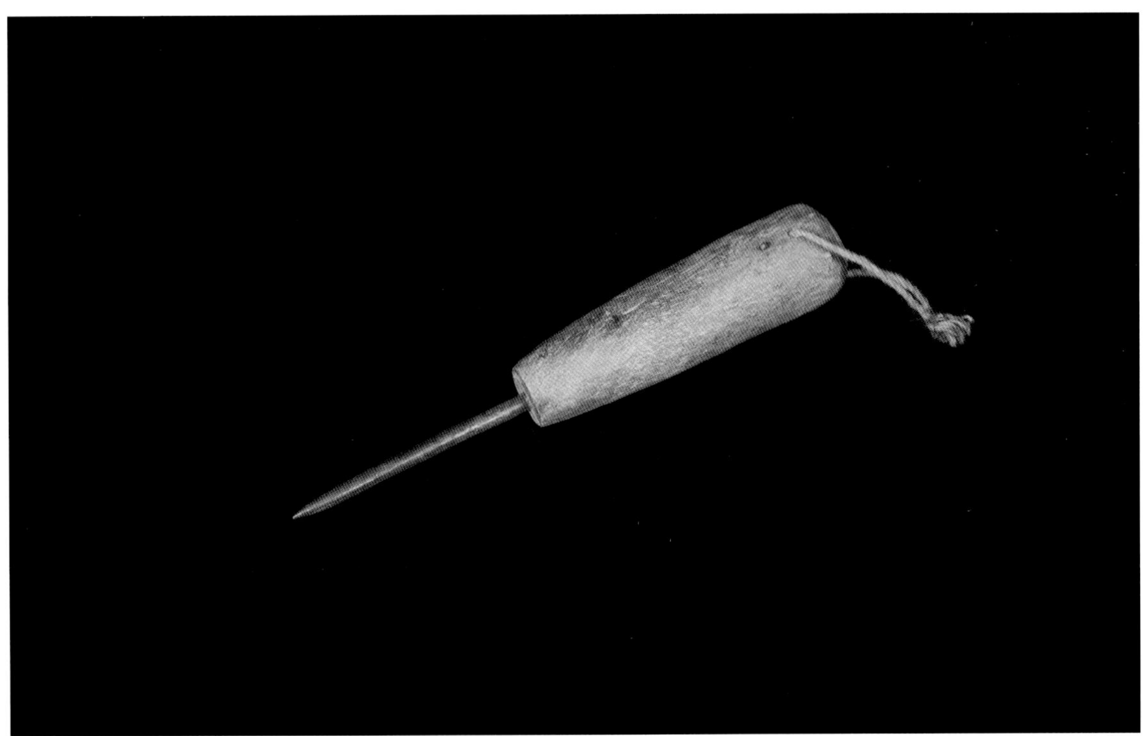

▲ 锥子

第二十七章　打孔与锔钉工具

打孔锔钉是锔瓷手艺中最为紧要的一步，一件破损的器物修补得好不好，就看孔的深度与位置是否合适；锔钉做的大小也关系到瓷片的咬合。打孔锔钉就要用到锔匠特有的一些工具。

▲ 锡匠打孔锔钉场景

▶ 拉钻

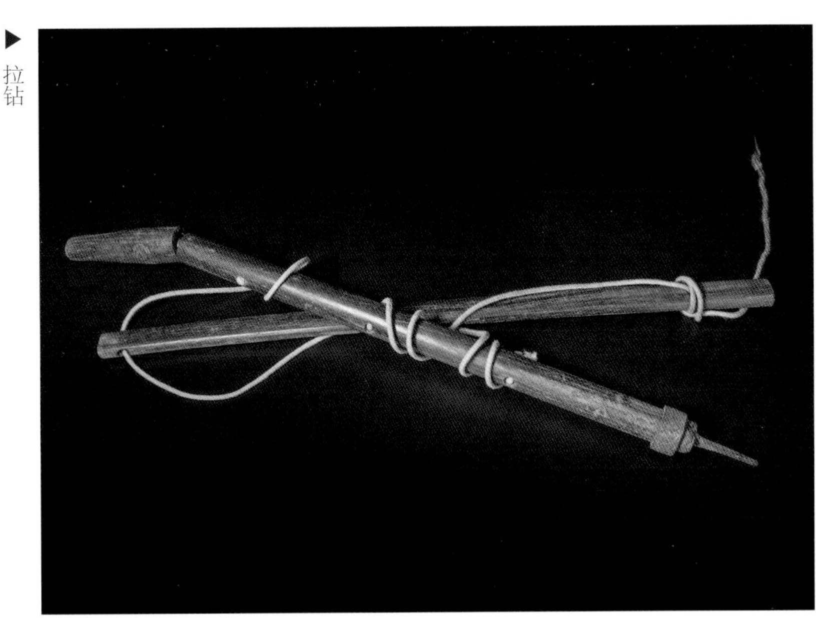

▶ 午钻

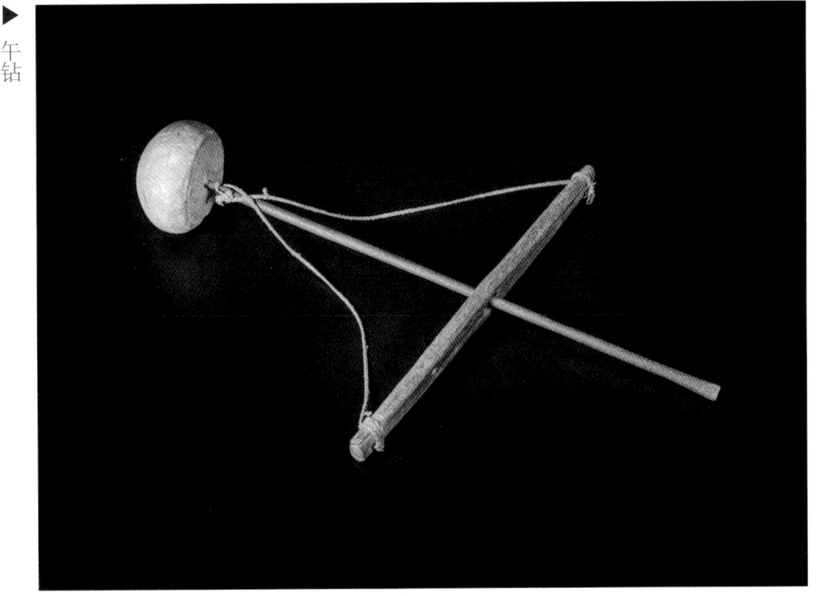

锔钻

南北各地的锔钻各不相同，有上下拉扯的砣钻，也有左右横拉的拉钻，鲁中地区俗称“皮钻”。与一般的传统手工钻不同的是，锔匠的工作对象多为瓷器、玉器、紫砂器、陶土器等，质地较脆且易碎，钻头一般镶嵌有钻石，因此锔匠的钻也叫“金刚钻”。

锔钉

▲ 备用锔钉

▶ 不同形状锔钉

锔钉，俗称“锔子”，通常是中间鼓、两头细的梭形，锔钉的钉脚时间长了以后会产生膨胀作用，从而把裂缝抓得更牢固。锔钉的大小、样式及材质通常根据需要由手艺人亲手打造。

▼ 花钉瓷器

▲ 正在锔钉的瓷器

锔钉要依照瓷器的孔位、曲度来锻制；由于瓷器的形状以及破裂的位置不同，所需锔钉的抓合张力也各不相同，这就需要锔匠根据经验来琢磨。锔钉制作讲究“一锤定音”，一锤下去基本成形，不能反复敲打，否则造成的折度不同，形状不一。因此在锔瓷手艺中，锔钉的制作是难度最大，也最考验师傅手艺的一步。

锔钉制作中，花钉是锔瓷手艺的精髓，是用锻铜工艺制作成的具有图案的锔钉，花纹图案可根据锔处的图案或主人的意愿来做，主要有龙纹、云纹、莲藕、荷叶、梅花、鲤鱼、竹叶、蜻蜓等。

过去制作锔钉，常用一些铁铜材质包装外皮，且用量少，一般的剪子就能剪开，所以锔匠都有几把称手的剪刀。直嘴锔剪主要用来剪直线。

直嘴锔剪

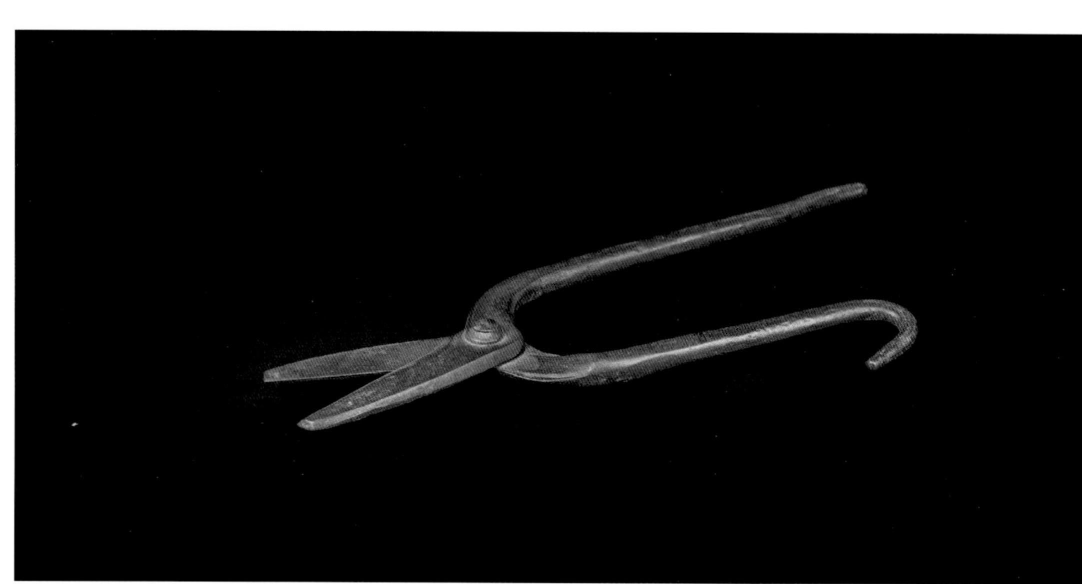

▲ 直嘴锔剪

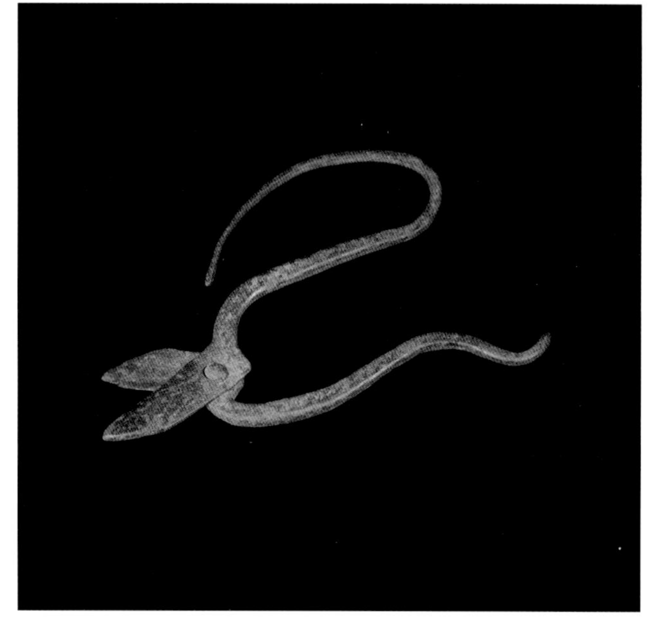

▲ 弯嘴锔剪

弯嘴锔剪

锔子的造型是两头细、中间组，有一定的弧度，弯嘴剪子更适合剪曲线，为锔子定型。

▼ 尖嘴剪

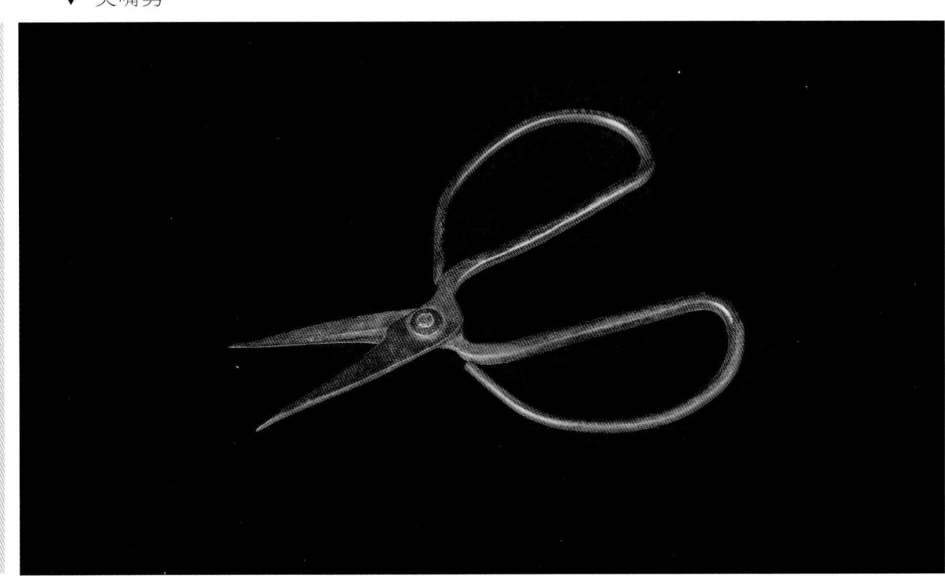

▼ 锔匠师傅用尖嘴剪制作小锔子

尖嘴剪

尖口剪刀质量更轻且更为锐利，更适于剪小锔子，或者做“花钉”的造型。

圆头锤

圆头锤体型较小，可以打锔子凹面用，有时对一些特殊位置的修复，需要凹面或曲面的锔子，例如壶把手、壶盖边缘、形如荷叶的花钉等，这个时候就需要圆头锤。

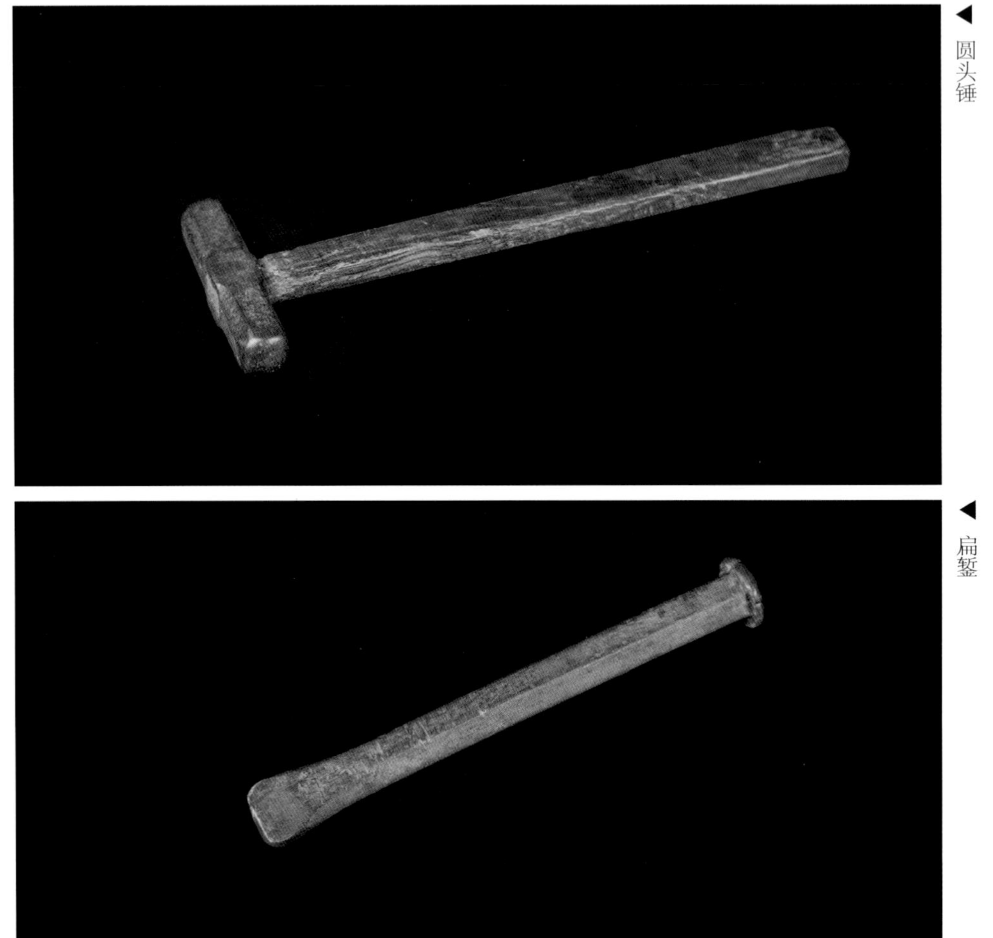

◀圆头锤

◀扁錾

扁錾

扁錾也叫扁凿。除了锯一些小件外，有的锔匠也用来锔酒缸、米缸、酱缸，锔这些大型的物件，锔子自然也要大，这个时候再用锔剪就费力了。制作大锔钉时，配合锤子和石匠的扁凿，将材料截断，再进行定型，因此扁凿是制作大锔子的截断工具。

据说，有些工艺高超的锔匠，甚至能通过锔的手法对建筑物的木梁、构件进行修补，这说明“锔”的工艺，在过去不仅限于日常生活用品。

▼ 卯锤

▼ 砧子

卯锤与砧子

卯锤是一种钉铆钉的锤子，型号、样式有各种，锡匠用的卯锤一般型号较小，使用卯锤主要有两种情况：一种是锡钉裁剪完成后，对其敲打延展，以达到合适的厚薄程度，需要配合小砧子使用；另一种是上锡钉时，通过卯锤敲打固定。

上图中的砧子，其边长仅10cm，是锡匠常用的一种小砧子，过去锡匠也常用碾砣铁芯改造成小砧子使用。

小卯锤

这种形如斧头的工具也是一件卯锤，它比常见的斧头要小得多，长仅20cm，其斩口可以用来敲制翻边或使金属薄件作纵向或横向的延伸。

▲ 小卯锤

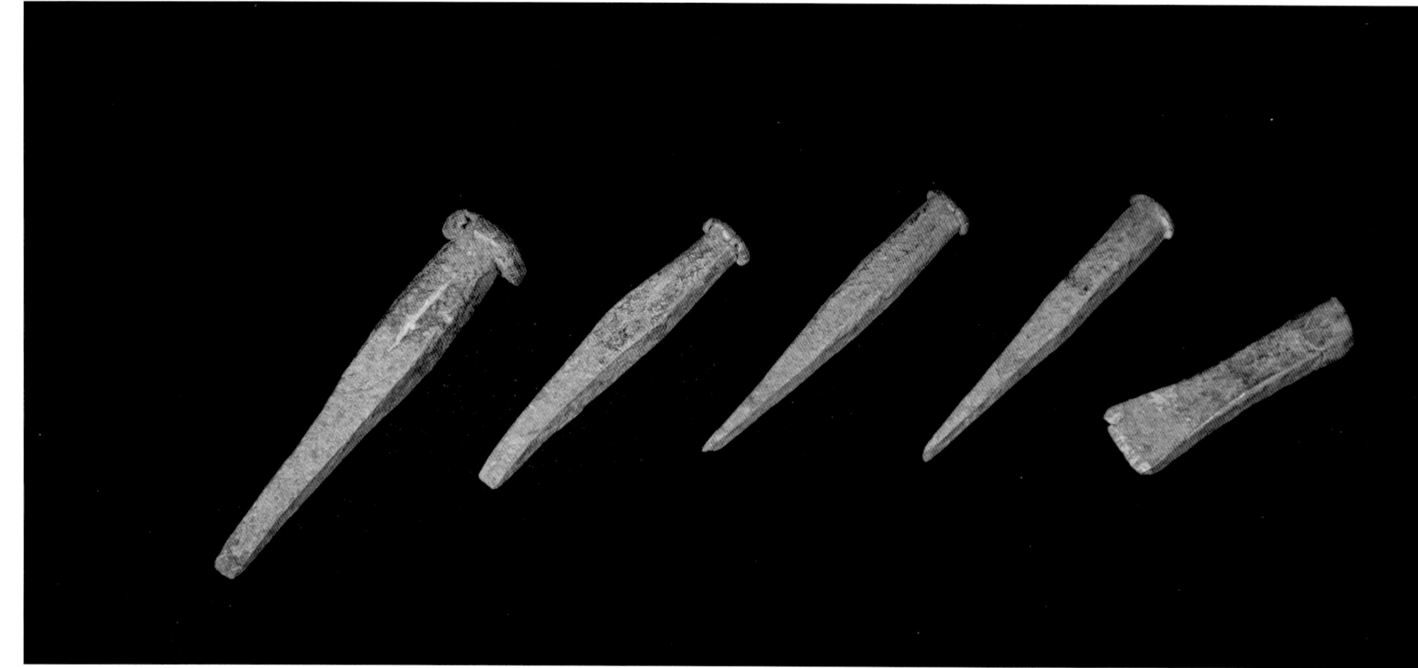

▲ 冲子

冲子

冲子原本是铁匠的专属工具，专门用来制作各种工具上的孔洞，一般配合冲孔垫使用。在锔匠手里，冲子更像是木匠的凿子或石匠的錾子，它实际的作用是制作花钉的雕刻工具。配合卯锤和砧子，锔匠使用冲子在毫厘之间辗转腾挪，可以打造出各类精美的花纹图案。

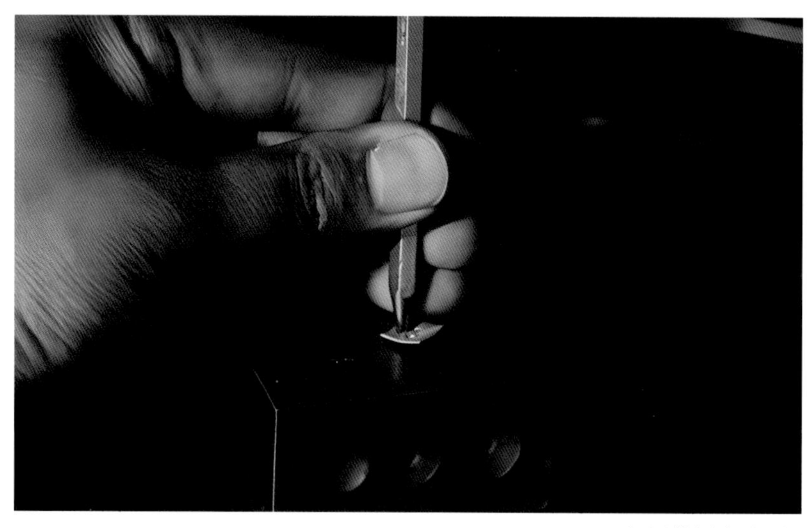

▲ 锔匠使用冲子场景

▼ 正在打磨擦拭的锔钉茶壶

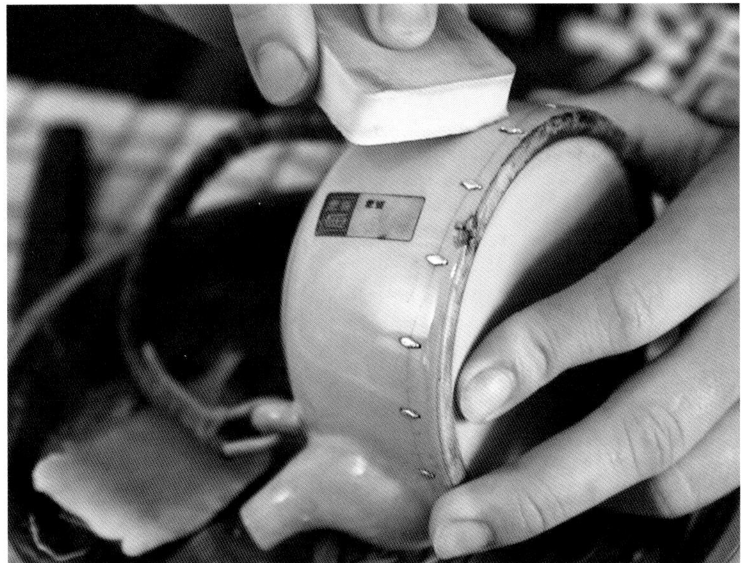

▲ 锔钉茶碗

◀ 锔钉茶壶

花钉与锔活秀

花钉制作属于锔瓷手艺中的“秀活”，大致兴起于晚清，那时候没落的晚清贵族、八旗子弟斗富攀比，花样层出不穷，在锔瓷行业内就出现了以花钉为修补形式的锔瓷，成为当时纨绔子弟们热烈追捧的对象，在一些茶馆酒肆甚至出现了专门为此举办的“锔活秀”。

但另一角度来看，花钉与秀活的出现，使锔瓷手艺不断创新，并向艺术再加工、再创造的道路上前进，使锔瓷不仅成为满足老百姓日常需求的一种活计，而且为后世进行古玩、艺术品的修复形式，提供了借鉴。

热截子

热截子是对锔子进行热处理后，趁热截断的工具，其型号要比铁匠的热截子小一些。

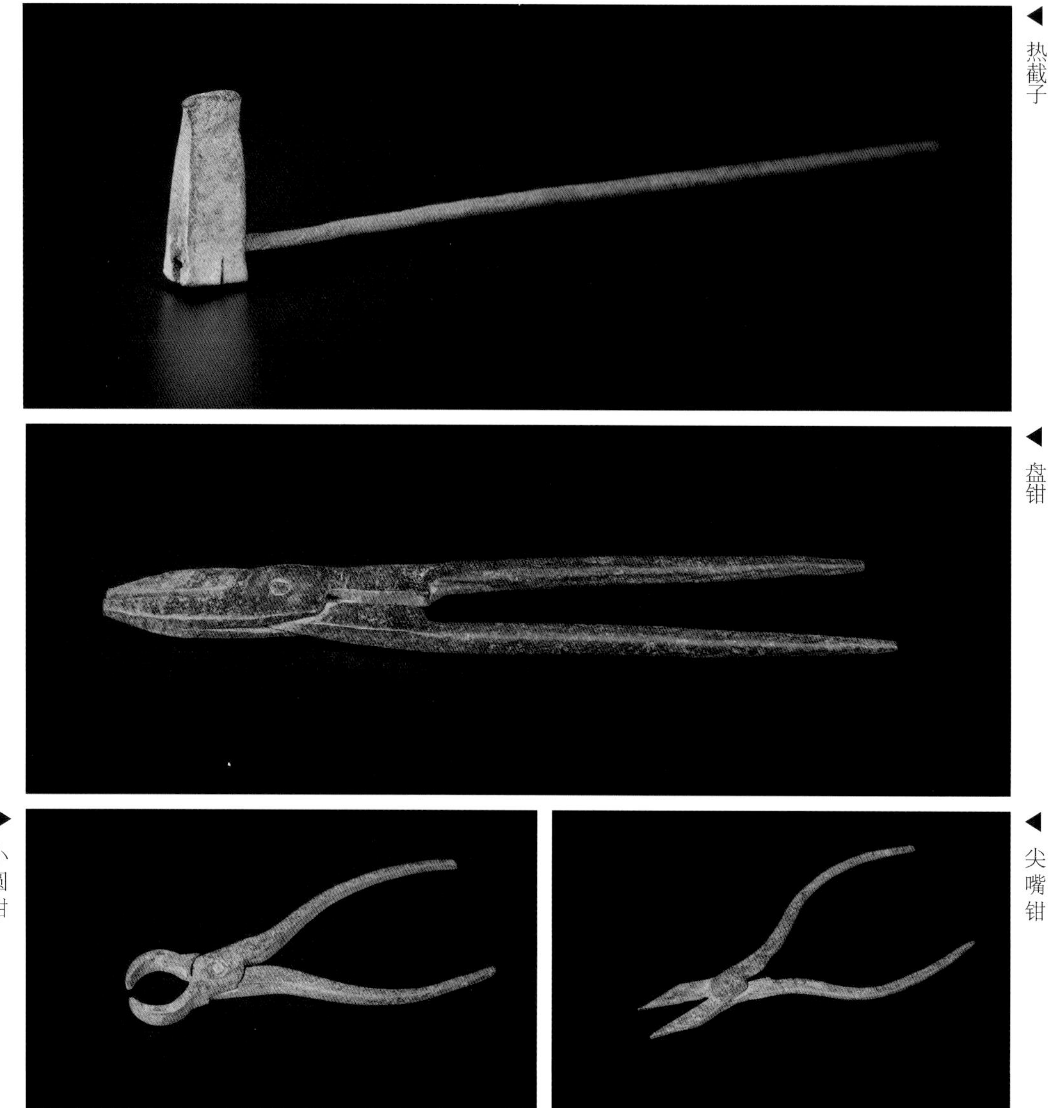

热截子

盘钳

小圆钳

尖嘴钳

锔钳子

锔子打造完成后，需要将两头的钉脚进行折弯处理，形成类似订书针的形状，锔钳子就是进行折弯处理的一种工具。常用的锔钳子是盘钳，打钉角时用钳子夹住一段，用小锤敲打，使其折弯成合适的弧度，做好一端，再打另一端。小锔钳和圆钳主要是对小锔子和异型锔子进行处理的工具，在过去没有镊子年代，小锔钳也充当镊子的功能。

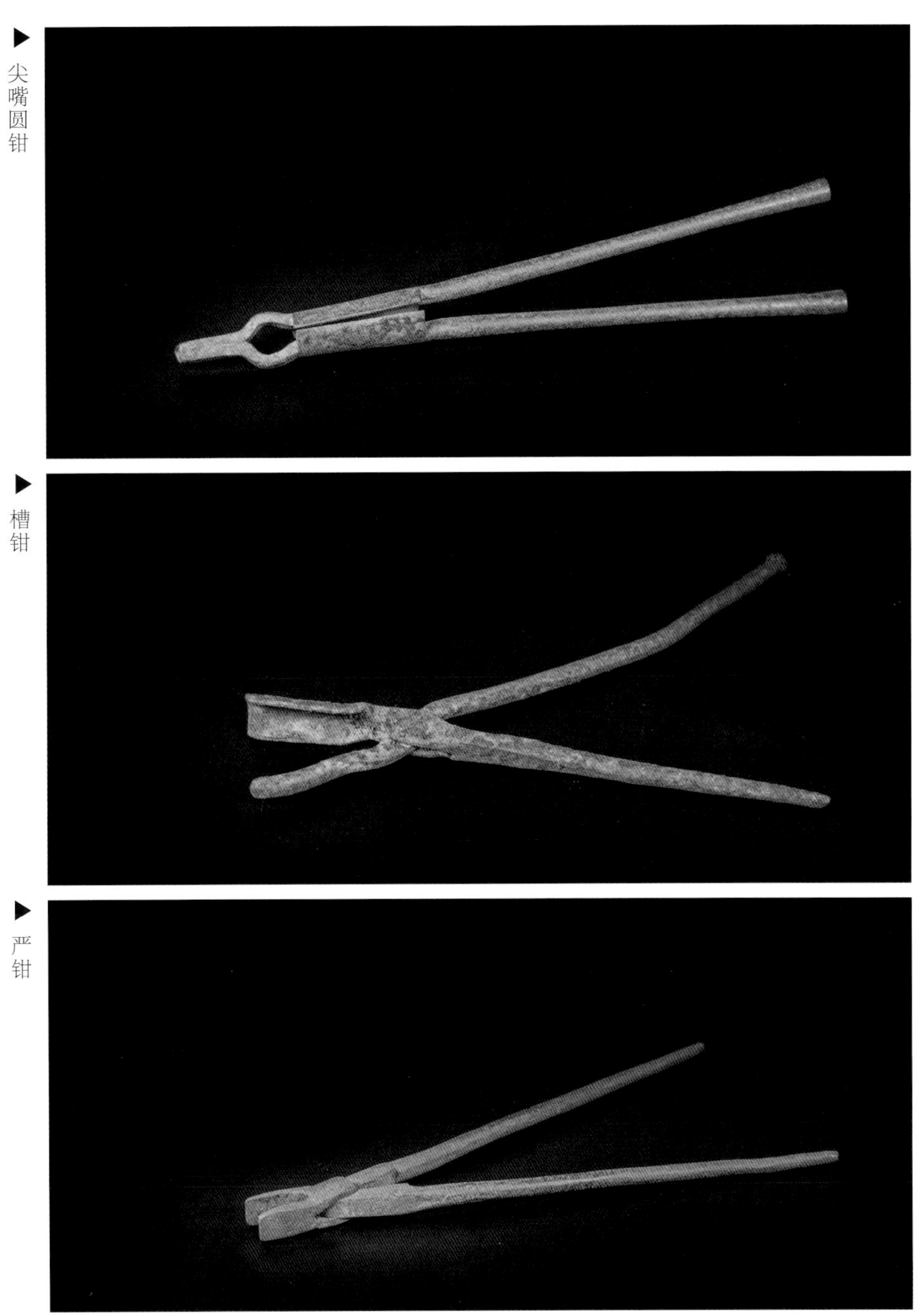

尖嘴圆钳

槽钳

严钳

火钳子

制作较大的锔钉，需要借助铁匠的工具来进行热处理和锻打，这个时候就要用到铁匠的火钳子，但锔匠所用的火钳一般较小，再大的锔钉就需要求助铁匠定制。

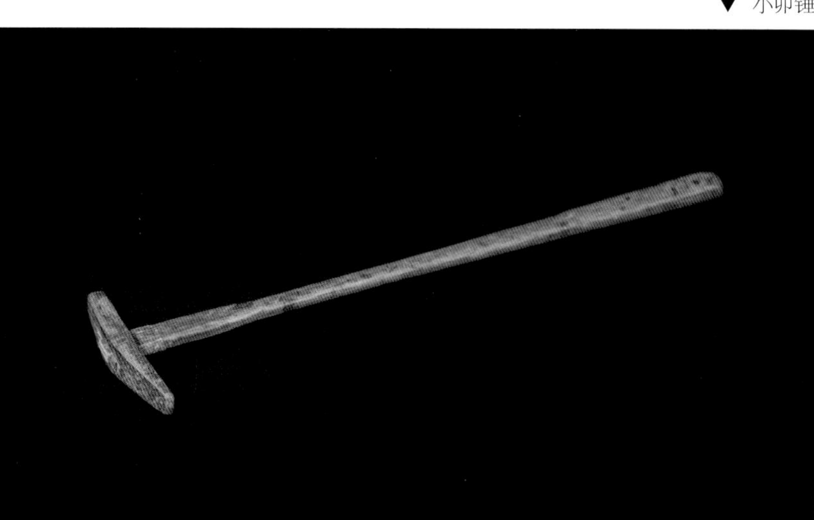

▼ 小卯锤

▼ 锔匠使用小卯锤场景

小卯锤

“小卯锤”，锔匠称之为“小锔锤”，是锔匠常用的一种小锤。它的工作对象主要是锔钉。其作用一是塑型，小的锔钉经常用铜丝或铁丝制作，卯锤敲打中间部分，使其成为中间扁两头圆的梭形；二是折弯，配合锔钳子，对锔钉的两脚进行折弯处理；三是固定，锔钉两脚插入事先打好的孔后，经卯锤轻敲，使锔钉贴合器物表面，起到固定的功用。

小锔锤、锔钻、锔剪子是锔匠的三件基本工具。

锔钉做好以后，下一步就是对孔上钉，锔匠在做锔钉的时候尺寸会比事先打的两个孔略短一些，这样锔钉固定以后才能对两个瓷片产生抓力，一般是先放入一个钉脚，观察锔钉的尺寸，再对锔钉的另一个角进行折弯。锔钉放入后用小卯锤轻敲固定，这样锔的工作就完成了。

第二十八章　调和补漏工具

调和补漏是锔瓷手艺的最后一步，锔钉完成以后，要对整个器物观察检验，这首先需用锉打磨，然后用混有鸡蛋清和瓷粉的膏状物涂抹锔钉处，将修补完成的器物做盛水实验，若无遗漏，主顾就可以交付结账。

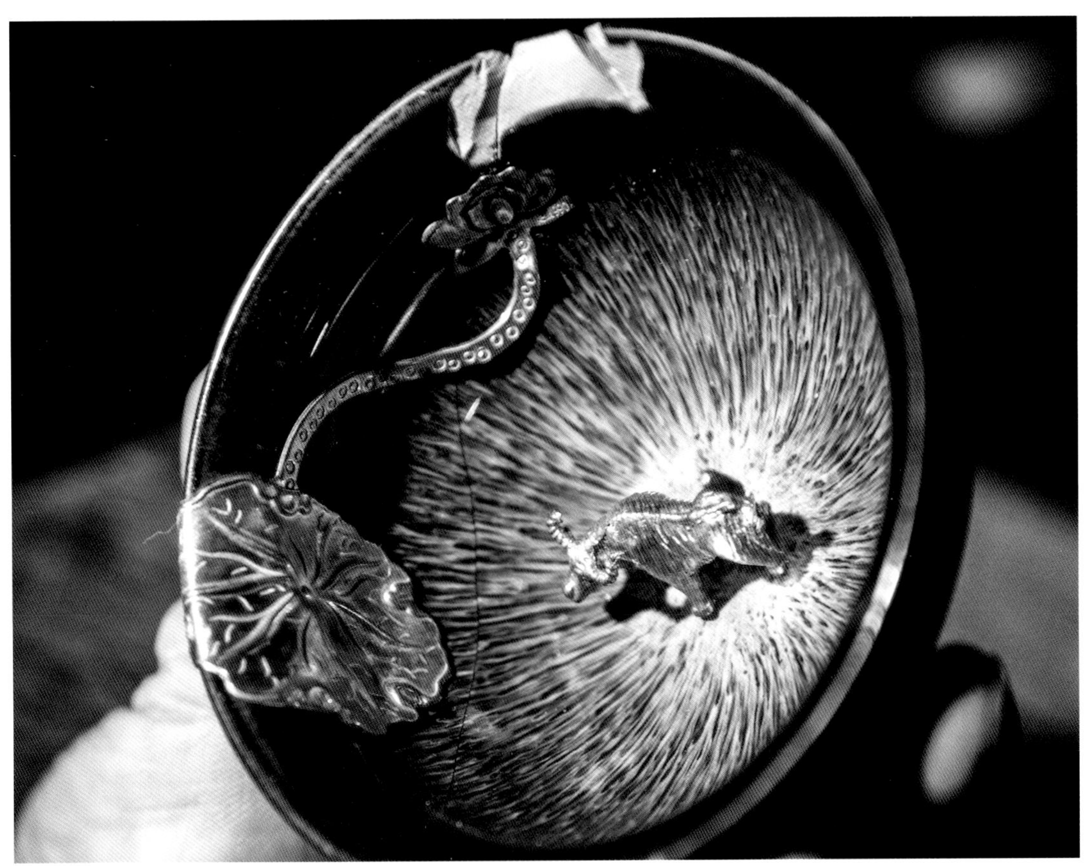

▲ 调和补漏场景

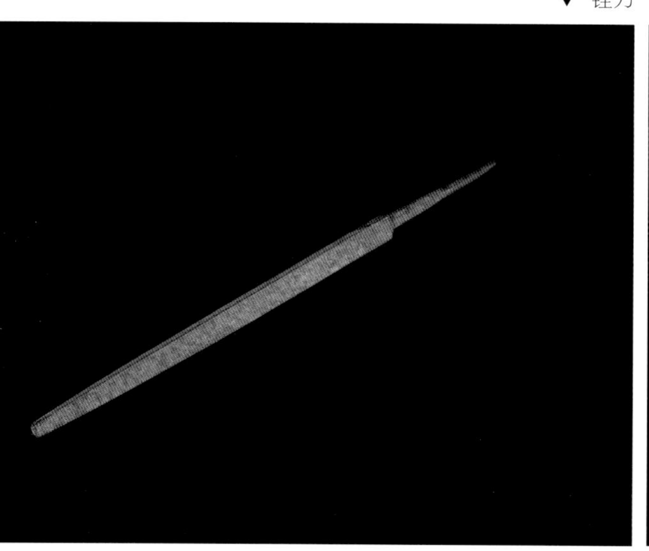
▼ 锉刀

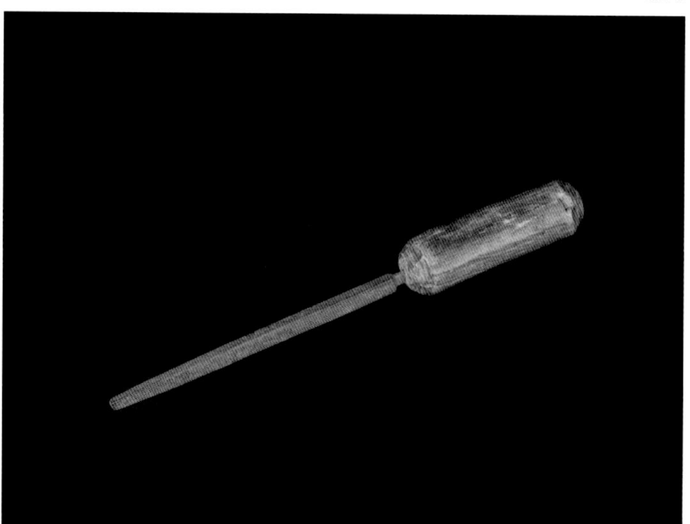
▼ 锉刀

锉刀

锉刀是一种常见的打磨工具，主要用于对金属、木料、皮革等表层做微量加工。其规格样式有多种，锔匠所用的铁锉多为三角锉或扁锉，主要用来对锔钉的表面进行打磨抛光，使锔钉焕发出原有的金属光泽，整个物件更加美观。

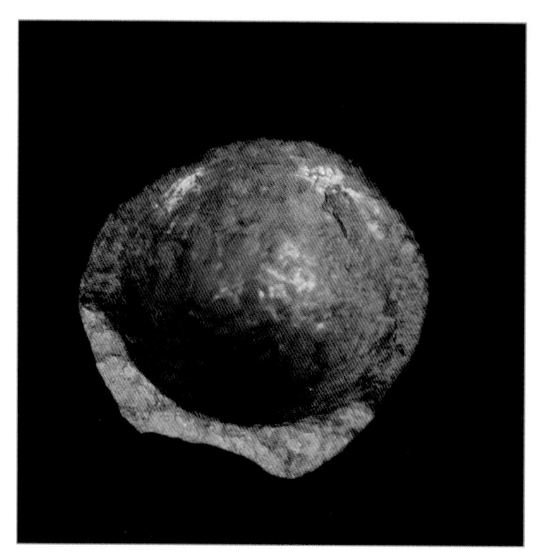
▲ 石灰膏容器

石灰膏容器

锔钉打磨完成后，需要在原来的裂缝及锔钉部位涂抹“石灰膏”，以达到粘连密实的作用，所谓的“石灰膏”，是一种以熟石灰为主的调和剂，也有的用鸡蛋清和瓷粉，有的地方还掺杂豆油，具体使用什么原材料或是比例多少，这就是锔匠的“秘方”了。

石灰膏用量不大，所以容器也往往用茶碗、酒盅代替。

附：缝补生命 修复艺术

“伸手拾起锢炉（子）担，哈腰撂到肩膀上。扁担颤悠两头翘，就像山雀扇翅膀，民生饭铺等着俺哩，破瓮漏锅装满箱……”这是早年间锔匠师傅出门上路自编自唱、抛却疲惫的一段歌谣。过去，锔匠属于凭手艺混饭吃的行当，扁担两头拴着八股绳，一头拴着装满各种工具的货柜，另一头是换洗的衣物和生活用品。村头巷尾、集市边缘都是他们各自固守的“阵地”。

老字号靠招牌，小生意凭吆喝。随着撂挑、开箱，“锔盆子锔碗——锄大缸来——”一声声鲜亮而悠远的吆喝声惊醒了忙于活计的妇人们，她们赶忙翻找家里的破损物件，摊位前立时便聚拢来捧着裂纹破口的瓷器、瓦罐的老妪、大婶、小媳妇……

在封建社会，“街挑子”是“下九流”的行当，他们做不了官，也赚不了大钱，凭借着祖传、拜师掌握的技艺，成为谋生糊口、成家立业的手段，也正因如此，锯瓷匠人心无旁骛，日复一日，年复一年地打磨手中的破壶烂碗，不断精益求精，反而成就了工匠精神，衍生出“捧瓷”一类精湛手艺，为后世的考古、文物修复提供了可以借鉴的经验。

时光飞逝，光阴似水。随着社会化大生产的到来，早在20世纪50年代中期，大部分年轻的锔匠已改行转业，调入公私合办的农村副业社成为钳工、车工。后来，年龄稍大的锔匠便弃艺为农。如今，我们已经很难再听到那些苍凉又浑厚的叫卖吆喝声，古老绝美的锯瓷手艺也离我们渐行渐远。好在有一些年轻的朋友，因为折服于古老锯瓷手艺的魅力，重新投入到这个行业中来，或凭爱好、或因传承，他们将传统技法重新拾起，加入现代审美和工艺，以匠心缝补生命，修复艺术，一件件精美的锯瓷工艺品如破土春芽，再次出现在这个时代。守正融新，古老的锯瓷手艺所映照出的不仅仅是“一生只做一件事”的工匠精神，更是千百年来，中华民族惜物保福、勤俭持家的传统美德。

▶ 精美锔瓷艺术

第八篇

给水排水工和暖通工工具

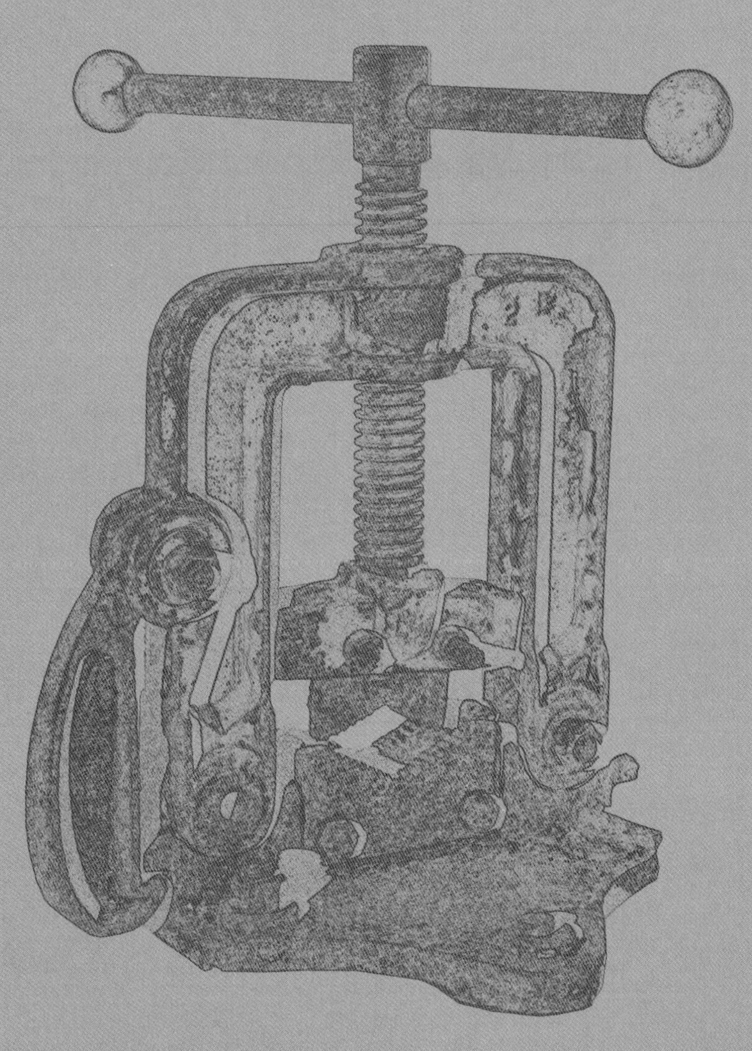

给水排水工和暖通工工具

给水排水一般指的是城市用水供给系统和排水系统（市政给水排水和建筑给水排水简称给水排水）。

给水工程是为居民和厂、矿、运输企业供应生活、生产用水的工程。由给水水源、取水构筑物、输水道、给水处理厂和给水管网组成，具有取集和输送原水、改善水质的作用。排水工程是用完善的管道系统及泵站、处理厂等各种设施，将城镇各种污水和雨水，进行收集、输送、处理和利用的工程。排水工程的基本任务是保护生态环境免受污染、污水的无害化和资源化、保障工农业生产的发展和人民的健康与正常生活。

供暖是指按需要给建筑物供给热能，保证室内温度按人们要求持续高于外界环境，通常用散热器、地暖等。

卫浴满足居住者便溺、洗浴、盥洗等日常生活的空间设备及器具。

本书的给水排水和暖通工具根据功能及用途客户分为：测量与检测工具、手动工具、电动工具、安全防护工具等。

第二十九章 测量与检测工具

水暖安装工程中，需要对管道的长度、安装高度、弯管的角度、法兰安装的垂直度等进行测量。因此，水暖安装过程中所用的测量工具较多，主要有卷尺、不锈钢架子尺、水平尺、角尺、激光水平仪、水准仪、游标卡尺、千分尺、线坠等。

卷尺

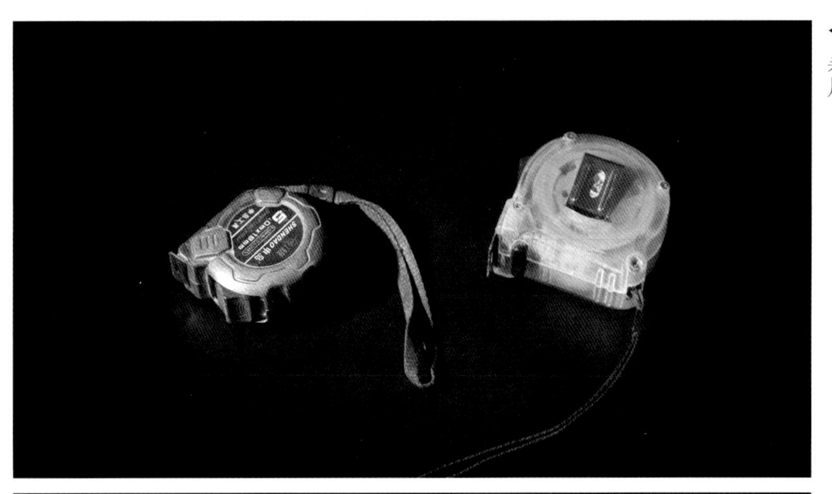

◀卷尺

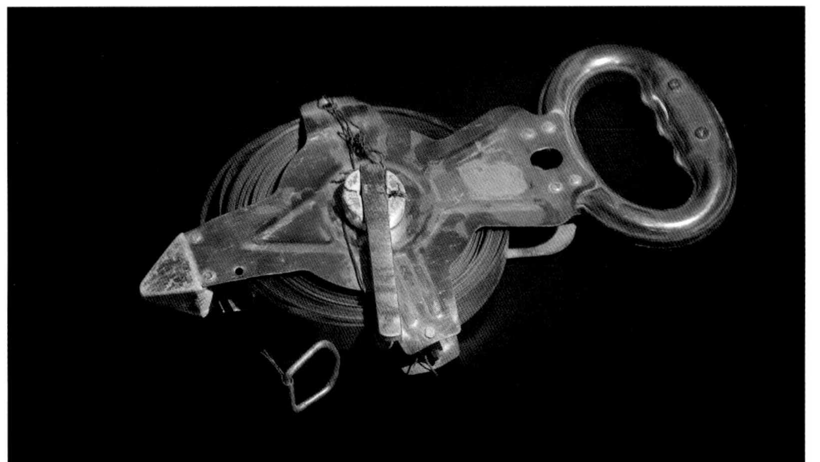

◀不锈钢架子尺

卷尺是测量管线长度或高度的量具。

水平尺

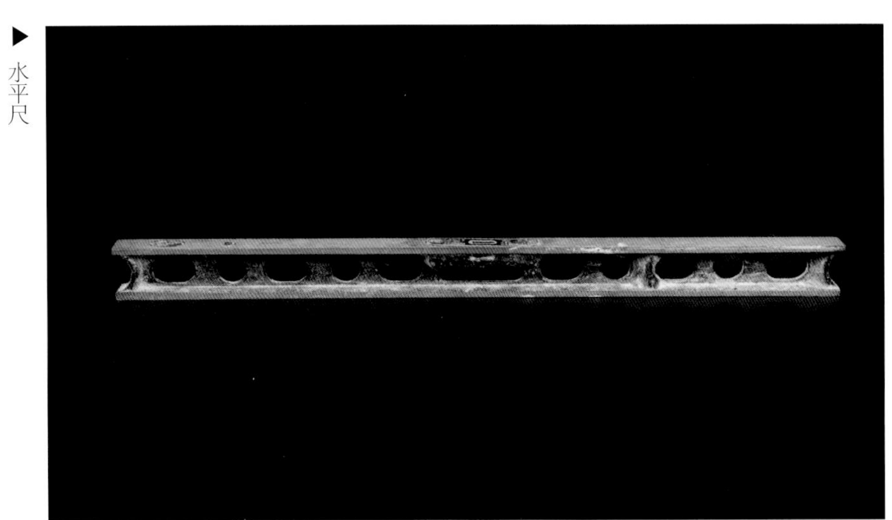

▶水平尺

▶水平尺使用场景

水平尺，又叫“水准尺”，是利用液面水平的原理，测量被测表面水平、垂直、倾斜偏离程度的一种测量工具。

万能角度尺

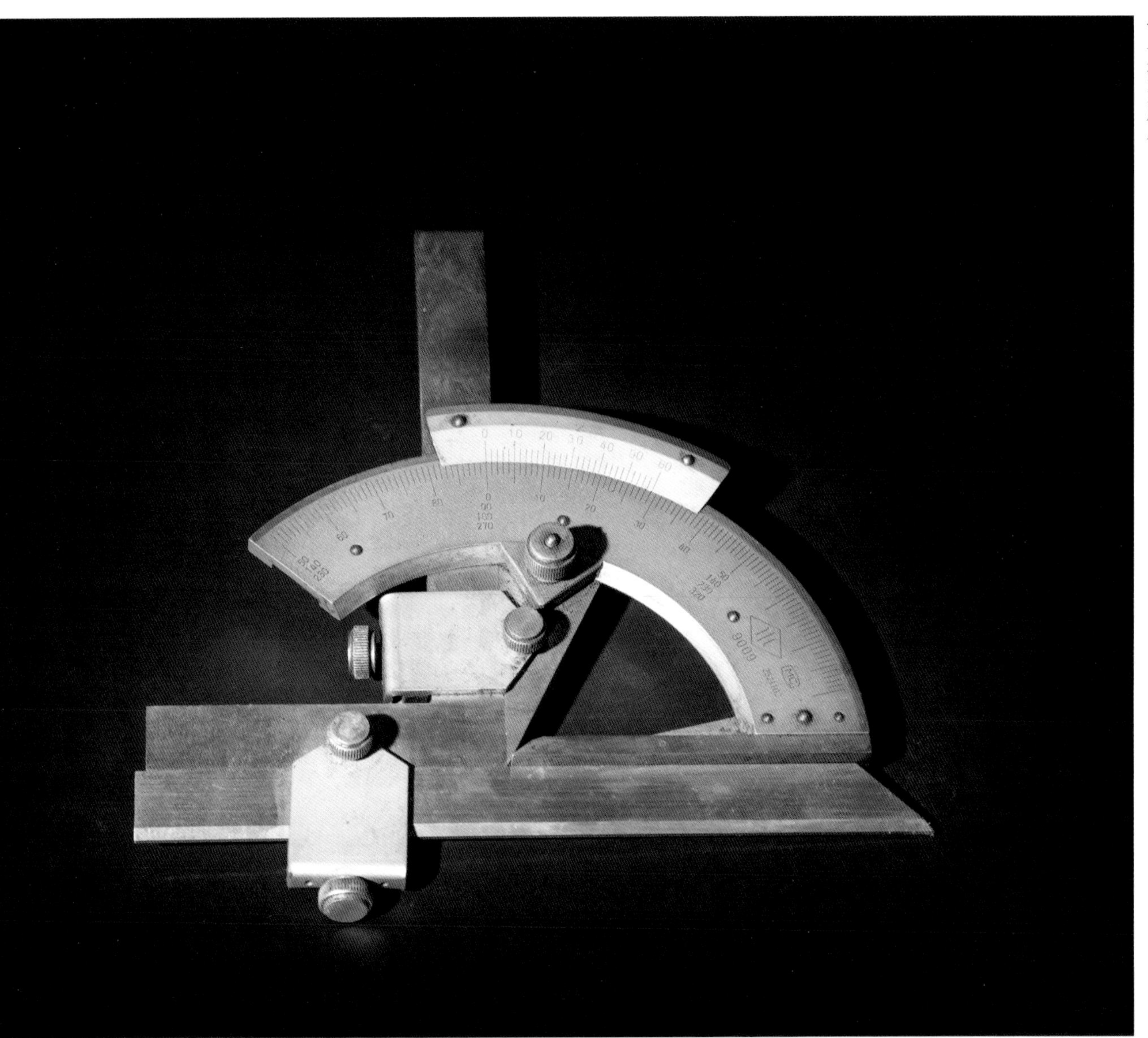

角尺可以测量及检验弯管的直角、法兰安装的垂直度，也可用来画垂直线及其他画线等。

水准仪

▲ 水准仪使用场景

▲ 水准仪

水准仪是建立水平视线测定地面两点间高差的仪器，主要部件有望远镜、管水准器（或补偿器）、垂直轴、基座、脚螺旋。

游标卡尺

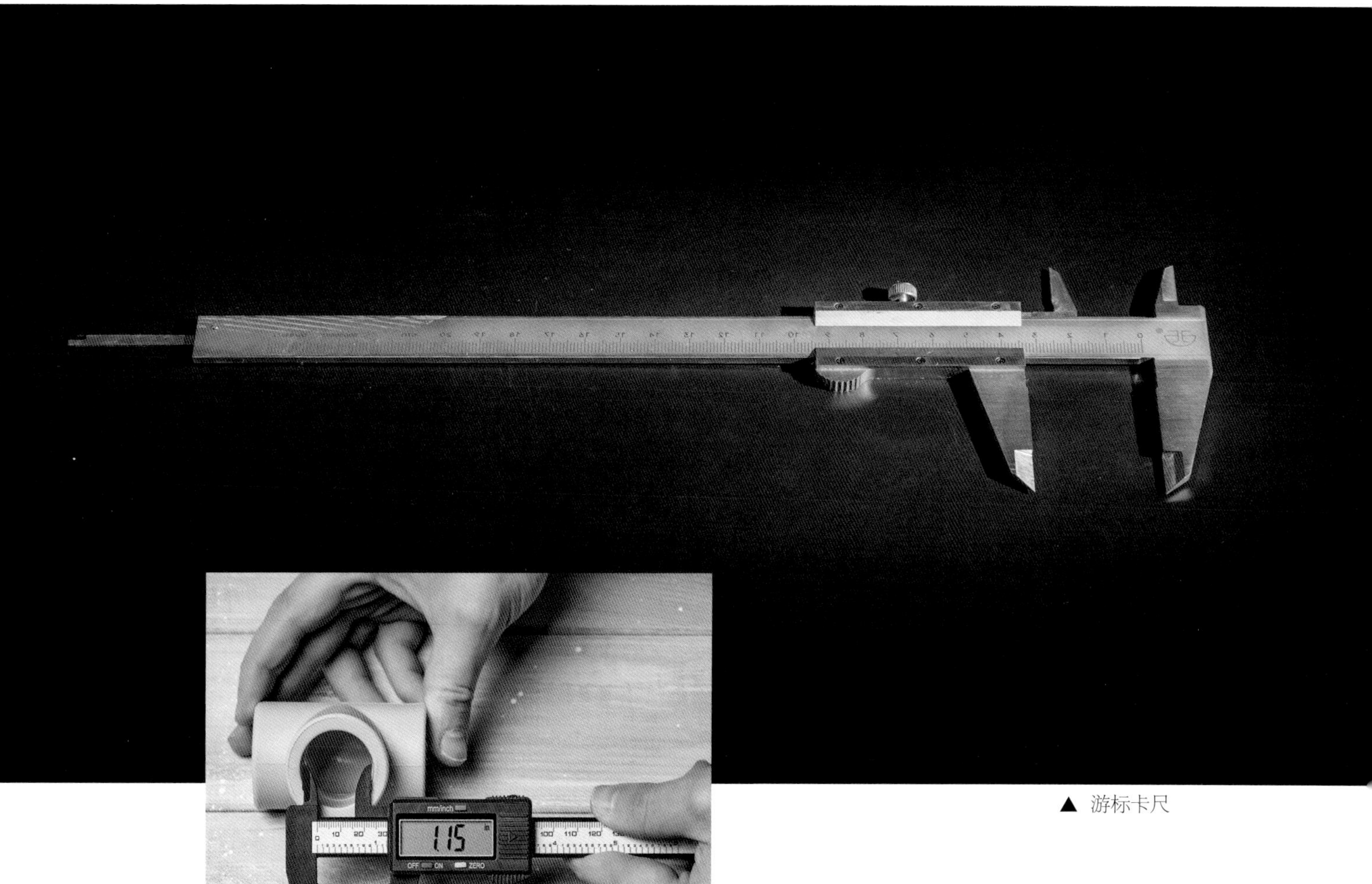

▲ 游标卡尺

▲ 游标卡尺测量场景

游标卡尺是一种测量内外直径、宽度、深度、长度的测量工具，是由刻度尺和卡尺组成的精密测量仪器，常用的游标卡尺的测量范围是0～150mm。

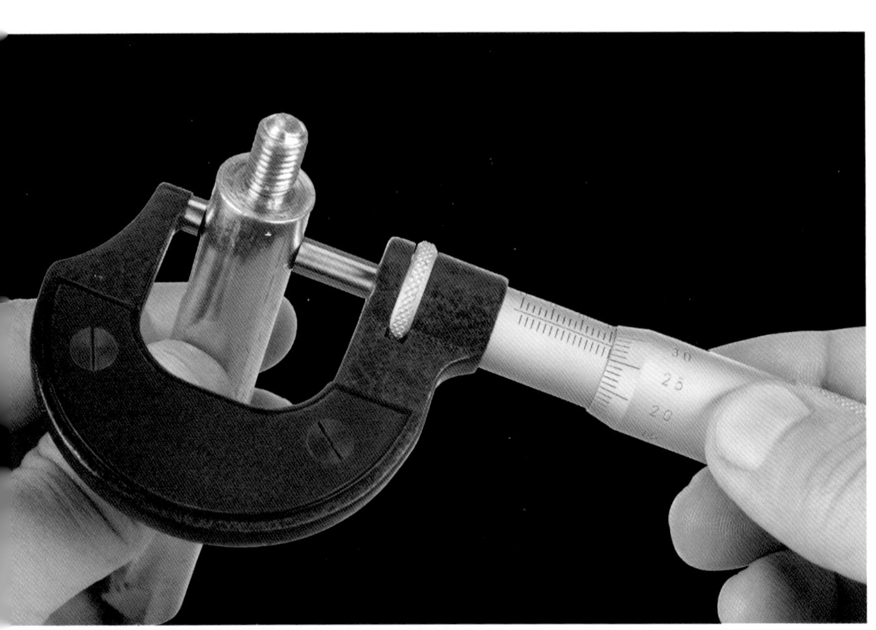

▲ 千分尺使用场景

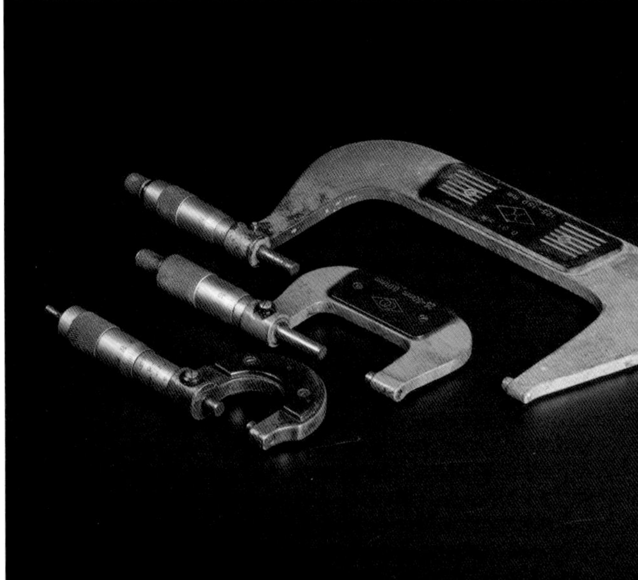

▲ 千分尺

千分尺

千分尺是比游标卡尺更精密的测量长度的工具，其测量精度有0.01mm、0.02mm、0.05mm几种。

▲ 线坠

线坠

线坠也叫线锤、铅锤，是一种圆锥形物体，用于测量立管的垂直度等。

第三十章　手动工具

水暖安装工程中,常用的手动工具有镢、锨、镐、手锤、凿子、钢锯、螺丝刀、铁皮剪、普通剪刀、管剪刀、各种扳手、台虎钳等各种钳类工具等。

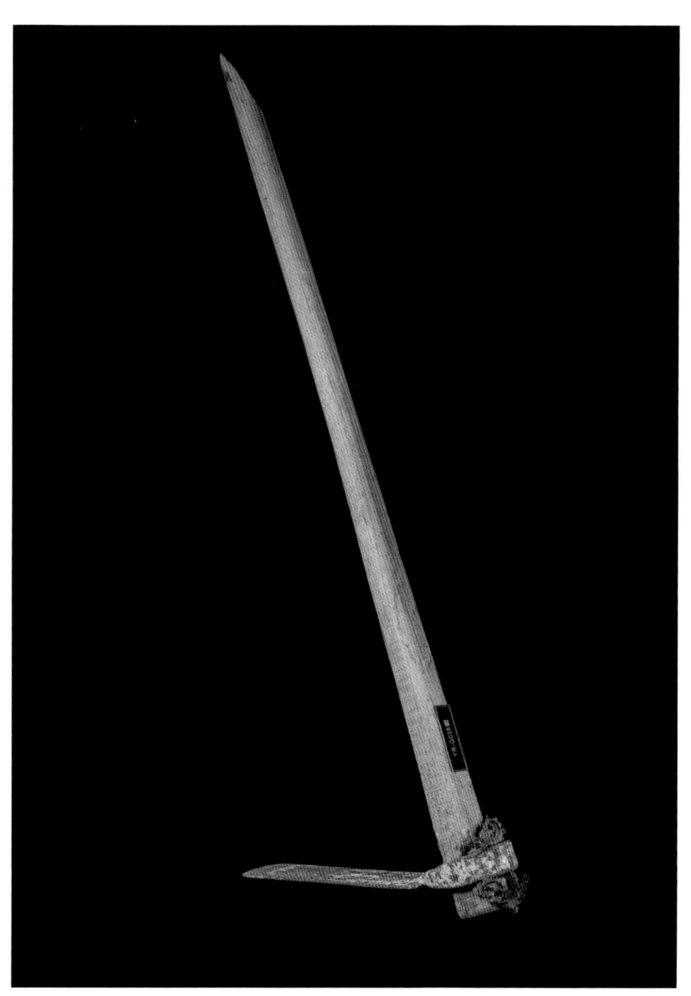

◀镢

镢

刨土工具，常与锨配合使用。在水暖工程中常用于预埋管道的基础挖掘。

锨

锨，一种常见的挖掘、培埋工具。

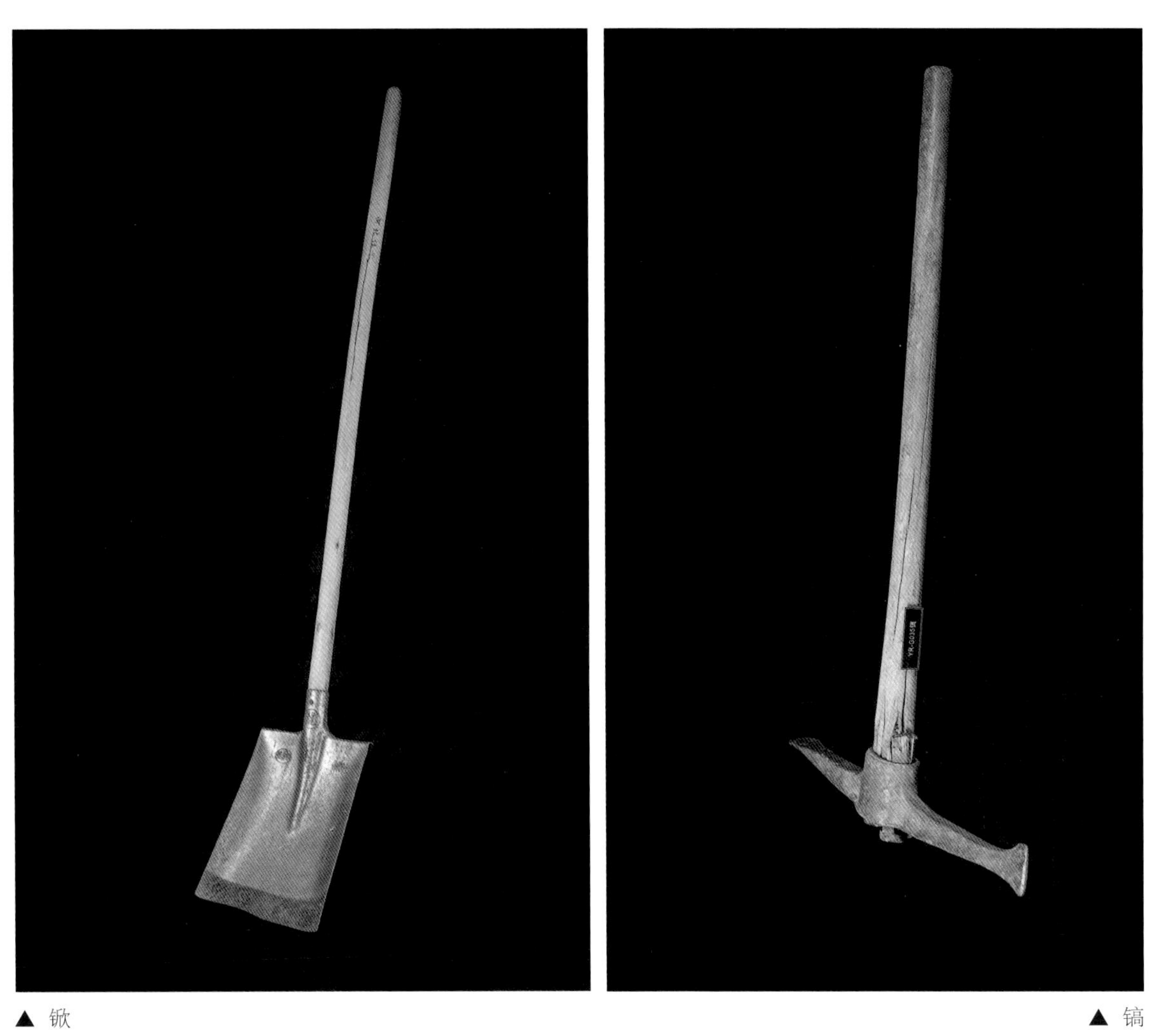

▲ 锨

▲ 镐

镐

镐，又称洋镐，一种刨土、开采工具。

▶ 手锤

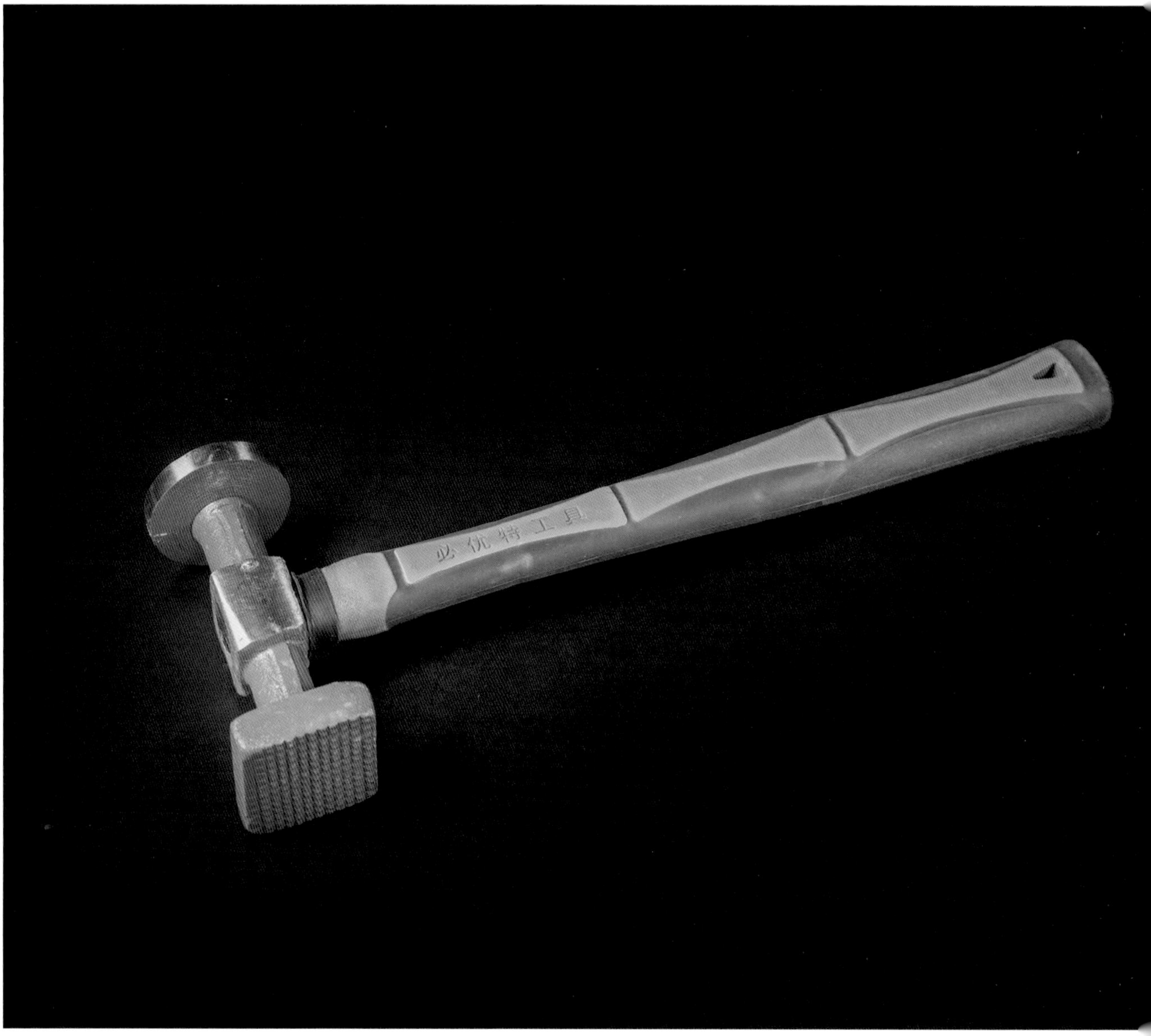

手锤

手锤的种类及形式较多，多用于管子调直，铸铁管捻口、订洞、拆卸管道等工作场景。

▼ 扁凿

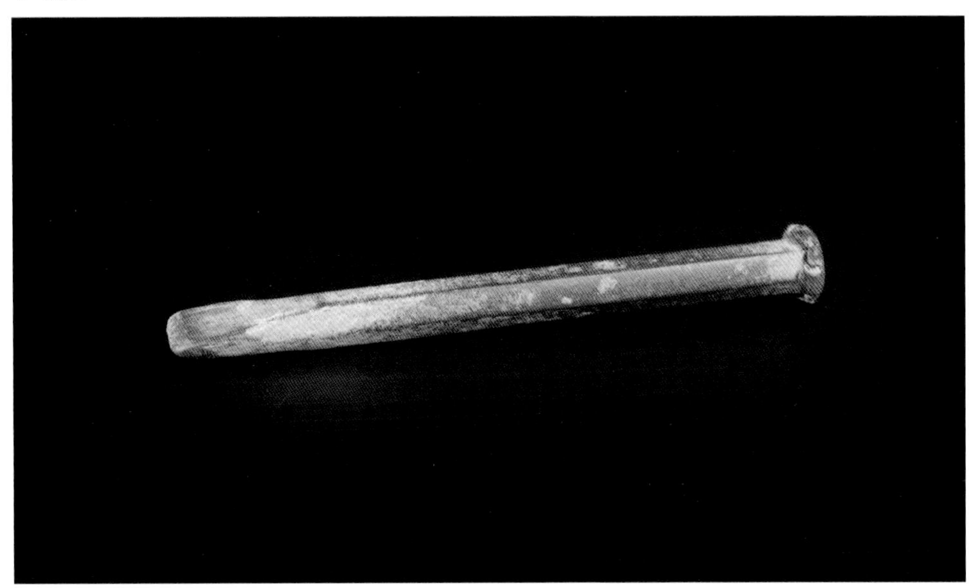

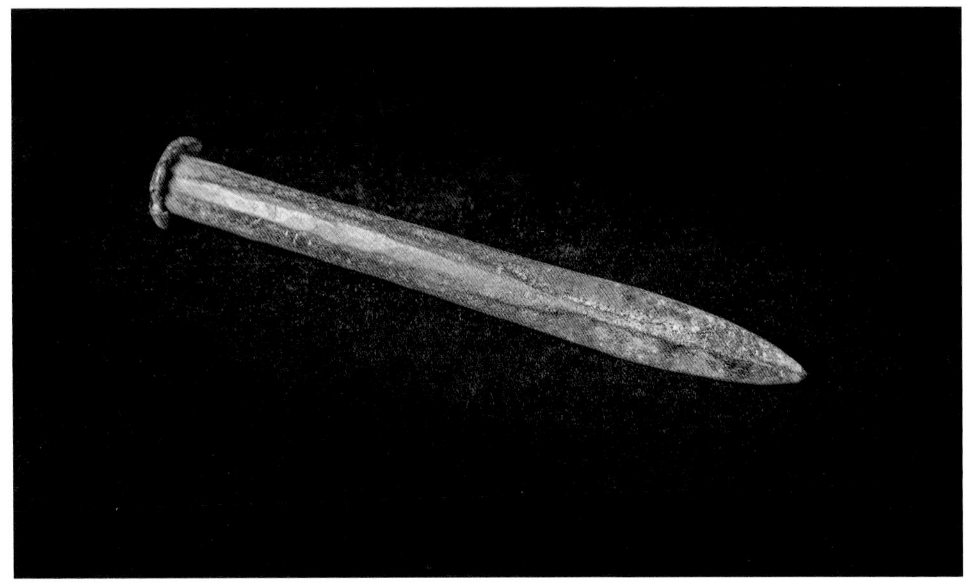

◀ 尖凿

凿子

水暖工常用的凿子有扁凿和尖凿两种。扁凿主要用于凿切平面、剔除毛边，清理气割和焊接后的熔渣等；尖凿用于剔槽或剔比较脆的钢材。

钢锯

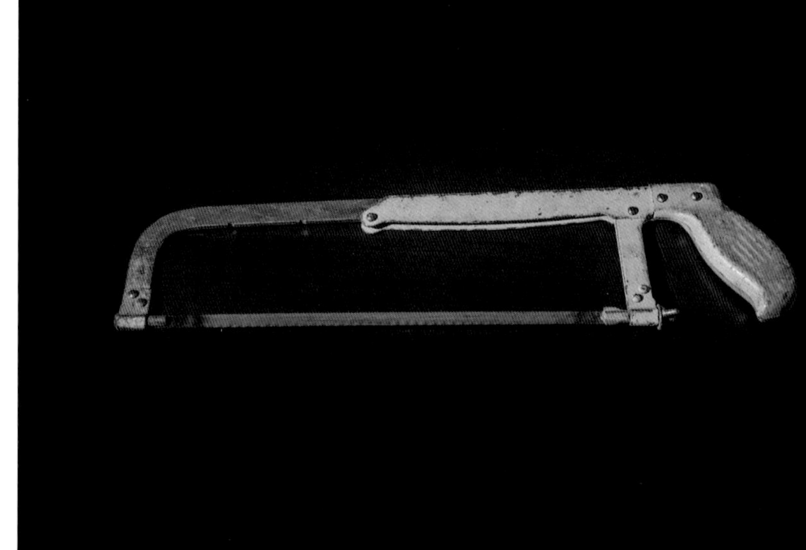

▲ 钢锯

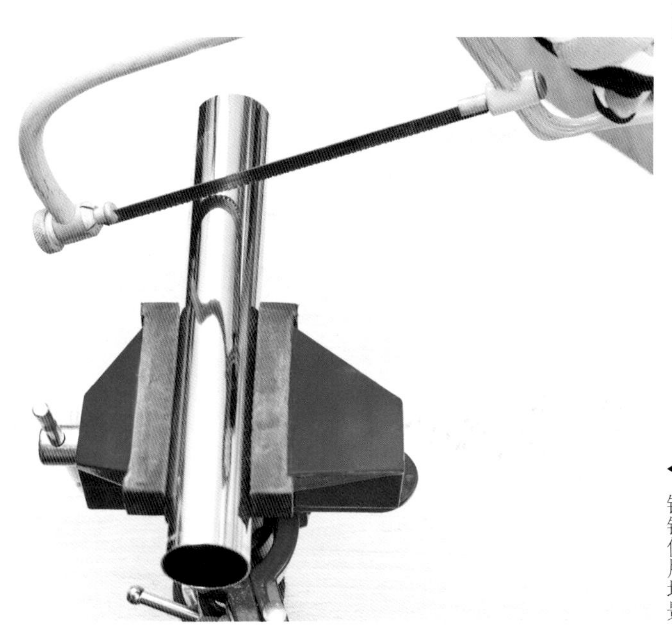

◀ 钢锯使用场景

钢锯是锯割金属材料的一种手动工具。钢锯主要包括锯架和锯条两部分，可切断较小尺寸的圆钢、角钢、扁钢等。

梅花螺丝刀与平口螺丝刀

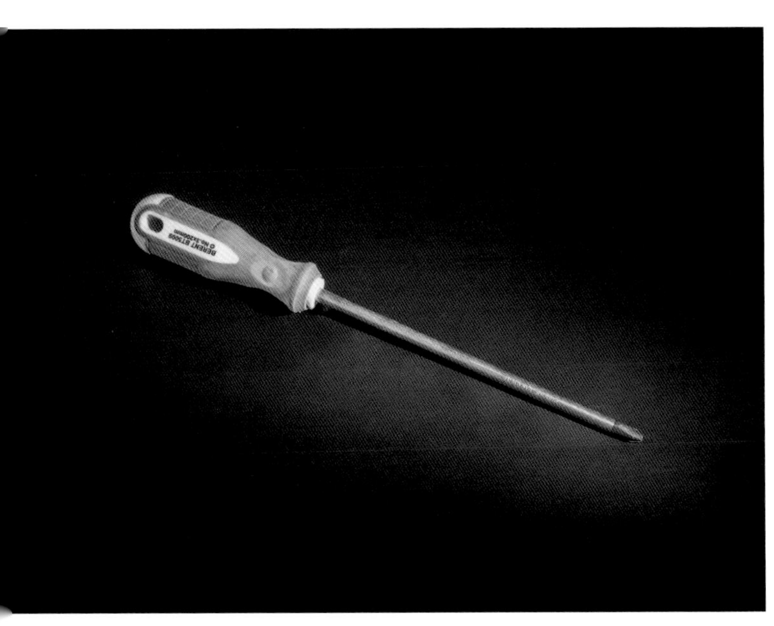

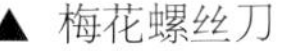

▲ 梅花螺丝刀

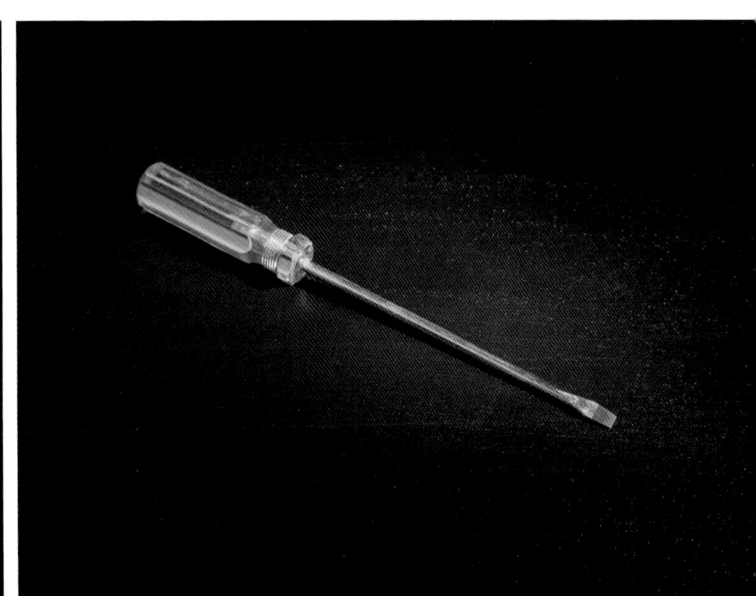

▲ 平口螺丝刀

螺丝刀是一种用来拧转螺丝以使其就位的常用工具。在水暖工程安装中最常用的是平口螺丝刀和梅花螺丝刀。

铁皮剪

铁皮剪，常用于剪白铁皮或薄铝板等。

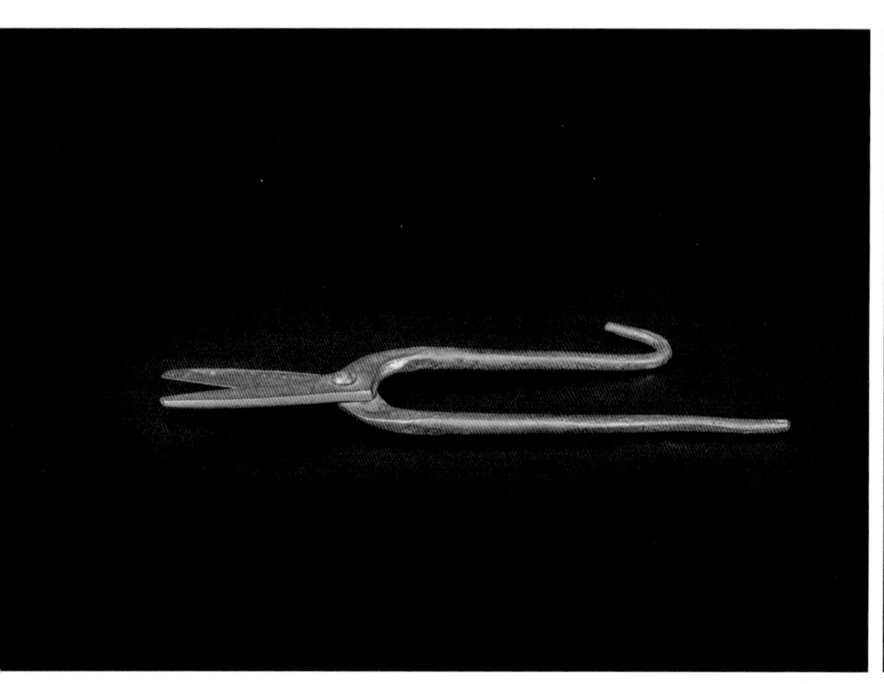

▲ 铁皮剪

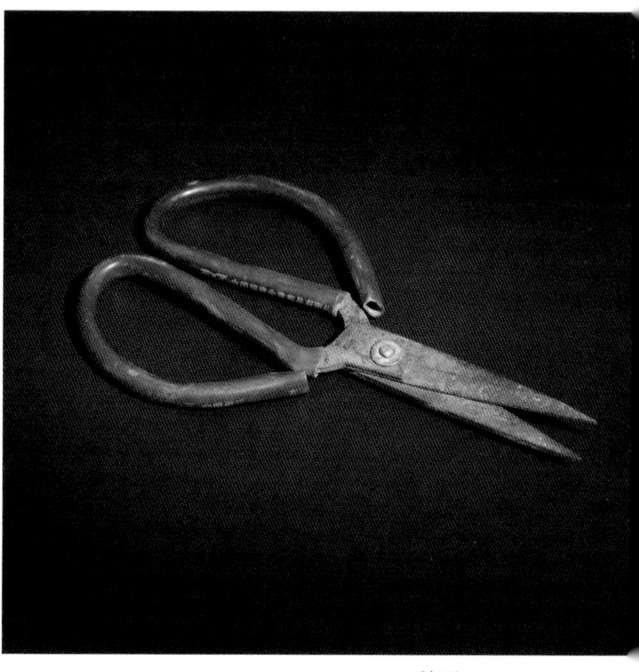

▲ 剪刀

剪刀

剪刀是切割布、纸、绳等片状或线状物体的双刃工具。

▲ 管剪刀

管剪刀

管剪刀，是剪裁PVC、PE、PPR等管材的专用工具。

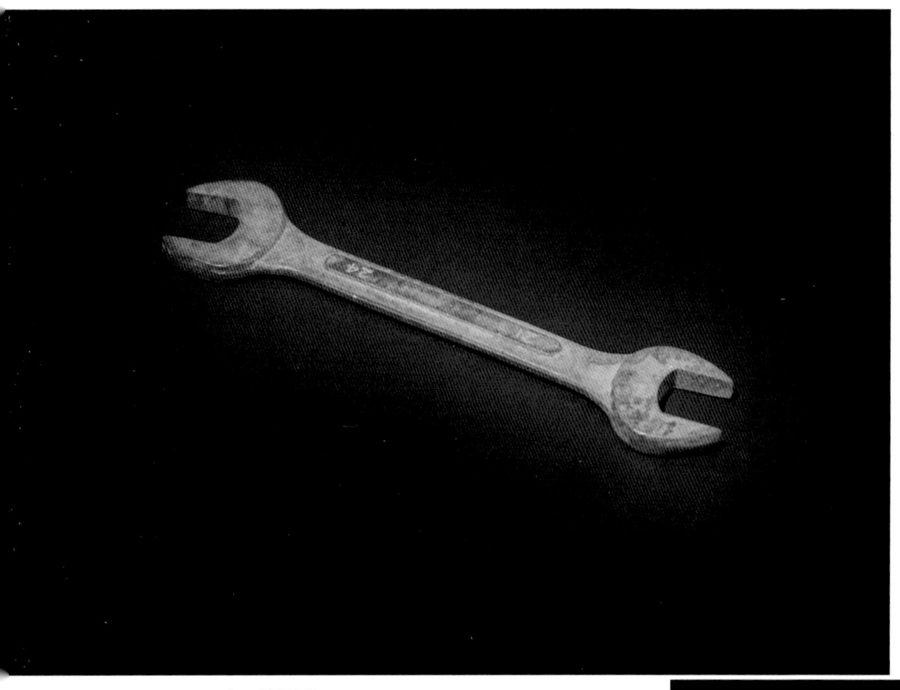

▲ 呆扳手

呆扳手

呆扳手常用于安装和拆卸法兰及各种设备部件上的螺栓。

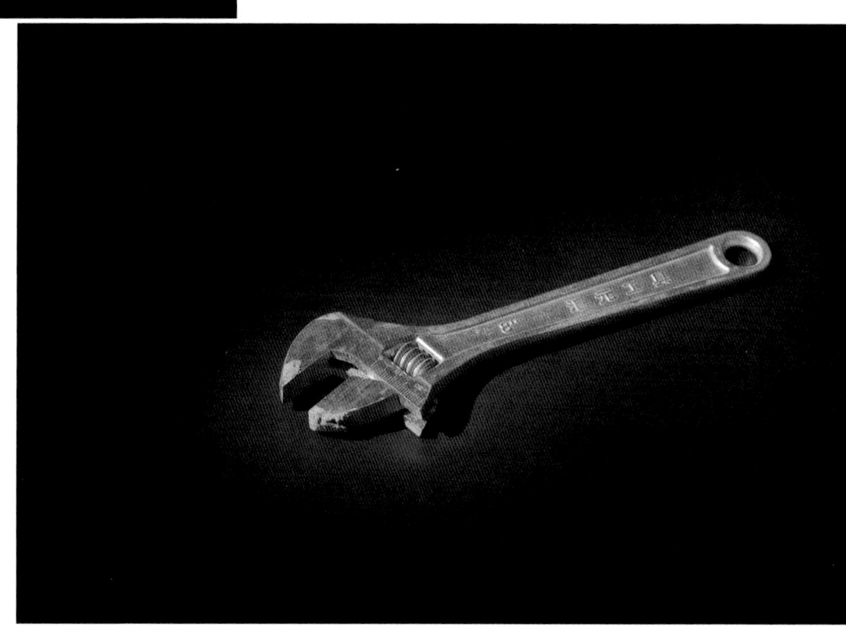

▲ 活扳手

活扳手

活扳手，是用来紧固和起松不同规格的螺母和螺栓的一种工具。其开口尺度可在一定范围内进行调节。

内六角扳手

内六角扳手也叫“艾伦扳手”。它通过扭矩施加对螺栓的作用力，大大降低使用者的用力强度。

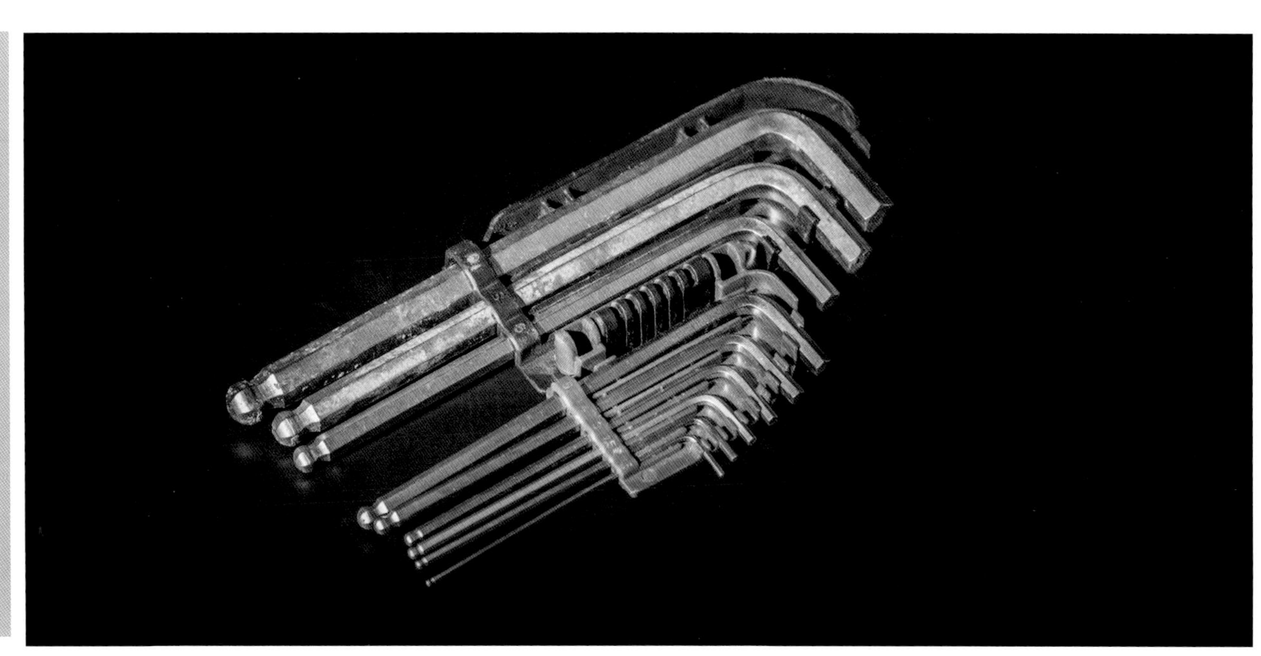

▲ 内六角扳手

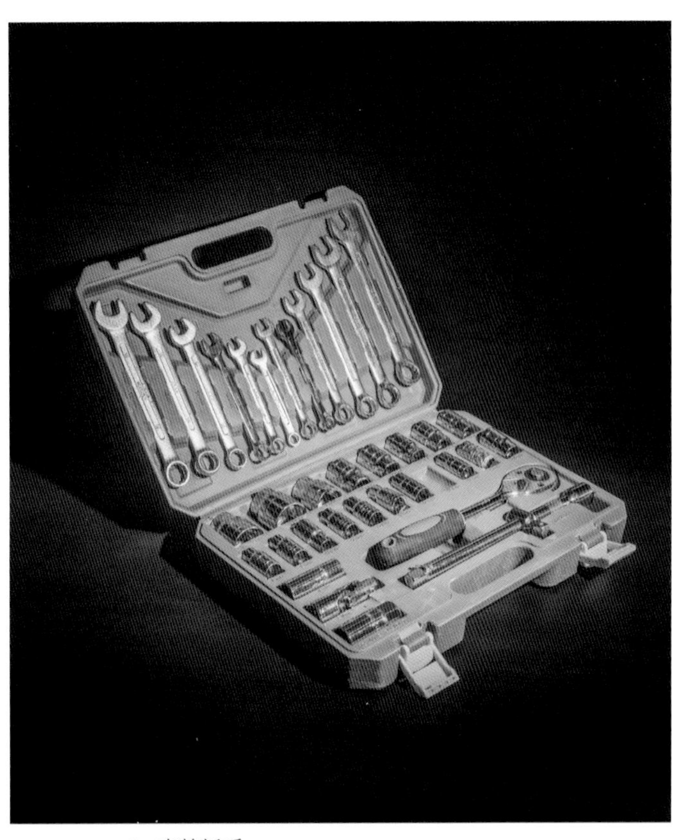
▲ 套筒扳手

套筒扳手

套筒扳手由多个带六角孔或十二角孔的套筒和手柄、接杆等多种附件组成，特别适用于拧旋位置狭小或凹陷处的螺栓或螺母。

▲ 卫浴水槽扳手

卫浴水槽扳手

水暖安装中大口径下水管水龙头的专用扳手。

钢丝钳

▲ 平口钢丝钳

▲ 尖嘴钢丝钳

钢丝钳是剪切钢丝的工具，由钳头和钳柄组成，钳头包括钳口、齿口、刀口和铡口。其样式多种，用途广泛。

大力钳

大力钳，又叫“多功能万用钳”，是一种用于夹持工件的钳类工具，其特点是钳口可以锁紧并产生较大夹持力，使被夹工件不易松脱，且钳口有多档调节，适用于不同厚度的工件。

▼ 大力钳

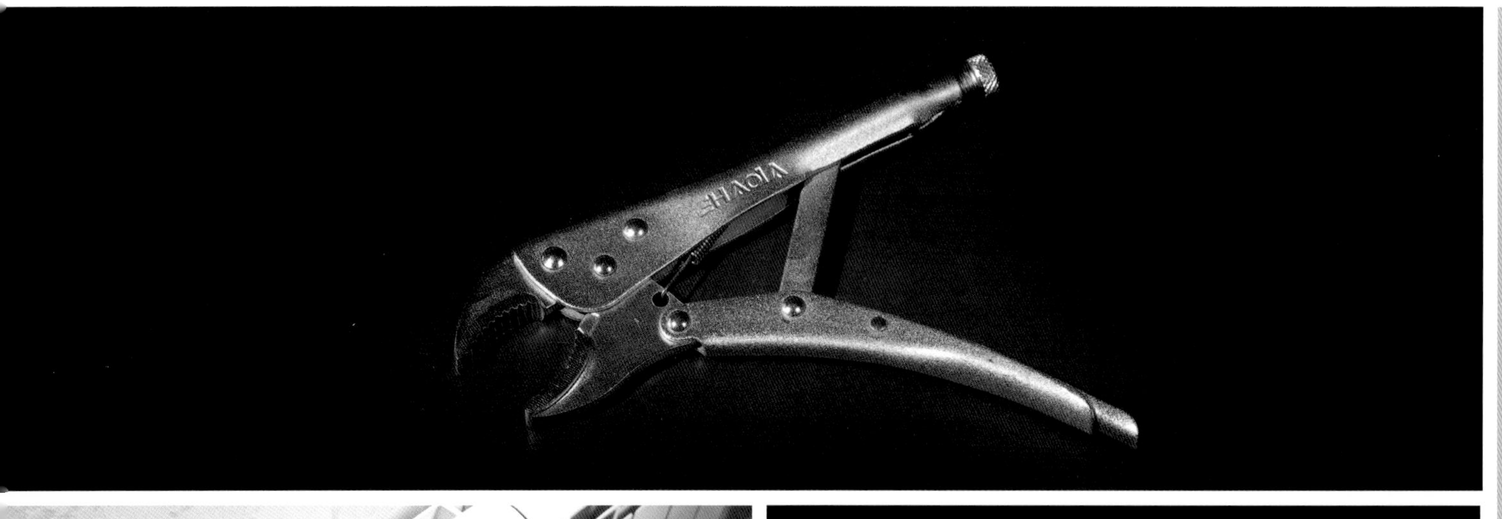

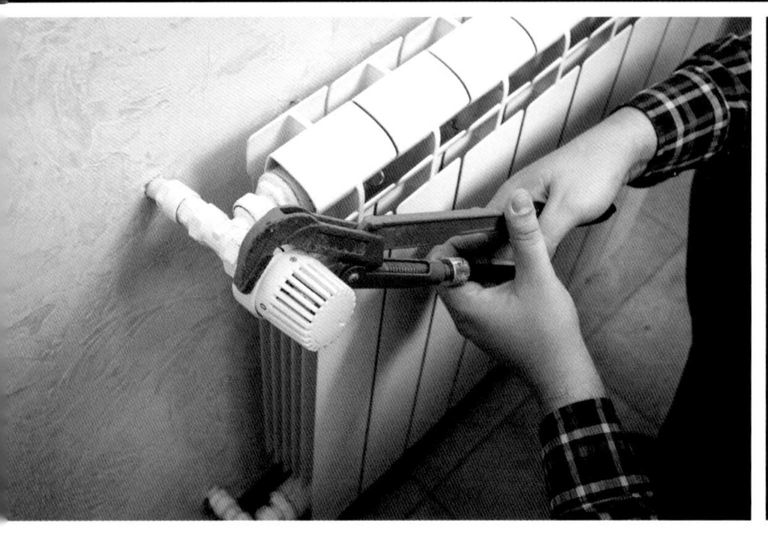

▲ 鹰嘴管子钳使用场景

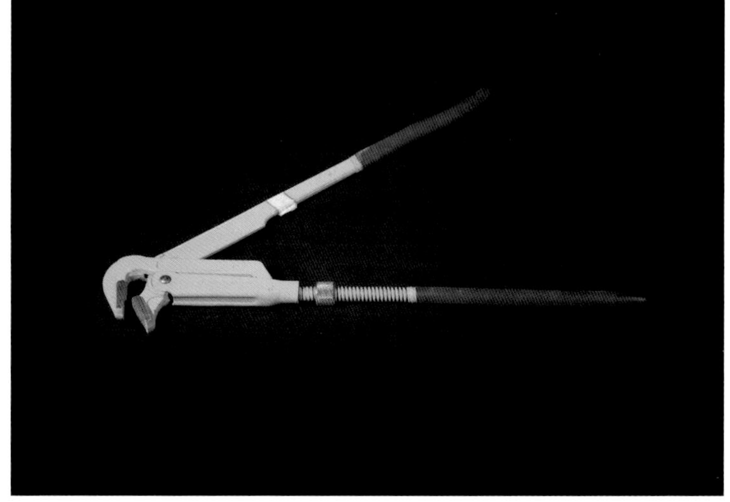

▲ 鹰嘴管子钳

鹰嘴管子钳

鹰嘴管子钳又叫“快速管子钳”，一种用来夹持和旋转钢管类的工件，广泛用于管道的安装或维修。

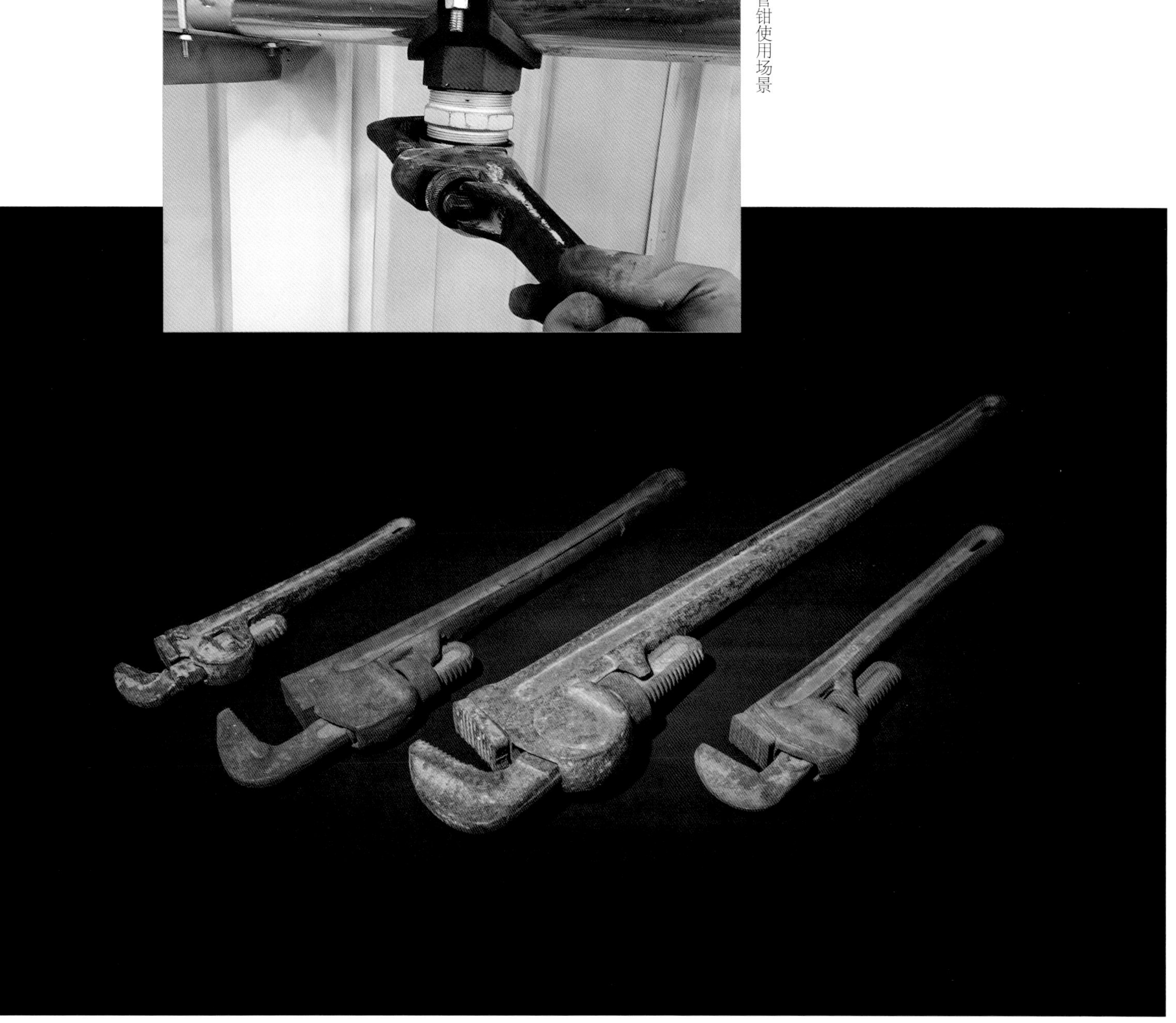

◀ 管钳使用场景

▲ 管钳

管钳

管钳多用于安装和拆卸小口径金属管材，由钳柄和活动钳口组成。活动钳口用套夹与钳把柄相连，根据管径大小通过调整螺母以达到钳口适当的紧度，钳口上有轮齿，以便咬紧管子转动。

▲ 管子台虎钳

管子台虎钳

管子台虎钳，俗称“龙门轧头”“压力钳”，用以夹持金属管材以便切割、套丝。

▼ 管子台虎钳使用场景

▲ 台虎钳

台虎钳

台虎钳，俗称“虎钳”“台钳”，是用来夹持工件的一种工具。

板牙扳手

板牙扳手是配合板牙使用，进行套丝或修正外螺纹的工具。

▼ 板牙扳手

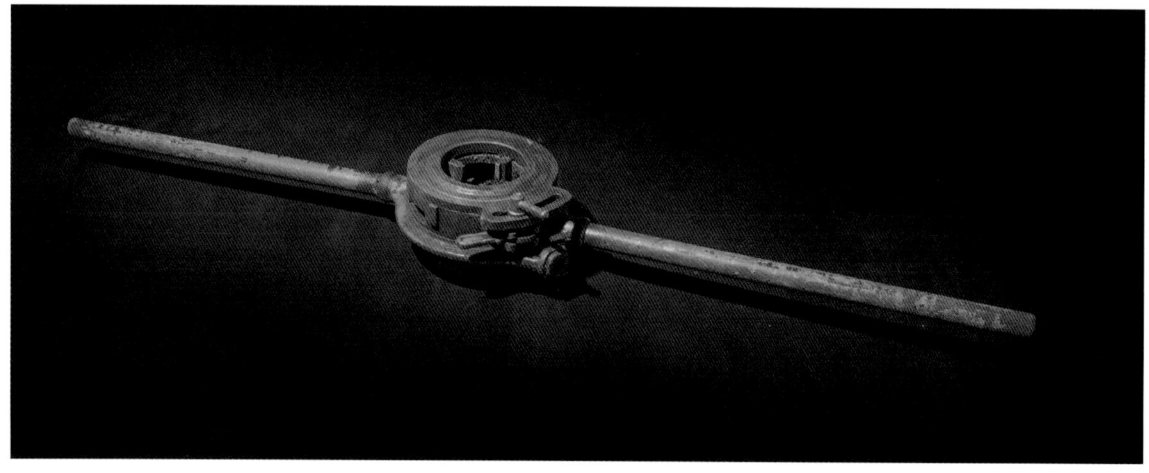

◀ 手动钢管套丝机

手动钢管套丝机

手动钢管套丝机是一种专用套丝器械，适用于水暖管件的套丝，它无需电源，适合野外作业。

▼ 圆板牙

▲ 套丝机板牙

圆板牙与套丝机板牙

套丝机板牙俗称管子板牙，是一种在圆管上能切削出外螺纹的专用工具，与套丝机配套使用。板牙相当于一个具有很高硬度的螺母，螺孔周围制有几个排屑孔，一般在螺孔的两端磨有切削锥。板牙按外形和用途分为圆板牙、方板牙、六角板牙和管形板牙，其中以圆板牙应用最广，是一种套丝工具。

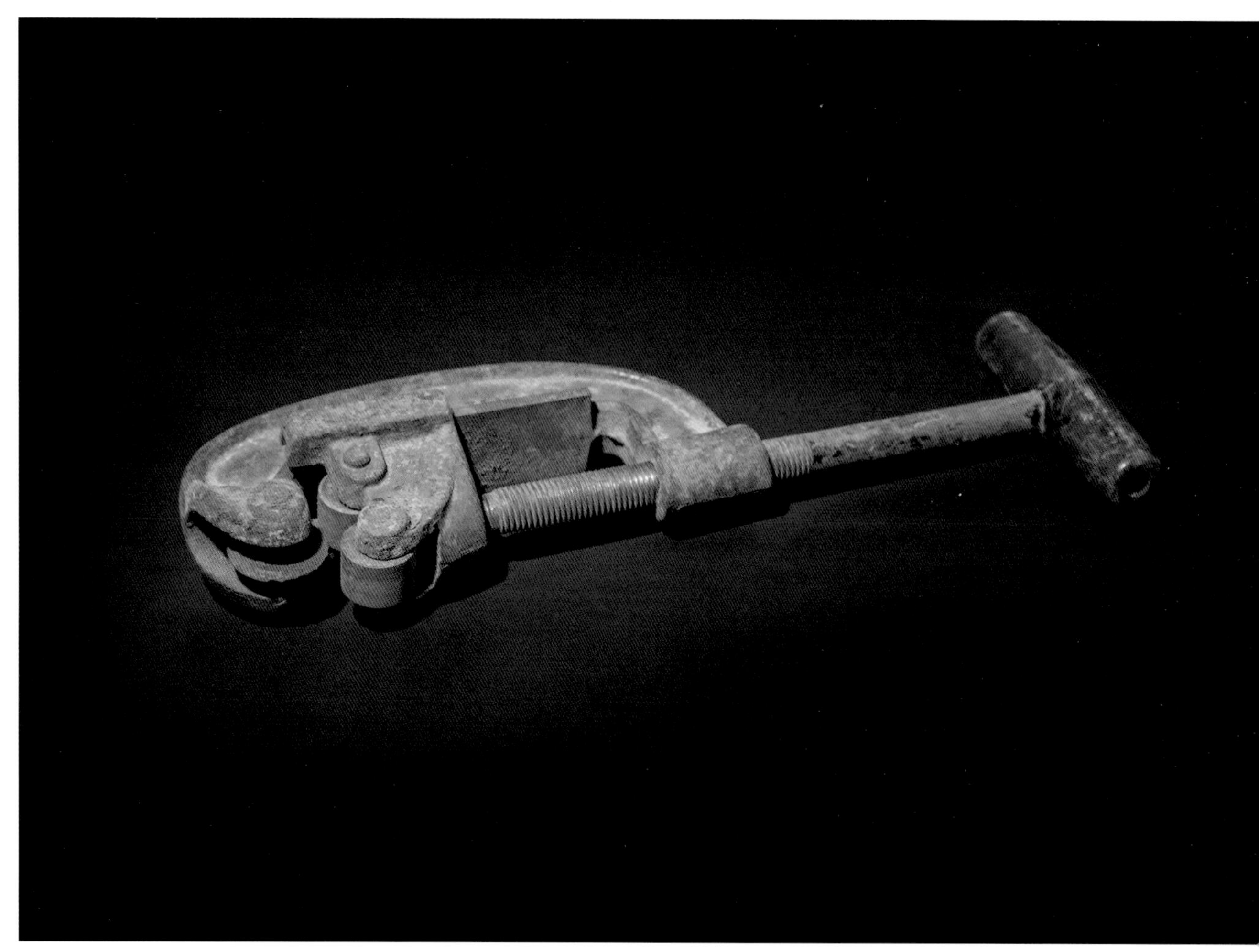

▲ 管子割刀

管子割刀

管子割刀是用来切割金属管材的一种工具，适合狭小空间的操作。

▲ 千斤顶

千斤顶

千斤顶是一种小型的起重设备，便于携带，使用方便。

▲ 捯链

捯链

捯链又称“手拉葫芦”“神仙葫芦”“斤不落”，是一种手拉的起重设备。起重量一般不超过10t，起重高度一般不超过6m。

▲ 卷线器

卷线器

卷线器又叫“绕线器”，是一种电动绕线、放线工具。

滑轮

▲ 滑轮

滑轮是吊装机械在吊装过程当中的重要构件，主要由圆盘和柔索组成。

喷灯

喷灯又叫喷火灯、冲灯，是利用喷射火焰加热工件的一种工具，分为煤油喷灯和汽油喷灯。

▲ 喷灯

▲ 喷枪

喷枪

喷枪是一种喷漆专用工具，在水电暖安装行业中多用来喷涂管材漆面。

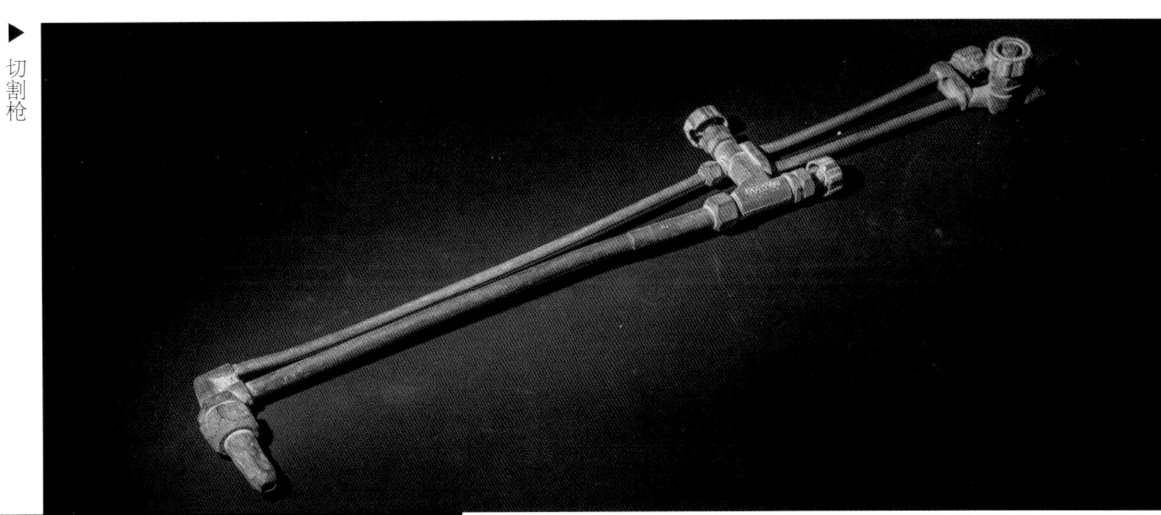

切割枪

多功能携带式火枪

切割枪

切割枪主要用来切割角铁、槽钢等材料。

多功能携带式火枪

多功能携带式火枪与喷灯作用类似，是新型的加热工具，多用于管道维修、维护中。

氧气瓶与液化气罐

氧气瓶是储存和运输氧气的专用高压容器，其结构由瓶体、瓶阀和瓶帽组成，此外还有防震胶圈，瓶体为天蓝色。与乙炔瓶、乙炔表、乙炔管，焊炬，割炬配套使用，常用于钢结构工程、钢板切割、给水排水管道切割。

液化气罐是用来储存液化气的储罐，由护罩、阀座、瓶体和底座四部分组成。

氧气瓶（左）与液化气罐（右）

氧气表与乙炔表

▶ 氧气表

◀ 乙炔表

氧气表与乙炔表是氧气瓶、乙炔瓶的仪表配件。

人字梯

人字梯是水暖工登高作业常用的工具，有木制、铁制以及铝合金等材质，具有携带方便、使用灵活等特点。

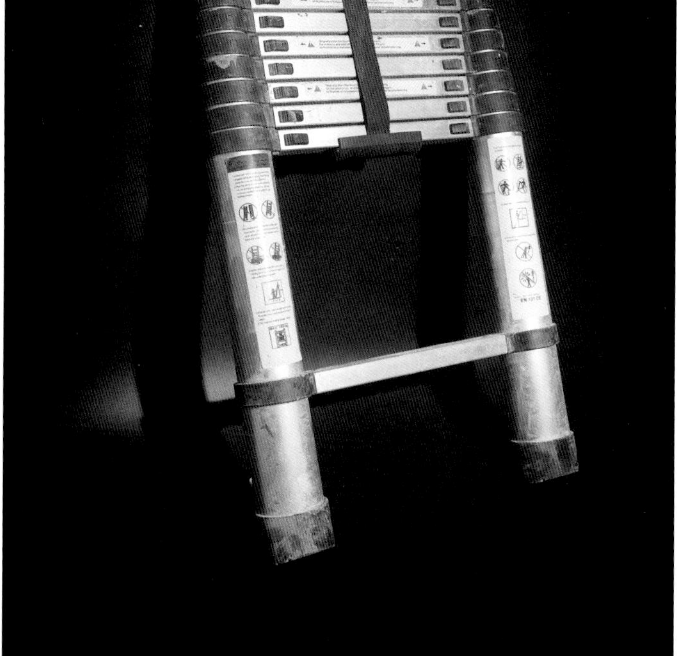

▲ 人字梯

伸缩梯

伸缩梯是可以伸长、缩短的梯子，它易于调节长度、方便携带、易于储藏、不占空间，是一种轻便灵活的新型梯子。

组合脚手架

◀ 组合脚手架

组合脚手架是用钢管焊接而成节的网状架子，一般每节高度1.7m左右，适用于一定高度的室内外施工作业，根据施工高度可自由插接组合。当高度过高时，要增加斜支撑。

第三十一章　电动工具

水暖安装工程中，常用的电动工具有手电钻、电锤、冲击钻及配套钻头、水钻及钻筒、台钻、角磨机、手持式切割机、切管机、砂轮切割机等。

▲ 电锤

电锤

电锤是电钻中的一种，主要用来在混凝土、楼板、石墙、砖墙等坚固物体上钻孔。

冲击钻头

冲击钻头与电锤、冲击钻等配套使用。

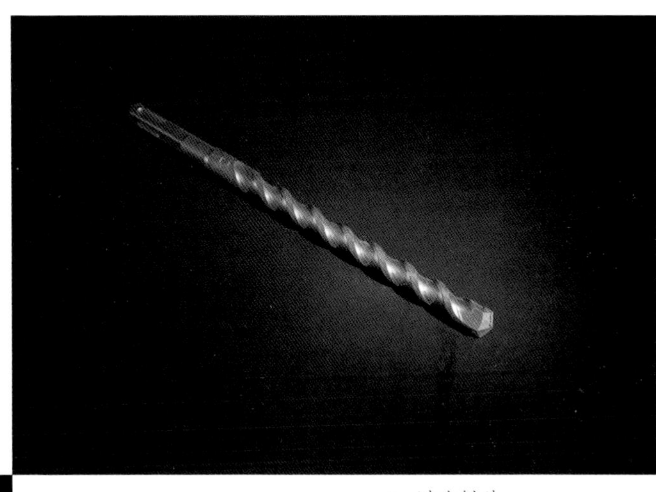

▲ 冲击钻头

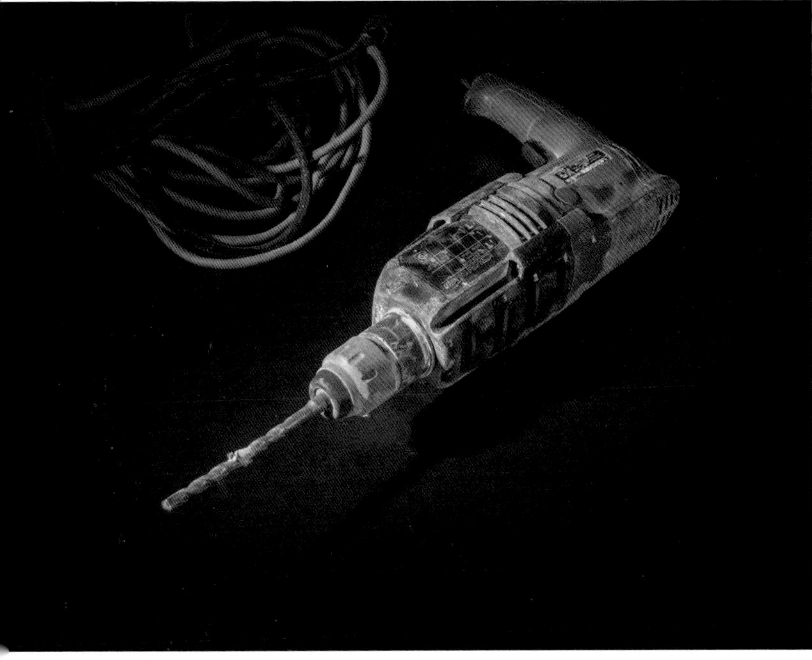

▲ 冲击钻

冲击钻

冲击钻主要用于对混凝土地板、墙壁、砖块、石料、木板或多层材料上进行冲击打孔。

手电钻

手电钻是以电力为驱动的工具，配合不同的钻头有不同的功用，用途广泛，操作灵活。

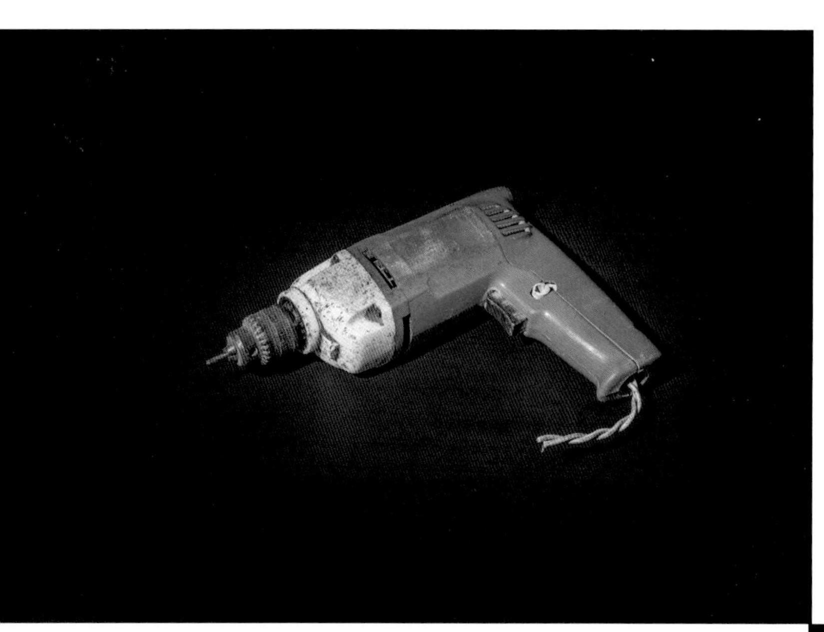

▲ 手电钻

麻花钻头

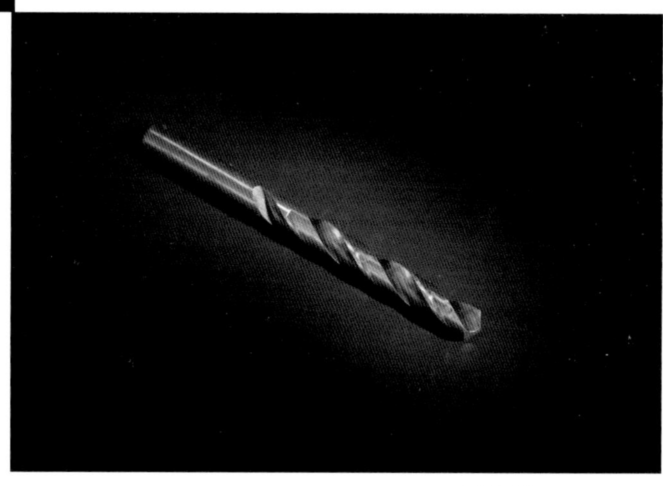

▲ 麻花钻头

麻花钻头与手电钻、台钻等配合使用，主要用于金属或非金属材质上开孔。

水钻

带水源金刚石钻俗称“水钻”，又称“金刚石钻”，主要用于各种管道开孔。

▲ 水钻使用场景

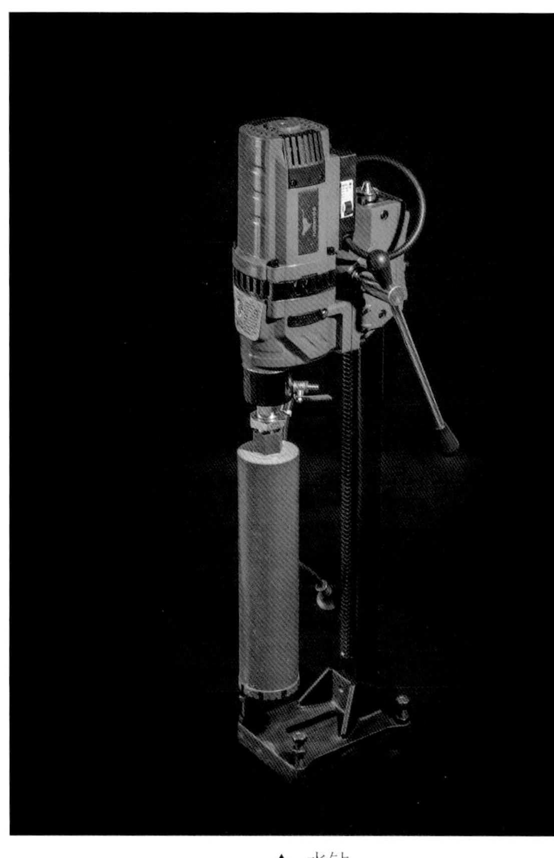

▲ 水钻

▲ 水钻钻头

水钻钻头

水钻钻头为圆筒状，与水钻配套使用，主要用于管道开孔。

台钻

台钻是一种可安放在作业台上，主轴竖直布置的小型钻床。

台钻钻孔直径一般在13mm以下，最大不超过25mm。其主轴变速一般通过改变三角带在塔型带轮上的位置来实现，主轴进给靠手动操作。

在水暖安装工程中用于角钢等材料打孔使用。

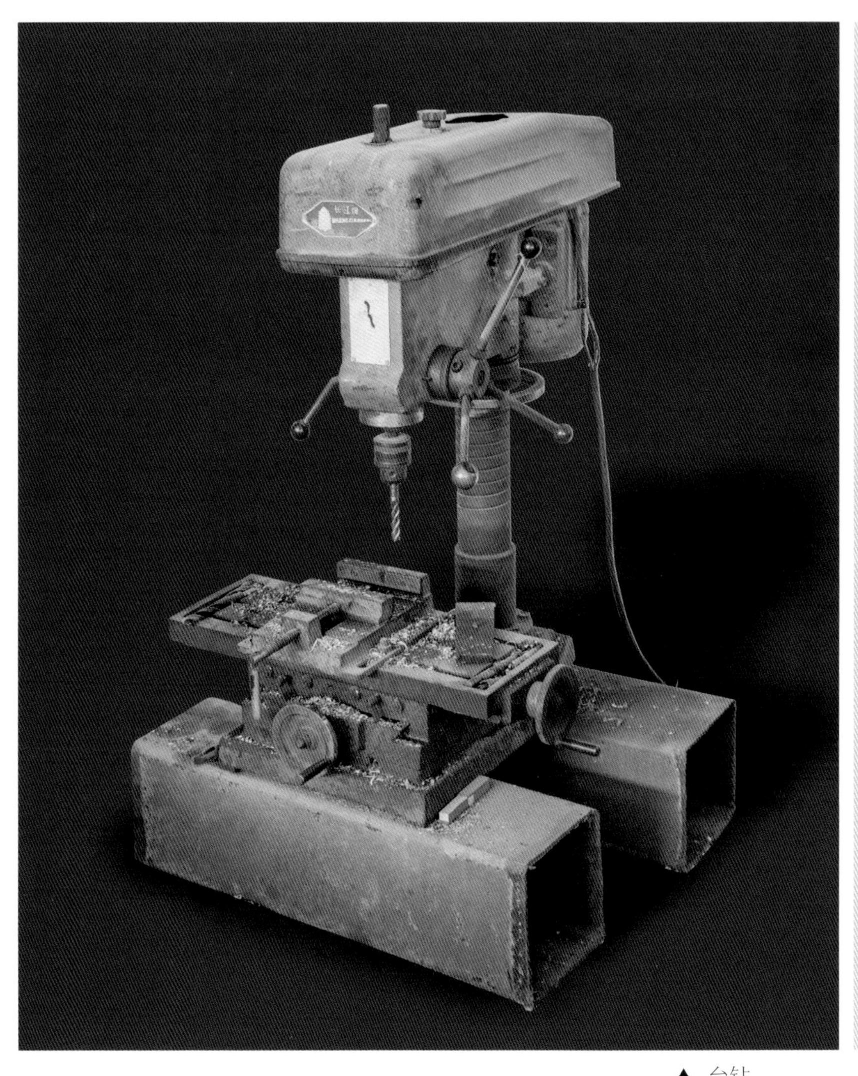

▲ 台钻

角磨机

角磨机也称之为“研磨机”或“盘磨机”，是一种手提式电动工具，用于切割、打磨、抛光。

▼ 角磨机使用场景

▼ 角磨机

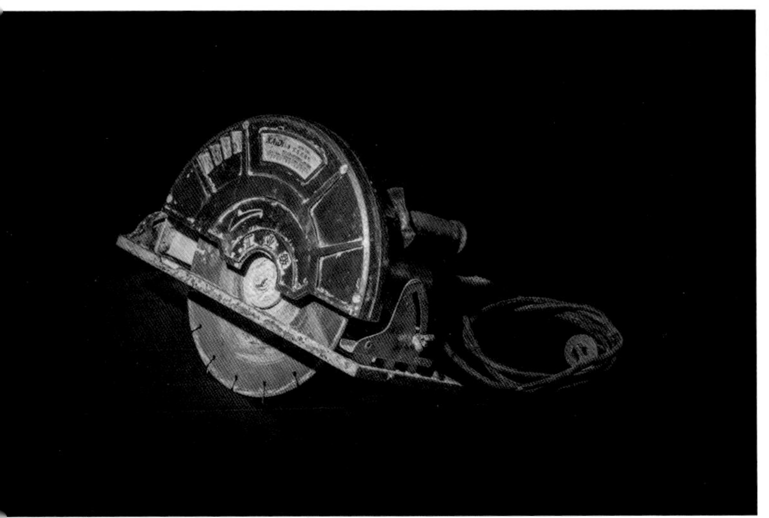

▲ 手持式切割机

▲ 手持式切割机使用场景

手持式切割机

手持切割机也称“石材切割机”“云石机”，可以用来切割石料、瓷砖、木材等材料，根据不同的材质选用不同的锯片。在水暖安装过程主要用于水管墙面的开槽及角铁的切割。

切管机

切管机多用于暖气管道切割。

▼ 砂轮切割机

▲ 切管机

砂轮切割机

砂轮切割机，又叫“砂轮锯”，可切割金属方扁管、方扁钢、工字钢、槽型钢、碳元钢、圆管等材料。

电动套丝机

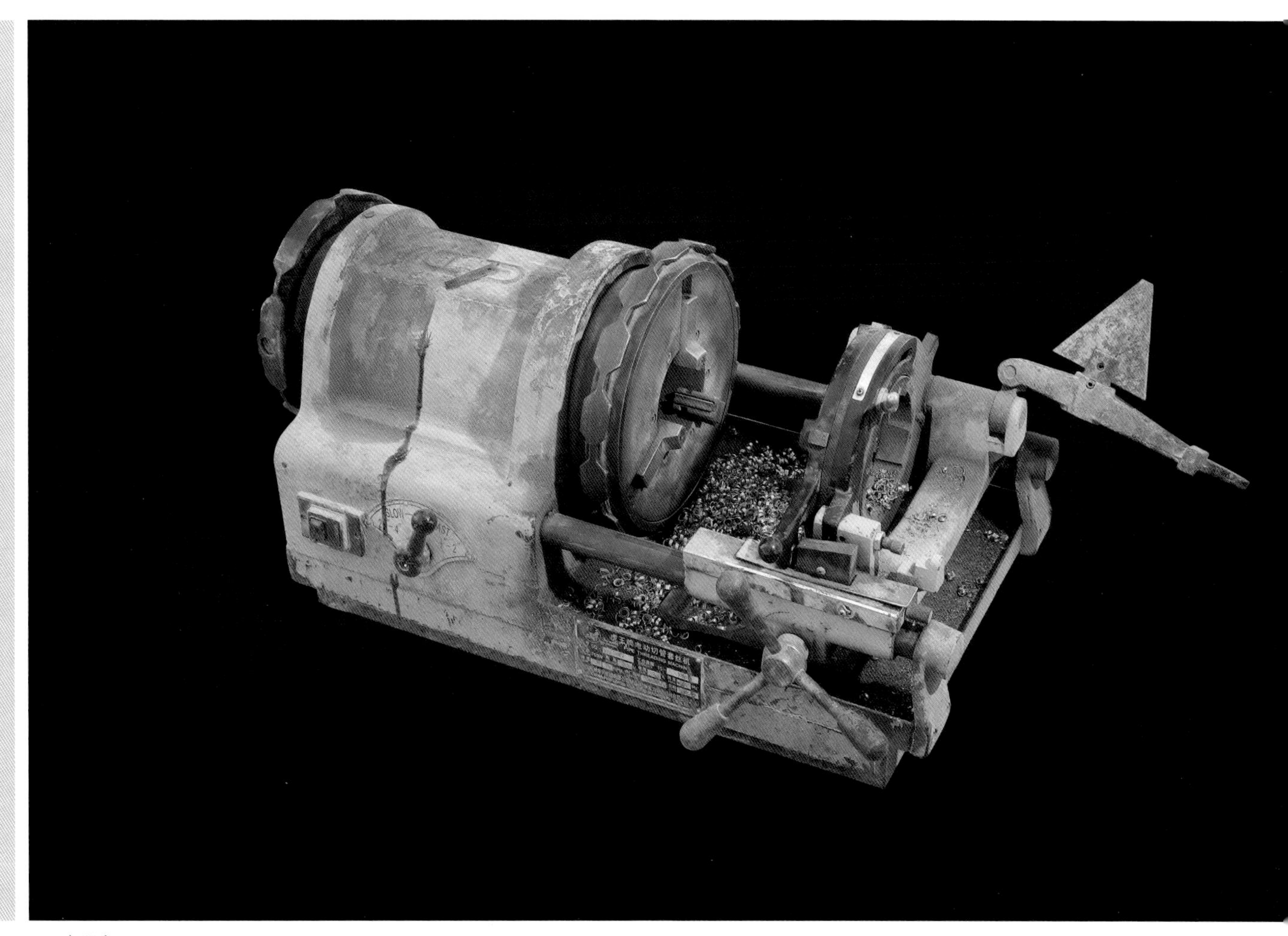

▲ 套丝机

电动套丝机又名“绞丝机”“管螺纹套丝机”，是以电力为驱动的管道套丝机械。

▶ 热熔器

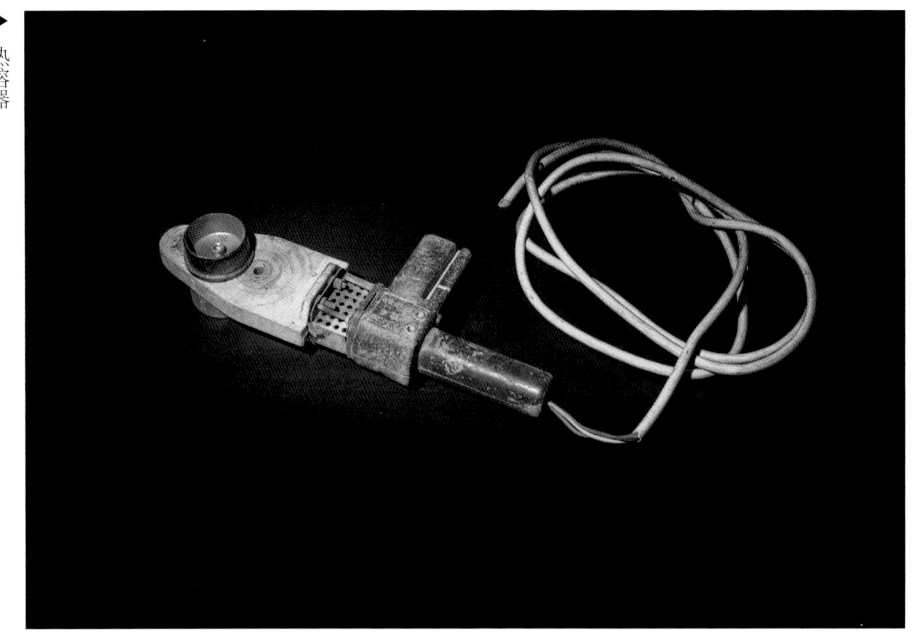

▲ 热熔器使用场景

热熔器

热熔器是一种熔接热塑性管材工具，在管道与配件等连接的过程中应用广泛。

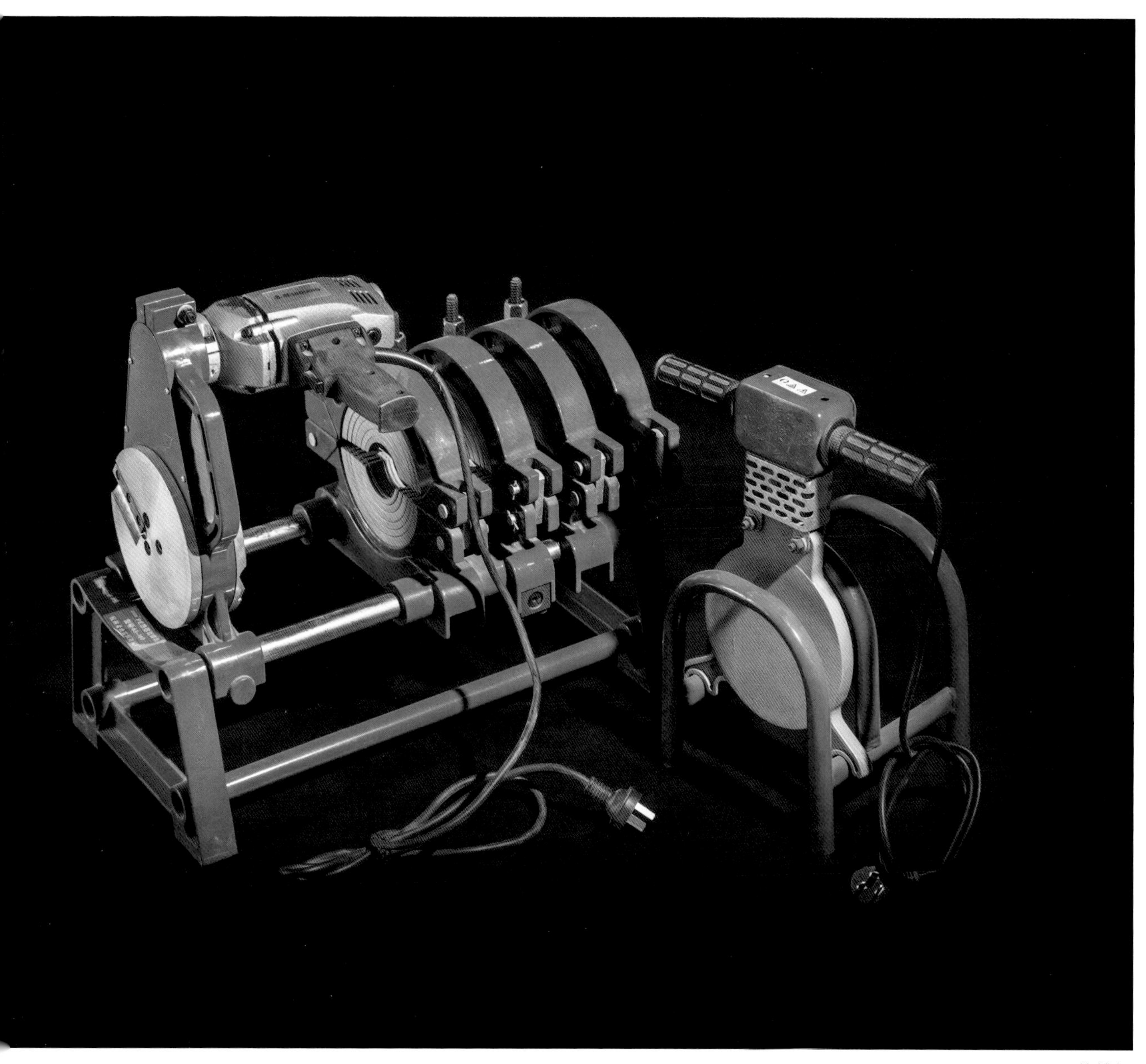

▲ 热熔机

热熔机

热熔机是一种熔接热塑性管材的工具，适用于大型管道及配件的连接作业。

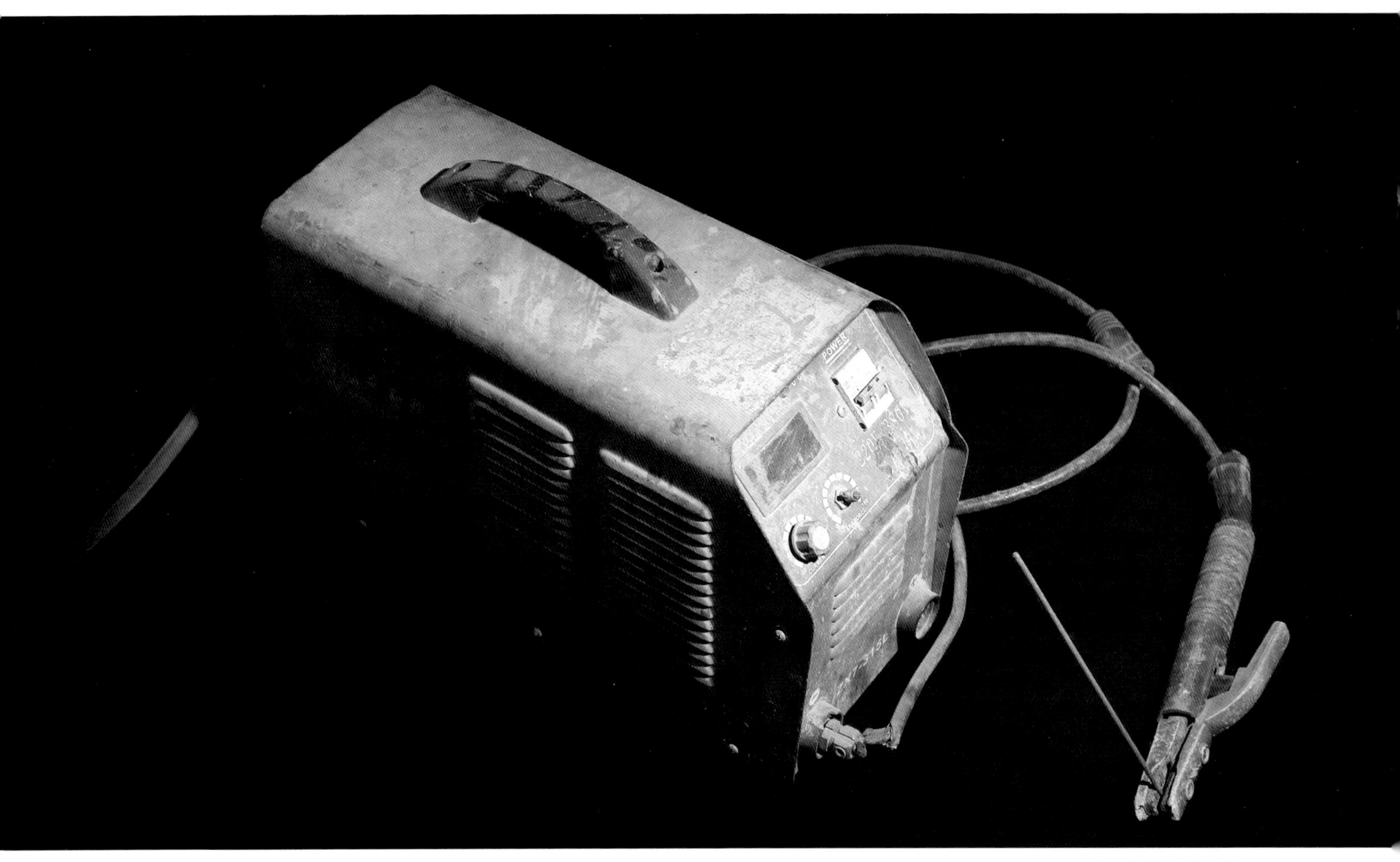

▲ 交流电弧焊机

交流电弧焊机

交流弧焊机属于特种焊机，是用来进行焊接切割的工具。在水电暖安装工程用于防雷接地焊接、管道焊接及支架焊接等。

氩弧焊机

氩弧焊机是用来切割、焊接管道及管道支架的一种焊机。在实际操作中多用来切割。

▼ 氩弧焊机

▼ 电焊钳使用场景

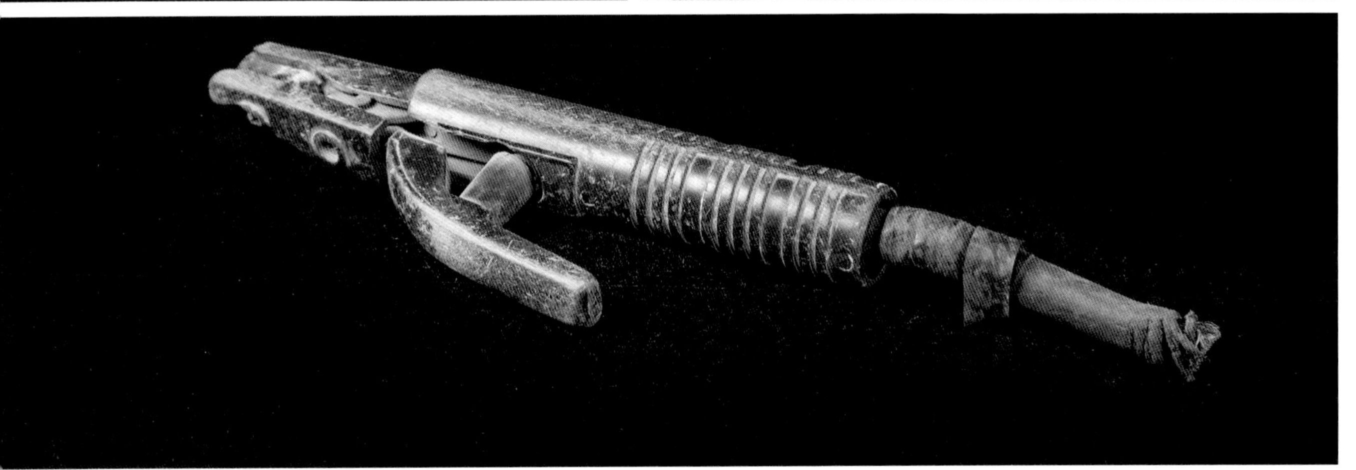

▲ 电焊钳

电焊钳

电焊钳是夹持电焊条，传导焊接电流的手持绝缘器具。

空气压缩机

空气压缩机是一种用以压缩气体的设备，在水暖安装工程中主要用于管道压力测试。

▼ 空气压缩机

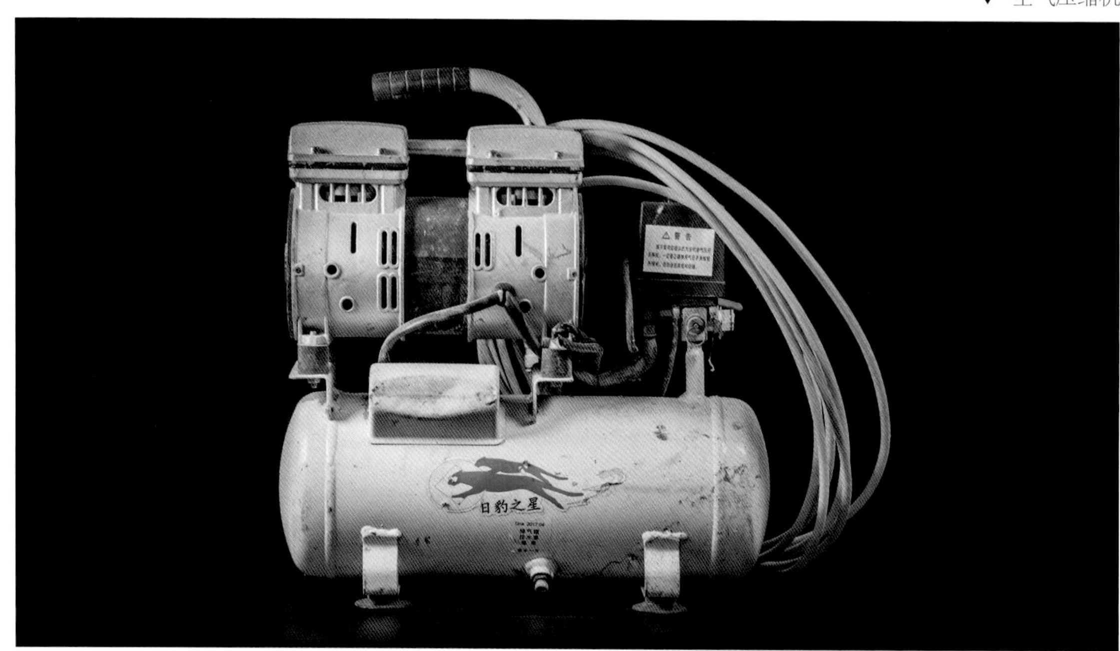

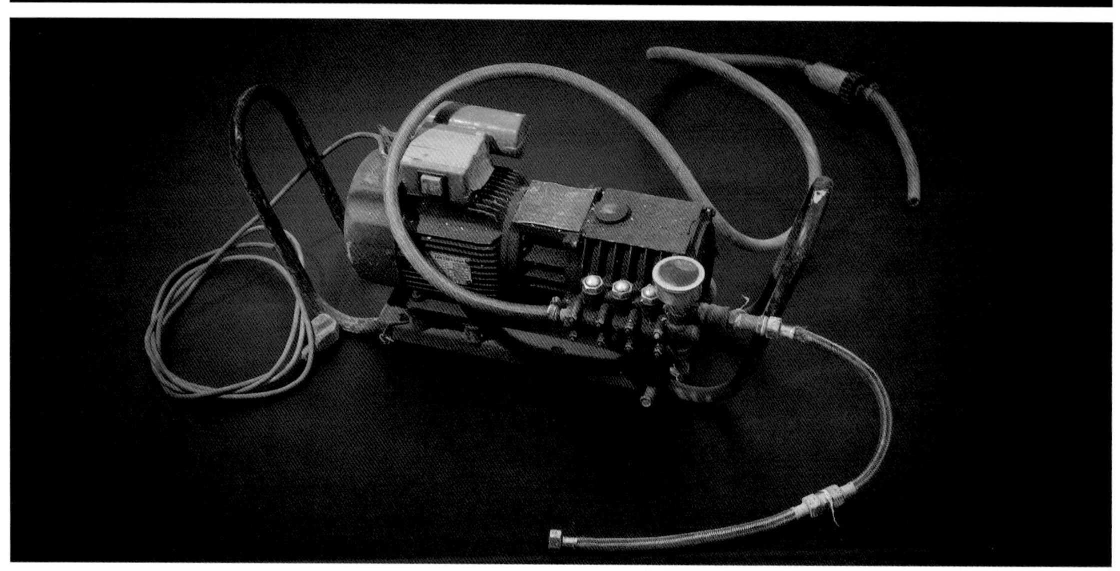

▶ 电动试压泵

电动试压泵

电动试压泵是管道压力测试的设备。该机由泵体、开关、压力表、水箱、电机等组成。

第三十二章　安全防护工具

水暖安装工程中，常用的安全防护类工具有电焊面罩、电焊手套、防尘口罩、安全帽、安全带、防护鞋、对讲机等。

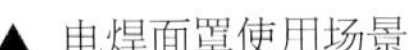
▲ 电焊面罩使用场景

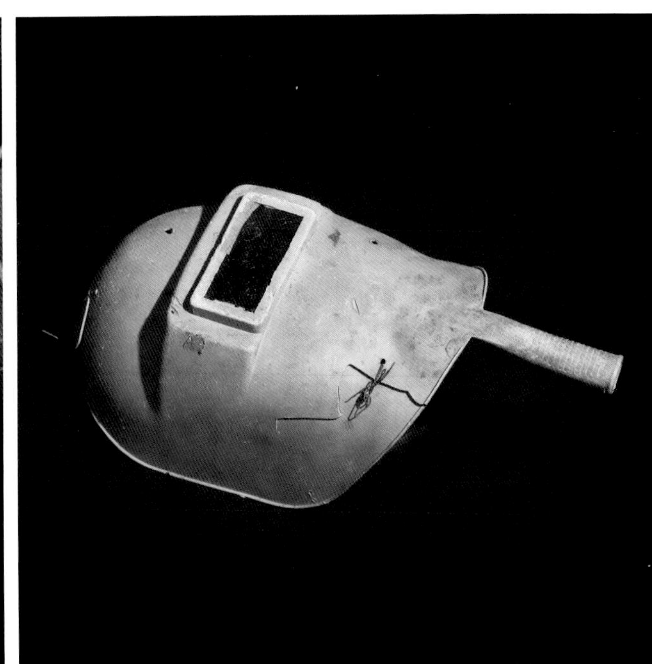

▲ 电焊面罩

电焊面罩

电焊面罩俗称“电焊帽”，是焊割作业中的安全护具，主要有手持式、头戴式等样式，由罩体和镜片组成。

电焊手套

电焊手套主要有电弧焊手套和氩弧焊手套，是一种耐火耐热的防护劳保用品，保护工人免遭火花烫伤、防止强光辐射手部。

▼ 电焊手套

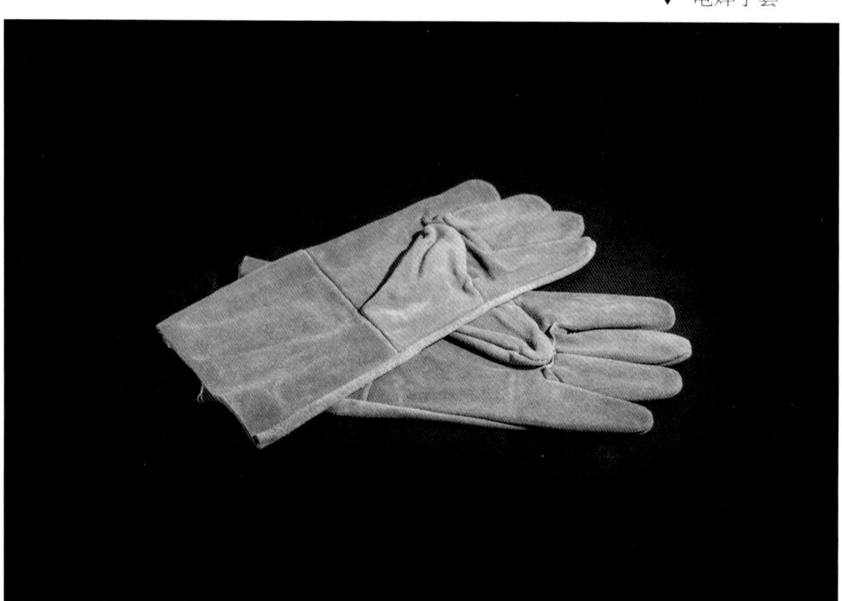

防护鞋

防护鞋是一种足部防护用品，一般具有保护足趾、防刺穿、绝缘、耐酸碱等功能。

▲ 防护鞋

▼ 防尘口罩

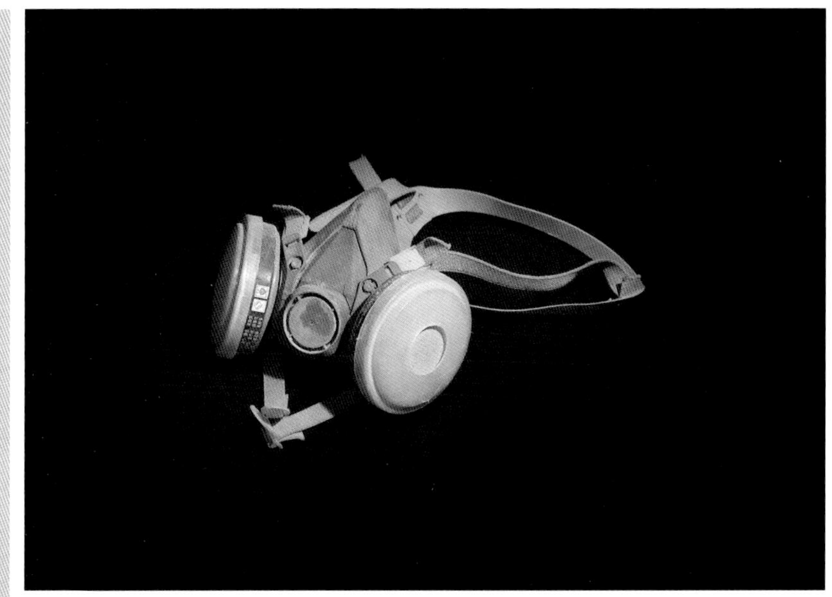

防尘口罩

防尘口罩是粉尘环境作业时必备的防护工具。它采用活性炭纤维、活性炭颗粒、熔喷布、无纺布、静电纤维等材料，保护工人身体健康，远离尘肺病。

▲ 安全帽

安全帽

安全帽是防止高处坠落物撞击的头部护具，由帽壳、帽衬、下颏带及部分配件组成，是施工现场必备的头部护具。

对讲机

对讲机是施工人员远距离或隔层作业时的通信联络工具。

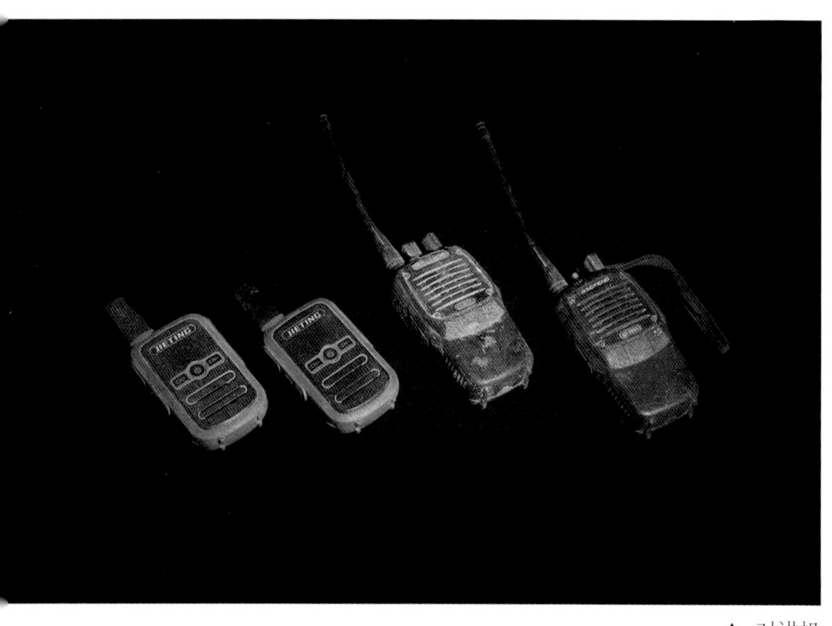

▲ 对讲机

▲ 手电筒

手电筒

手电筒是用于黑暗环境作业时探路或停电情况下维修抢修的照明工具。

▼ 安全带

安全带

安全带属于防坠落护具，是伴随着建筑高度不断增加而出现的。安全带主要有半身型和全身型两种，是高处作业人员的重要防护用品。

工具包

工具包主要用于安装维修人员存带小型工具。

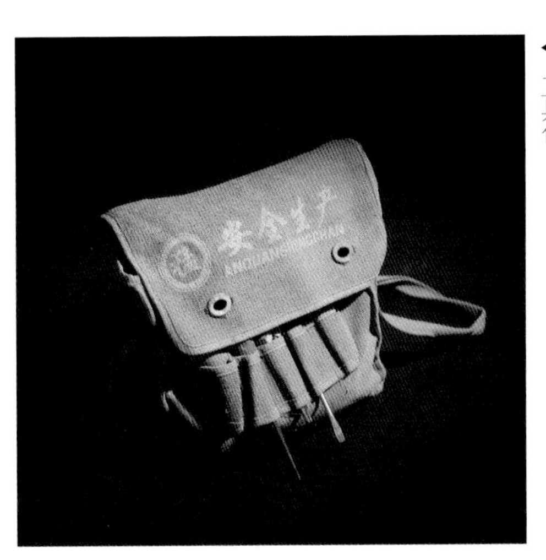

◀ 工具包

▲ 排污泵

排污泵

排污泵是管道安装作业中用于排污水的工具。排污泵有结构紧凑、占地面积小、安装维修方便等优点，大型的排污泵一般都配有自动耦合装置可以进行自动安装。

灭火器

灭火器是一种常见的防火、灭火器具。不同种类的灭火器内装填的成分不一样，是专为不同的火灾起因预设的，应根据灭火需求选择使用。

▲ 开关箱

▲ 灭火器

开关箱

开关箱是水暖工进入施工现场后，从项目分箱单独接出的施工用电保护设施，分为单相开关箱和三相开关箱。

▲《四大发明》著名画家 张生太 作